普通高等教育"十三五"规划教材·公共基础课系列

U0163483

计算机应用基础

微课版

主 编／李 坚 蔡文伟

副主编／朱嘉贤 李 革

JISUANJI

YINGYONG

JICHU

 西安交通大学出版社
XI'AN JIAOTONG UNIVERSITY PRESS

全国百佳图书出版单位 国家一级出版社

内容简介

全书共分 6 个项目，主要内容包括：计算机基础知识、Windows 7 操作系统、文档编辑软件 Word 2010、电子表格软件 Excel 2010、演示文稿制作软件 PowerPoint 2010、计算机网络基础与应用。

本书可作为高等院校计算机应用基础课程的教材，也可作为各类计算机应用基础课程的培训教材，还可供计算机初学者自学参考使用。

图书在版编目（CIP）数据

计算机应用基础/李坚，蔡文伟主编 . —西安：

西安交通大学出版社，2021.12

ISBN 978 - 7 - 5605 - 9466 - 8

Ⅰ.①计… Ⅱ.①李… ②蔡… Ⅲ.①电子计算机—

高等学校—教材 Ⅳ.①TP3

中国版本图书馆 CIP 数据核字（2019）第 036686 号

书　　名	计算机应用基础	
	JISUANJI YINGYONG JICHU	
主　　编	李　坚　蔡文伟	
副 主 编	朱嘉贤　李　革	
责任编辑	毛　帆	
责任校对	王　娜	

出版发行　西安交通大学出版社（西安市兴庆南路 1 号　邮政编码 710048）

网　　址　http：//www.xjtupress.com

电　　话　（029）82668357　82667874（市场营销中心）

　　　　　（029）82668315（总编办）

传　　真　（029）82668280

印　　刷　西安五星印刷有限公司

开　　本　787 mm×1092 mm　1/16　印 张　19.875　字 数　400 千字

版次印次　2021 年 12 月第 1 版　2021 年 12 月第 1 次印刷

书　　号　ISBN 978 - 7 - 5605 - 9466 - 8

定　　价　48.00 元

如发现印装质量问题，请与本社市场营销中心联系。

订购热线：（029）82665248　82667874

投稿热线：（029）82668818　QQ：354528639

读者信箱：lg_book@163.com

前　言

随着计算机技术的发展、计算机应用的普及以及计算机教育水平的提高，培养学生计算思维能力、将计算机知识和应用技能运用在学习、工作和生活中已成为高等院校对各专业学生学习计算机基础的基本要求。

本书根据高等学校非计算机专业大学计算机基础课程的教学要求编写。考虑到应用型高等院校计算机基础课程教学改革的要求和社会的实际需求，在翻转课堂的教学理念指导下，我们组织了有多年高校计算机基础课程教学经验的一线教师，在总结前期出版使用的教材基础上，重新编写了《计算机应用基础》一书。

本书从当前计算机技术发展的现状出发，以计算思维能力的培养为导向，注重在学习中培养学生用计算思维解决问题的能力。全书以任务驱动的方式安排内容，既注重知识的系统性又突出实践性、操作性，90 多个微课小视频贯穿全书的知识要点、重点和难点。

由于全国计算机等级考试环境为中文版 Windows 7 和 Microsoft Office 2010，各高校计算机实验室教学实验环境也多为 Windows 7 和 Microsoft Office 2010，所以本教材还是以 Windows 7 和 Microsoft Office 2010 为基础进行编写。全书共分 6 个项目，主要内容包括：计算机基础知识、Windows 7 操作系统、文字编辑软件 Word 2010、电子表格软件 Excel 2010、演示文稿制作软件 PowerPoint 2010、计算机网络基础与应用。

由于计算机应用技术发展迅速，计算机基础课程的教学内容、教育思想不断改变、更新和发展，加之时间仓促，编写水平有限，本书中难免有不足之处，敬请专家和读者批评指正。

编　者

目　录

项目1　计算机基础知识

任务 1.1　计算机概述

人类社会已经全面进入信息化社会，其主要标志是计算机技术已经广泛应用于社会生活的各个领域，有力地支撑并推动着信息社会的发展。计算机已经成为人们生活中不可缺少的工具，善于运用计算机技术的知识和技能解决学习、生活、工作中的问题已经是信息社会各类人才必备的基本素质。计算机应用基础作为大学教育的基础性教育，一方面担负着传授学生计算机基础知识、学习运用计算机技术解决学习、生活及工作中的问题的任务；另一方面也担负着培养学生养成用计算思维的方式解决问题，成为复合型创新人才的基础性教育责任。

1.1.1　计算机的发展历史

我们现在所说的计算机是电子数字计算机的简称，它是一种能够自动、高速、连续、精确地完成信息存储、数据处理、数值计算及过程控制等多功能的电子设备。由于它的工作方式大多与人脑的思维过程类似，亦被称为"电脑"。

目前人们公认的世界上第一台计算机是 1946 年 2 月由美国宾夕法尼亚大学为当时美国进行新式火炮试验所涉及复杂弹道计算而研制成功的电子数值积分计算机（Electronic Numerical Integrator and Calculator），简称为 ENIAC，如图 1-1-1 所示。

图 1-1-1　ENIAC

ENIAC 有 30 个操作台，长 30.48 米，宽 1 米，占地面积约 170 平方米，重达 30 吨，耗电量 150 千瓦。它包含了 17468 个真空管，7200 个晶体二极管，70000 个电阻器，10000 个电容器，1500 个继电器，6000 多个开关，每秒执行 5000 次加法或 400 次乘法。

自第一台电子数字计算机问世以来，计算机一直在以惊人的速度发展。目前，人们根据计算机所采用的电子逻辑元器件将计算机的发展划分为四个阶段，其中每一个发展阶段在技术上都是一次新的突破，在性能上都是一次质的飞跃。

第一代计算机（1946—1957 年）是电子管计算机，采用电子管作为计算机的逻辑元件。由于电子管的特性，第一代计算机体积大、造价高、可靠性差。运算速度每秒仅为几千次，内存容量仅几字节，主要用于军事和科学计算。

第二代计算机（1958—1964 年）是晶体管计算机，逻辑元件用晶体管代替电子管。由于采用了晶体管，计算机体积小、成本低、功能强、功耗小、可靠性大大提高。运算速度达每秒几十万次，内存容量扩大到几十字节，应用从军事研究、科学计算扩大到数据处理、实时过程控制和事务处理等领域。

第三代计算机（1965—1970 年）是集成电路计算机，逻辑元件采用中小规模集成电路。集成电路的使用，使得计算机的体积进一步减小、重量减少、功耗降低，可靠性进一步提高。运算速度可达每秒几十万次到几百万次，应用扩展到工业控制、企业管理和辅助设计等领域。

第四代计算机（1971 年以后）是大规模和超大规模集成电路计算机，逻辑元件采用大规模和超大规模集成电路。大规模和超大规模集成电路的使用使得计算机的性能越来越好，生产成本越来越低，体积越来越小，运算速度越来越快，耗电越来越少，存储容量越来越大，可靠性越来越高。运算速度可以达到每秒上千万次到十万亿次，其应用普及到社会的各行各业，成为信息社会的主要标志。

1.1.2 计算机的特点、应用与分类

1.1.2.1 计算机的特点

计算机主要有以下 5 个特点。

1. 能自动连续高速度地运算

计算机是由存储的程序控制其操作的，一旦输入编制好的程序，启动计算机后，它就可以按程序的控制，自动连续高速地工作。计算机中可以大量地存储程序和数据，这是计算机自动工作的基础，自动连续高速运算是计算机最突出的特点，也是它和其他计算工具的本质区别。

2. 运算速度快

由于计算机由高速电子器件组成，所以它具有惊人的运算速度。目前普通的微型

计算机的运算速度每秒可达亿次以上，而巨型机每秒的运算速度已达到亿亿次。随着新技术的开发，计算机的工作速度还在不断提高，这使得大量复杂的科学计算问题得以解决。例如对于天气预报的计算，过去需要用几年甚至几十年，而现在用计算机只需几分钟甚至几秒钟。

3. 运算精度高

人们在进行各种数值计算及其他信息处理的过程中，要求计算机的计算结果达到一定的精度。计算机中数据的精确度主要取决于计算机能同时处理数据的位数，一般称为字长。字长越长，精度越高。目前计算机的字长有 32 位、64 位、128 位等，为了获得更高的计算精度，还可以进行双倍字长、多倍字长的运算，数值的计算精度可达到小数点后几十位甚至更多。

4. 具有超强的记忆能力

计算机的存储器具有存储、记忆功能，它能实现快速地存取数据。随着存储容量的不断增大，可存储记忆的信息越来越多，近于无限，且记忆准确无误。具有记忆和高速存取能力是计算机能自动高速运行的必要条件。

5. 具有可靠的逻辑判断能力

计算机在各种复杂的控制操作中，具有较高的识别能力和反应速度，使其可以进行逻辑推理和复杂的定理证明，从而保证计算机控制的判断可靠、反应迅速、控制灵敏。

1.1.2.2 计算机的应用

目前，计算机的应用已渗透到社会的各个领域，归纳起来，主要集中在如下几个方面。

1. 科学计算

科学计算也称数值计算，它是计算机最原始的应用领域。在科学研究和工程设计中存在大量的数学计算问题，其特点是计算的工作量大且计算复杂。如卫星轨迹计算，大桥和高楼的抗震强度计算，火箭和宇宙飞船的研究设计等。

2. 信息处理

信息处理又叫数据处理，它是计算机应用中最广泛的领域。数据处理是指用计算机对生产及经营活动、科学研究和工程技术中的大量信息（包括大量数字、文字、声音、图片、图像等）进行收集、转换、分类、存储、计算、传输、制表等操作，其特点是要处理的原始信息量很大，而运算相对简单，如企业管理、情报检索、办公自动化等。

3. 过程控制

采用计算机对连续的工业生产过程进行控制，称为过程控制。在电力、冶金、石油化工、机械等工业部门采用过程控制，可以提高劳动效率，提高产品质量，降低生产成本，缩短生产周期。计算机在过程控制中的应用中有巡回检测、自动记录、统计报表、监视报警、自动启停等，还可以直接同其他设备、仪器相连，对它们的工作进行控制和调节，使其保持最佳工作状态。

4. 计算机辅助系统

计算机用于辅助设计、辅助制造、辅助测试、辅助教学等方面，统称为计算机辅助系统。

(1) 计算机辅助设计(CAD)是指利用计算机来帮助设计人员进行工程设计，以提高设计工作的自动化程度，节省人力和物力。

(2) 计算机辅助制造(CAM)是指利用计算机进行生产设备的管理、控制与操作，从而提高产品质量、降低生产成本、缩短生产周期，并且还大大地改善了制造人员的工作条件。

(3) 计算机辅助测试(CAT)是指利用计算机进行复杂而大量的测试工作。

(4) 计算机辅助教学(CAI)是指用计算机来辅助完成教学计划或模拟某个实验过程。

5. 人工智能

人工智能是计算机科学研究的一个重要领域，是指用计算机模拟人类某些智能行为（如感知、推理、学习、理解等）的理论和技术。目前，最具代表性的是专家系统、机器人、模式识别和智能检索等。

6. 计算机网络通信

网络计算机是当前应用计算机的一种全新概念，它利用通信线路，将分布在不同地点的计算机互联起来，形成能相互通信的一组计算机系统，从而实现资源共享，大大地提高了计算机系统的使用效率和各种资源的利用率。

7. 多媒体应用

多媒体计算机的主要特点是集成性和交互性，即集文字、声音、图像等信息于一体并使双方能通过计算机进行互动。多媒体技术的发展大大拓宽了计算机的应用领域，为人和计算机之间提供了传递自然信息的途径，目前已被广泛应用于教育、医疗、商业、银行、军事、工业和娱乐等方面。

1.1.2.3 计算机的分类

1. 按用途分类

按用途计算机可分为通用计算机和专用计算机。

(1) 通用计算机具有功能强、兼容性强、应用面广、操作方便等优点。但运行效率、运行速度和使用的经济性等会因为应用场合的不同而受到不同程度的影响。通常使用的计算机都是通用计算机。

（2）专用计算机一般功能单一，结构简单。因此，针对特定场合，具有效率高、运算速度快和使用经济等优点。但其适应性较差，不适合其他场合的应用。

2. 按功能分类

按功能计算机可分为巨型机、小巨型机、大型机、小型机、工作站和个人计算机等 6 类。

（1）巨型机（Supercomputer）。巨型机也称为超级计算机，在所有计算机类型中占地最多，价格最贵，功能最强，运算最快。其研制水平、生产能力及应用程度已成为衡量一个国家经济实力与科技水平的重要标志之一，主要用于国防、空间技术、天气预报、石油勘探等。

（2）小巨型机（Mini-supercomputer）。小巨型机是小型超级计算机或桌上超级计算机，出现于 20 世纪 80 年代中期。该机型的功能略低于巨型机，而价格只有巨型机的十分之一。

（3）大型机（Mainframe）。大型机的特点是大型、通用，具有很强的处理和管理能力。它主要用于大银行、大公司和规模较大的大学或科研机构。

（4）小型机（Minicomouter）。小型机的结构简单，可靠性高，成本较低，用户不需要经长期培训即可维护使用，对中、小用户来说，比昂贵的大型主机具有较高的吸引力。

（5）工作站（Workstation）。工作站是介于个人计算机与小型机之间的高档微机，其运算速度比微机快，且有较强的联网功能。其主要用于特殊的专业领域，如图像处理、辅助设计等。这里的工作站与网络系统中的"工作站"用词一样，但含义不同。网络上的"工作站"常被用来泛指联网用户的结点，以区别于网络服务器，通常只是一般的个人计算机。

（6）个人计算机（Personal Computer，PC）。个人计算机也就是常说的微型计算机或微机。它是 20 世纪 70 年代出现的新机种，以其设计先进、软件丰富、功能齐全、价格便宜等优势而拥有广大的用户，它的出现和发展极大地推动了计算机的普及应用。目前，微机除台式外，还有笔记本电脑（Notebook）、掌上电脑（PAD）、平板电脑等。微机技术的发展也非常迅速，平均每两、三个月就有新产品出现，平均每两年芯片集成度提高一倍，性能提高一倍，价格进一步下降。微机将向体积更小、重量更轻、携带更方便、运算速度更快、功能更强、更易用、价格更便宜的方向发展。

1.1.3   计算机的发展趋势

计算机的发展和应用有力地推动了社会的发展和科学技术的进步，同时也对计算机技术提出了更高的要求。

1.1.3.1 计算机的发展趋势

未来计算机将向巨型化、微型化、网络化和智能化的方向发展。

1. 巨型化

巨型化指高速度、大存储量和功能强大的计算机。它主要是为了满足如天文、气象、宇航、核反应堆等科学技术发展的需要。

2. 微型化

微型化指进一步提高集成度，利用高性能的超大规模集成电路研制质量更加可靠、性能更加优良、价格更加低廉、整机更加小巧的微型计算机。

3. 网络化

网络化指把各自分散且相对独立的计算机及相关设备用通信线路联结起来，组成计算机网络，使得网络系统上的各计算机用户之间可以相互通信并共享公共资源和信息服务。

4. 智能化

智能化指让计算机具有模拟人的感觉行为和思维过程的能力，使计算机不仅能根据人的指挥进行工作，而且能"看""听""说""想""做"，具有逻辑推理、学习与证明的能力。

1.1.3.2 未来计算机的突破方向

目前科学家们正在突破集成电路模式的计算机有光子计算机、分子计算机、量子计算机等。

（1）光子计算机利用光子取代电子进行数据运算、传输和存储。在光子计算机中，不同波长的光表示不同数据，可快速完成复杂的计算工作。与电子计算机相比，光子计算机具有超高运算速度、强大的并行处理能力、大存储量、强抗干扰能力等。根据推测，未来光子计算机比现在的超级计算机快 1000～10000 倍。1990 年初，美国贝尔实验室制成世界第一台光子计算机。

（2）分子计算机，也称为生物计算机。其逻辑元件采用生物芯片，是由生物工程技术产生的蛋白质分子构成，它存储能力巨大，运算速度比现在最新的超级计算机快10 万倍，能量消耗则为其的 10 亿分之一，并有强大的存储能力。由于蛋白质分子能够自我组合，再生新的微型电路，使得分子计算机具有生物体的一些特点，能发挥生物体本身的调节机能来自动修复芯片发生的故障，还能模仿人脑的思考机制。目前科学家已研制出分子计算机的主要部件——生物芯片。美国明尼苏达州立大学已经研制成功了世界上第一个"分子电路"。

（3）量子计算机是一种遵循量子理论进行高速数据和逻辑运算、存储及处理量子信息的物理设备。与现在的计算机相比，量子计算机具有解题速度快、存储量大、搜索能力强和安全性高等优势。2009 年 11 月 15 日，世界首台可编程的通用量子计算机正式在美国诞生。2013 年 6 月 8 日，由中国科学技术大学潘建伟院士领衔的量子光学和量子信息团队首次成功实现了用量子计算机求解线性方程组的实验。

1.1.4　计算机应用技术的发展

随着计算机的发展，在计算机应用方面出现了许多新的技术和发展趋势，下面对一些有代表性的技术进行简单介绍。

1.1.4.1　人工智能

人工智能（Artificial Intelligence，AI），它是研究、开发用于模拟、延伸和扩展人的智能的理论、方法、技术及应用系统的一门新的技术科学，或者简单地说，是用计算机来模拟人的某些思维过程和智能行为（如学习、推理、思考、规划等）。人工智能是计算机学科的一个分支，除了计算机科学以外，人工智能还涉及信息论、控制论、自动化、仿生学、生物学、心理学、数理逻辑、语言学、医学和哲学等多门学科，属于自然科学、社会科学、技术科学三向交叉学科。

人工智能学科研究的主要内容包括：知识表示、自动推理和搜索方法、机器学习和知识获取、知识处理系统、自然语言理解、计算机视觉、智能机器人、自动程序设计等方面。

从 1956 年正式提出人工智能学科算起，60 多年来，人工智能取得了长足的发展，成为一门广泛的交叉和前沿科学，20 世纪 70 年代以来被称为世界三大尖端技术（空间技术、能源技术、人工智能）之一，也被认为是 21 世纪三大尖端技术（基因工程、纳米科学、人工智能）之一。1997 年 5 月，IBM 公司研制的深蓝计算机战胜了国际象棋大师卡斯帕罗夫，是人工智能技术的一个完美表现。

目前，人工智能在很多学科领域都获得了广泛应用，如机器视觉、指纹识别、人脸识别、视网膜识别、虹膜识别、掌纹识别、专家系统、自动规划、智能搜索、定理证明、博弈、自动程序设计、智能控制、机器人学、语言和图像理解、遗传编程等方面。

1.1.4.2　物联网

物联网（Internet of things）的概念最初是在 1999 年提出的，指通过射频识别（RFID）、红外感应器、全球定位系统、激光扫描器、气体感应器等信息传感设备，按约定的协议，把任何物品与互联网连接起来，进行信息交换和通信，以实现智能化识别、定位、跟踪、监控和管理的一种网络。简而言之，物联网就是"物物相连的互联网"。这有两层意思：其一，物联网的核心和基础仍然是互联网，是在互联网基础上的延伸和扩展的网络；其二，其用户端延伸和扩展到了任何物品与物品之间，进行信息交换和通信，也就是物物相息。

物联网从技术架构上可分为感知、网络、应用三个层次。感知层由各种传感器构成，包括温湿度传感器、二维码标签、RFID 标签和读写器、摄像头、红外线、GPS 等感知终端，感知层是物联网识别物体、采集信息的来源。网络层由各种网络，包括互联网、广电网、网络管理系统和云计算平台等组成，是整个物联网的中枢，负责传递和处理感知层获取的信息。应用层是物联网和用户的接口，它与行业需求结合，实现物联网的智能应用。

物联网是继计算机、互联网和移动通信之后的又一次信息产业的革命性发展。物联网产业具有产业链长、涉及多个产业群的特点。其应用范围几乎覆盖了各行各业，各国都在加大力度进行研究和应用，我国也将物联网正式列为国家重点发展的五大新兴战略性产业之一。2012 年工信部发布的我国第一个物联网五年规划《物联网"十二五"发展规划》中圈定物联网 9 大领域示范工程分别是：智能工业、智能农业、智能物流、智能交通、智能电网、智能环保、智能安防、智能医疗、智能家居。2016 年工信部在《物联网的十三五发展规划（2016－2020 年）》中圈定物联网重点领域示范工程分别是：智能制造、智慧农业、智能家居、智能交通和车联网、智慧医疗和健康养老、智慧节能环保。

1.1.4.3 云计算

云计算（Cloud Computing）是继 20 世纪 80 年代大型计算机－客户端－服务器的大转变之后的又一种巨变，是分布式计算、并行计算、效用计算、网络存储、虚拟化、负载均衡、热备份冗余等传统计算机和网络技术发展融合的产物。

根据美国国家标准与技术研究院定义，云计算是一种按使用量付费的模式，这种模式提供可用的、便捷的、按需的网络访问，进入可配置的计算资源共享池（资源包括网络、服务器、存储、应用软件、服务）。这些资源能够被快速提供，只需投入很少的管理工作，或与服务供应商进行很少的交互。简单地说，云计算是基于互联网的相关服务的增加、使用和交付模式，通常涉及通过互联网来提供动态交易扩展且经常是虚拟化的资源。云计算的特点如下。

1. 超大规模

"云"具有超大的规模。Google"云"已经拥有 100 多万台服务器，Amazon、IBM、微软、Yahoo、阿里、腾讯等的"云"均拥有几十万台服务器。企业私有云一般拥有数百上千台服务器。"云"能赋予用户前所未有的计算能力。

2. 虚拟化

云计算支持用户在任意位置，使用各种终端获取应用服务。所请求的资源来自"云"，而不是固定的有形的实体。应用在"云"中某处运行，但实际上用户无需了解、也不用担心应用运行的具体位置，只需要一台笔记本或者一个手机，就可以通过网络服务来实现我们需要的一切，甚至包括超级计算这样的任务。

3. 高可靠性

"云"使用了数据多副本容错、计算节点同构可互换等措施来保障服务的高可靠性，使用云计算比使用本地计算机可靠。

4. 通用性

云计算不针对特定的应用，在"云"的支撑下可以构造出千变万化的应用，同一个"云"可以同时支持不同的应用运行。

5. 高可扩展性

"云"的规模可以动态伸缩，满足应用和用户规模增长的需要。

6. 按需服务

"云"是一个庞大的资源池，用户按需购买，云可以像自来水、电、煤气那样计费。

7. 廉价

由于"云"的特殊容错措施，可以采用极其廉价的节点来构成"云"。"云"的自动化集中式管理使大量企业无需负担日益高昂的数据中心管理成本。"云"的通用性使资源的利用率较之传统系统大幅提升，因此用户可以充分享受"云"的低成本、高速度的优势。

云计算可以认为包括以下几个层次的服务：基础设施即服务（IaaS），平台即服务（PaaS）和软件即服务（SaaS）。

1.1.4.4 大数据

大数据（Big data），指无法在一定时间范围内用常规软件工具进行捕捉、管理和处理的数据集合，是需要新处理模式才能具有更强的决策力、洞察发现力和流程优化能力的海量、高增长率和多样化的信息资产。

麦肯锡全球研究所对大数据给出的定义是：一种规模大到在获取、存储、管理、分析方面大大超出了传统数据库软件工具能力范围的数据集合，具有海量的数据规模、快速的数据流转、多样的数据类型和价值密度低四大特征。

随着互联网、物联网、计算机技术、云计算技术等应用的日益广泛和深入，互联网上的数据以指数速度增长。美国互联网数据中心指出，互联网上的数据每年将增长50%，每两年便翻一番，而目前世界上90%以上的数据是最近几年才产生的。此外，数据又并非单纯指人们在互联网上发布的信息，全世界的工业设备、汽车、电表等上也有着无数的传感器，随时测量和传递着有关位置、运动、震动、温度、湿度乃至空气中化学物质的变化，也产生了海量的数据信息。

在以云计算为代表的技术创新大幕的衬托下，这些原本很难收集和使用的数据开始容易被利用起来了，通过各行各业的不断创新，大数据逐步为人类创造出了更多的价值。因此，大数据技术的战略意义不在于掌握庞大的数据信息，而在于对这些含有意义的数据进行专业化处理。换而言之，如果把大数据比作一种产业，那么这种产业实现盈利的关键，在于提高对数据的"加工能力"，通过"加工"实现数据的"增值"。

从技术上看，大数据与云计算的关系就像一枚硬币的正反面一样密不可分。大数据必然无法用单台的计算机进行处理，必须采用分布式架构。它的特色在于对海量数据进行分布式数据挖掘。但它必须依托云计算的分布式处理、分布式数据库和云存储、虚拟化技术。

目前，从政府决策、公共事务管理、金融投资、企业产品开发营销管理到个人手机地图导航、住宿酒店预订，大数据已经越来越多地在各行各业中显示出它的价值。

任务 1.2　计算机中信息的表示与存储

1.2.1　数据与信息

信息（Information）和数据（Data）是计算机中常用的两个概念。一般来说，信息既是对各种事物的变化和特征的反映，又是事物之间相互作用和联系的表征。人通过接受信息来认识事物，从这个意义上说，信息是一种知识。

数据是信息的载体，是用来记录或标记信息的一种物理符号系列，数值、文字、语言、图形、图像等都是不同形式的数据。信息是有意义的，而数据没有。如 9.58 秒本身没有意义，但用来反映人在 100 米短跑的速度时，就有意义了。它是 2009 年 8 月 17 日，牙买加飞人博尔特在柏林田径世锦赛上创造的男子百米世界纪录。

信息在计算机内部具体的表示形式就是数据，它分为数值型数据与非数值型数据（如字符、图像等），这些数据在计算机中都是以二进制形式来表示、存储和处理的。

通常在计算机中如果不严格区分，信息与数据两个词经常被互换使用。

1.2.2　数制与数制的转换

1.2.2.1　数制的概念

数制是人们用来表示数的规则。数制通常采用进位计数制，即按进位的规则进行计算。例如人们常用的十进制，钟表计时中秒、分、时的六十进制，计算机中使用的二进制等。

进位计数制中有三个基本概念：数码、基数和位权。

1. 数码

数码指一个数制中表示基本数值大小不同的数字符号。如在十进制中有十个数码：

0，1，2，3，4，5，6，7，8，9；在二进制中有两个数码：0，1。

2. 基数

基数指一个数值所使用数码的个数。如十进制的基数为10，二进制的基数为2。

3. 位权

基数指一个数值中某一位所表示数值的大小（所处位置的价值），根据该位以基数的若干次幂来标识。如十进制的123，1的位是$10^2 = 100$，2的位权是$10^1 = 10$，3的位权是$10^0 = 1$；八进制123，1的位权是$8^2 = 64$，2的位权是$8^1 = 8$，3的位权是$8^0 = 1$。

任何一种用进位计数制表示的数 N，其数值都可写成按位权展开的多项式之和：

$$N = a_n \times \gamma^n + a_{n-1} \times \gamma^{n-1} + \cdots + a_1 \times \gamma^1 + a_0 \times \gamma^0 + a_{-1} \times \gamma^{-1} + \cdots + a_{-m} \times \gamma^{-m}$$

其中a_i表示数码，γ表示基数，γ^i表示位权。

1.2.2.2 计算机中常用数制及书写形式

1. 常用数制

计算机中常用的数制为二进制、八进制、十进制及十六进制，如表1-2-1所示。

表1-2-1 计算机中常用数制

数制	二进制	八进制	十进制	十六进制
规则	逢二进一	逢八进一	逢十进一	逢十六进一
基数	$\gamma = 2$	$\gamma = 8$	$\gamma = 10$	$\gamma = 16$
数码	0，1	0，1，…，7	0，1，…，9	0，1，…，9，A，…，F
标识	B（Binbary）	O（Octal）	D（Decimal）	H（Hexadecimal）

2. 书写形式

（1）字母后缀标识。

二进制数用英文字符 B 表示，如11010101B。

八进制数用英文字符 O 表示，如207O。

十进制数用英文字符 D 表示，后缀也可省略，如109或109D。

十六进制数用英文字符 H 表示，如1A0F9H。

（2）括号外加下标标识。

二进制数11010101B 也可写为（11010101）$_2$；

八进制数207O 也可写为（207）$_8$；

十进制数109 也可写为（109）$_{10}$；

十六进制数1A0F9H 也可写为（1A0F9）$_{16}$。

3. 常用数制之间的转换

同一个数在使用不同的进制来表示时会得到不同的呈现形式，但它们都表示同一个值。例如十进制的 32，用二进制表示成 100000，用八进制表示成 40，用十六进制则表示成 20，这就涉及了不同进制间数的转换问题。

（1）γ 进制数转换成十进制数。把各非十进制数按位权展开求和（十六进制数的 A，B，C，D，E，F 分别用十进制的 10，11，12，13，14，15 代替），即可得到其十进制数。

【实例 1-2-1】将二进制数 1011.1B 转换成十进制数。

$$1011.01B = 1 \times 2^3 + 0 \times 2^2 + 1 \times 2^1 + 1 \times 2^0 + 0 \times 2^{-1} + 1 \times 2^{-2}$$
$$= 1 \times 8 + 0 \times 4 + 1 \times 2 + 1 \times 1 + 0 \times 0.5 + 1 \times 0.25$$
$$= 8 + 0 + 2 + 1 + 0 + 0.25$$
$$= 11.25$$

【实例 1-2-2】将八进制数 307.5O 转换成十进制数。

$$307.5O = 3 \times 8^2 + 0 \times 8^1 + 7 \times 8^0 + 5 \times 8^{-1}$$
$$= 3 \times 64 + 0 \times 8 + 7 \times 1 + 5 \times 0.125$$
$$= 192 + 0 + 7 + 0.625$$
$$= 199.625$$

【实例 1-2-3】将十六进制数 3CF.AH 转换成十进制数。

$$3CF.AH = 3 \times 16^2 + 12 \times 16^1 + 15 \times 16^0 + 10 \times 16^{-1}$$
$$= 3 \times 256 + 12 \times 16 + 15 \times 1 + 10 \times 0.0625$$
$$= 768 + 192 + 15 + 0.625$$
$$= 975.625$$

（2）十进制数转换成 γ 进制数。十进制数转换成 γ 进制数要分整数和小数两部分分别转换。整数部分，除 γ 取余，将余数从下往上取出来；小数部分，乘 γ 取整，将取整的结果按顺序取。

【实例 1-2-4】将十进制数 57.625 转换成二进制数。

将 57.625 分为整数部分和小数部分分别转换。

整数部分转换，除 2 取余，从高位向低位取余数，如图 1-2-1。

小数部分转换，乘 2 取整，将取整的结果顺序取出，如图 1-2-2。

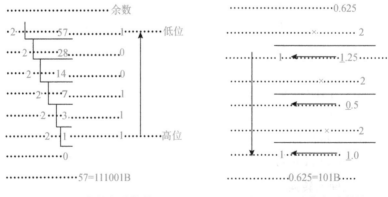

图 1-2-1 整数部分转换　　　图 1-2-2 小数部分转换

结合两部分，57.625D＝111001.101B。

对于小数部分的转换，当乘 2 取整以后剩余的小数部分为 0 时就结束了，但如果一直不为 0，则可根据精度要求，选择一定的位数后停止。

十进制数转换为八进制数或十六进制数也可用类似方法得出结果。

（3）二进制数和八进制数的相互转换。以小数点为界，整数从右向左，小数从左向右，1 位八进制数对应 3 位二进制数（见表 1-2-2），位数不够时补零。

表 1-2-2　八进制—二进制数对应表

八进制	0	1	2	3	4	5	6	7
二进制	000	001	010	011	100	101	110	111

【实例 1-2-5】将八进制数 50.754O 转换为二进制数，将二进制数 11010110.10101B 转换为八进制数。

50.754O＝101 000.111 101 100B＝101000.1111011B

11010110.10101B＝011 010 110.101 010B＝326.52O

（4）二进制数和十六进制数的相互转换。以小数点为界，整数从右向左，小数从左向右，1 位十六进制数对应 4 位二进制数（见表 1-2-3），位数不够时补零。

表 1-2-3　十六进制—二进制数对应表

十六进制	0	1	2	3	4	5	6	7	8	9	A	B	C	D	E	F
二进制	0000	0001	0010	0011	0100	0101	0110	0111	1000	1001	1010	1011	1100	1101	1110	1111

【实例 1-2-6】将十六进制数 40B.2AH 转换为二进制数，将二进制数 11010110.10101B 转换为十六进制数。

40B.2AH＝0100 0000 1011.0010 1010B＝10000001011.0010101B

11010110.10101B＝1101 0110.1010 1000B＝D6.A8H

另外，十进制数也可先转换为二进制数，再由二进制数转换为八进制或十六进制数，反之亦然。

1.2.3　计算机中的数据存储单位

1.2.3.1　计算机以二进制存储和运算的原因

第一台计算机 ENIAC 是十进制计算机，采用十个真空管来表示一位十进制数。冯·诺依曼在随后研制计算机时发现这种表示和实现方法十分麻烦，提出了二进制的表示方法。此后计算机内部数据均以二进制的形式存储和运算。

二进制只有“0”和“1”两个数码。相对于十进制，采用二进制表示有易于物理实现、运算简单、通用性强、机器可靠性高等优点。

1. 物理上易于实现

因为具有两种稳定状态的物理器件是很多的，如门电路的导通与截止、电压的高与低，而它们恰好可对应表示 1 和 0 两个符号。如果采用十进制，则要制造具有 10 种稳定状态的物理电路，那就非常困难了。

2. 二进制数运算简单

十进制的求和、求积运算规则有 55 种，而二进制只有 3 种，因而简化了运算器等物理器件的设计。

3. 机器可靠性高

由于电压的高低、电流的通断等都是一种质的变化，两种状态分明，所以基于二进制数据编码的传输抗干扰能力强，鉴别信息的可靠性高。

4. 通用性强，有很好的逻辑功能

基于二进制的数据编码不仅可以表示数值型数据，也适用于各种非数值信息的数字化编码。特别是仅有的两个符号"0"和"1"正好与逻辑命题的"真"与"假"相对应，从而为计算机实现逻辑运算和逻辑判断提供了方便。

1.2.3.2 计算机中数据的存储单位

1. 位

二进制数据中的一个 bit，音译为"比特"，是计算机中数据存储和处理的最小单位。一个二进制位只能表示 0 或 1 两种状态，要表示更多的数据信息，就要把多个位组合成一个整体，一般以 8 位二进制组成一个基本单位。

2. 字节

字节是计算机数据存储和处理的基本单位。字节（Byte），音译为"拜特"，简记为 B，规定一个字节为 8 位，即 1B＝8bit，每个字节由 8 个二进制位组成。计算机的存储器一般是以多少字节来表示容量，如 1 个数字、字母或字符用 1 个字节来存储和表示，1 个汉字用 2 个字节存储和表示。

除了字节（B）外，计算机中的存储单位还有千字节（KB）、兆字节（MB）等，它们之间的关系如下：

1024 B＝1 KB	千字节	1024 KB＝1 MB	兆字节
1024 MB＝1 GB	吉字节	1024 GB＝1 TB	太字节
1024 TB＝1 PB	拍字节	1024 PB＝1 EB	艾字节
1024 EB＝1 ZB	泽字节	1024 ZB＝1 YB	尧字节
1024 YB＝1 BB	珀字节	1024 B＝1 NB	诺字节
1024 NB＝1 DB	刀字节		

另外，字（Word）是计算机进行数据处理时，一次存取、加工和传送的数据长度，一个字通常由一个或若干个字节组成。由于字长是计算机一次所能处理信息的实际位数，所以它决定了计算机数据处理的速度。字长是衡量计算机性能的一个重要指标，计算机字长越长，反映出它的性能越好，如 16 位微机、32 位微机。目前微型机字长通常是 64 位。

1.2.4　计算机中数据的编码

计算机中任何形式的数据（数字、字符、汉字、图像、声音、视频等）在计算机内部都是采用二进制形式进行编码表示，这就称为信息编码。

1.2.4.1　ASCII 码

ASCII（American Standard Code for Information Interchange）码，即美国信息交换标准码是被国际标准化组织指定的国际标准，是目前国际通用的字符编码。ASCII 码分 7 位编码和 8 位编码两种版本。国际通用的是 7 位 ASCII 码，即用 7 位二进制数表示每个字符编码，共有 $2^7 = 128$ 个字符，见表 1-2-4。

表 1-2-4　7 位 ASCII 编码表

$b_3 b_2 b_1 b_0$	$b_6 b_5 b_4$							
	000	001	010	011	100	101	110	111
0000	NUL	DLE	SP	0	@	P	`	p
0001	SOH	DC1	!	1	A	Q	a	q
0010	STX	DC2	"	2	B	R	b	r
0011	ETX	DC3	#	3	C	S	c	s
0100	EOT	DC4	$	4	D	T	d	t
0101	ENQ	NAK	%	5	E	U	e	u
0110	ACK	SYN	&	6	F	V	f	v
0111	BEL	ETB	'	7	G	W	g	w
1000	BS	CAN	(	8	H	X	h	x
1001	HT	EM	)	9	I	Y	i	y
1010	LF	SUB	*	:	J	Z	j	z
1011	VT	ESC	+	;	K	[	k	{
1100	FF	FS	,	<	L	\	l	|
1101	CR	GS	-	=	M	]	m	}
1110	SO	RS	.	>	N	ˆ	n	~
1111	SI	US	/	?	O	_	o	DEL

在 7 位 ASCII 码表中，包含有 10 个数字、大小写英文字符各 26 个、32 个标点和运算符号，34 个控制字符。例如，字符"a"的 ASCII 编码为 1100001。控制字符也对应不同的作用，如"SP"代表空格，"DEL"代表删除。

由于 ASCII 采用 7 位编码，没有用到字节的最高位（一个字节用 8 位来表示），很多系统就利用这一位作为校验位，以便提高字符信息传输的可靠性。另外，也有系统将 ASCII 码扩充到最高位，使编码表示的字符数量增加了一倍，即 256 个，也就是 8 位 ASCII 编码，或称为扩展的 ASCII 编码。

1.2.4.2 汉字编码

ASCII 码只对英文字母、数字和标点符号进行编码。为了在计算机内表示和处理汉字，同样要对汉字进行编码。我国 1980 年发布了国家汉字编码标准 GB 2312－80（信息交换用汉字编码字符集·基本集），简称国际码。

国际码规定了进行一般汉字信息处理时所用的 7445 个字符编码，其中包括 682 个非汉字图形符号（如序号、数字、罗马数字、英文字母、日文假名、俄文字母、汉语拼音等）和 6763 个汉字的代码。汉字代码中有一级常用字 3755 个，二级次常用字 3008 个。一级常用汉字按汉语拼音字母顺序排列，二级次常用字按偏旁部首排列，部首依笔画多少排序。

由于一个字节只能表示 $2^8=256$ 种编码，无法表示汉字的国标码，所以用两个字节来表示。

1992 年通过的国际标准 ISO 10646，定义了一个用于世界范围各种文字及各种语言的书面形式的图形字符集，基本上收全了除中国内地外，中国台湾及港澳地区、日本和韩国等地区和国家使用的汉字。因国标码 ISO 10646 中的许多汉字没有包括在内，为此 1995 年我国制定了 GBK 编码（扩展汉字编码），它是对 GB 2312－80 的扩展。GBK 中收录了 21003 个汉字，支持国际标准 ISO 10646 中全部的中日韩汉字及 BIG5（台、港、澳）编码中的所有汉字。2001 年我国发布了 GB 18030 编码标准，它是 GBK 的升级，目前已经纳入编码的汉字约为 2.6 万个。

计算机对汉字的处理要比英文字符复杂得多，它涉及到输入、处理、显示、输出等多种汉字的编码和编码间的转换。这些编码有：汉字输入码、汉字机内码、国标码、汉字字形码和汉字地址码等。下面就对这几种汉字编码及它们之间的关系进行简单介绍。

1. 汉字输入码

为将汉字输入计算机而编制的代码称为汉字输入码。

2. 汉字机内码

汉字机内码是为在计算机内部对汉字进行存储、处理而设置的汉字编码，也称内码。当一个汉字输入到计算机后就转换为机内码，然后才能在机器内传输、存储、处理。

3. 国标码

国标码也称汉字交换码，是用于汉字信息处理系统与通信系统之间进行信息交换的汉字代码，它是为使系统、设备之间信息交换时能够采用统一的形式而制定的。

4. 汉字字形码

汉字字形码又称汉字字模，用于在显示屏或打印机输出汉字。汉字字形码通常有点阵和矢量两种表示方式。

用点阵表示字形时，汉字字形码指的就是这个汉字字形点阵的代码。根据输出汉字的要求不同，点阵的多少也不同。简易型汉字为 16×16 点阵，提高型汉字为 24×24 点阵、32×32 点阵、48×48 点阵等。点阵规模越大，字形越清晰、美观，所占存储空间也就越大。

矢量表示方式存储的是描述汉字字形的轮廓特征，当要输出汉字时，通过计算机的计算，由汉字字形描述信息生成所需要的大小和形状的汉字点阵。矢量汉字化字形描述与最终文字显示的大小分辨率无关，因此可产生高质量的汉字输出。Windows 中使用的 TrueType 技术就是汉字的矢量表示方式。

5. 汉字地址码

每个汉字字形码在汉字字库中的相对位移地址称为汉字地址码，即指汉字字形信息在汉字字库中存放的首地址。每个汉字在字库中都占有一个固定大小的连续区域，其首地址即是该汉字的地址码。需要向输出设备输出汉字时，必须通过地址码，才能在汉字字库中取到所需的字形码，最终在输出设备上形成可见的汉字字形。

6. 各种汉字代码之间的关系

汉字的输入、处理和输出的过程，是汉字编码在系统有关部件之间传输转换的过程，如图 1-2-3 所示。

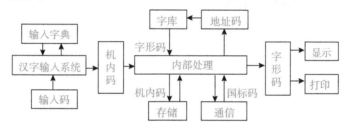

图 1-2-3　汉字编码处理过程

任务 1.3　认识计算机系统及组成元素

1.3.1　计算机系统的组成

1.3.1.1　计算机系统的组成

一个完整的计算机系统由计算机硬件系统和计算机软件系统两部分组成，如图 1-3-1 所示。

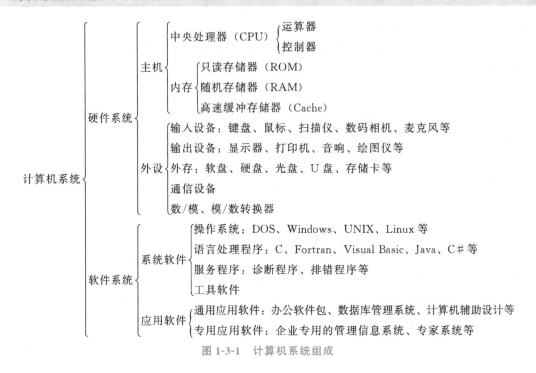

图 1-3-1　计算机系统组成

1.3.1.2　计算机硬件系统

硬件是指组成计算机的各种物理装置，硬件系统是组成计算机系统的各种物理设备的总称，是组成计算机系统的物质基础。

1. 冯·诺伊曼结构

1944 年 8 月，著名美籍匈牙利数学家冯·诺伊曼与美国宾夕法尼亚大学莫乐电气工程学院的莫奇利小组合作，在他们研制的 ENIAC 基础上提出了一个全新的存储程序、程序控制的通用电子计算机的方案。冯·诺伊曼在方案中总结并提出了 3 条思想：

（1）计算机由运算器、控制器、存储器、输入设备和输出设备 5 大基本部件组成。图 1-3-2 表示了这 5 个部分的相互关系。

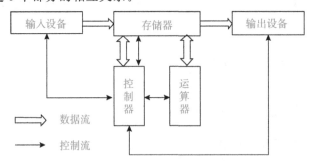

图 1-3-2　冯·诺伊曼结构计算机基本部件关系

（2）采用二进制形式表示数据和指令。

（3）将程序和处理问题所需的数据事先放在存储器中，计算机运行程序时，依次从存储器里逐条取出指令、执行一系列基本操作，完成该指令所规定的运算。

这一切都是在控制器的控制下完成的，这就是存储程序、程序控制的工作原理。存储程序实现了计算机的自动计算，成为计算机与计算器及其他计算工具的本质区别，同时也确定了冯·诺伊曼计算机的基本结构。

冯·诺伊曼的思想奠定了现代计算机系统结构的基础，所以人们将采用这种设计思想的计算机称为冯·诺伊曼型计算机。从 1946 年第一台计算机诞生至今，虽然计算机的结构和制造技术都有很大的发展，都基本遵循冯·诺伊曼型计算机的原理和体系结构，但为提高计算机运行速度，目前也在冯·诺伊曼型计算机的基本思想基础上进行着拓展和变革，如流程线技术、多核处理技术、并行计算技术等。

2. 运算器

运算器（Arithmetic Logic Unit）是进行算术运算和逻辑运算的部件，主要由算术单元和一组寄存器组成。在控制器的控制下，它对取自内存储器或寄存器组中的数据进行算术或逻辑运算，再将运算的结果送到内存储器或寄存器组中。运算器的核心是算术逻辑单元（ALU），也叫作算术逻辑运算部件，它的核心部分是加法器，并辅以移位和控制逻辑组合而成。在控制信号的控制下，可进行加、减、乘、除等算术运算和各种逻辑运算。寄存器组用来存储 ALU 运算中所需的操作数及其运算结果。

3. 控制器

控制器（Control Unit）的功能是控制计算机各部件协调工作并自动执行程序。计算机的工作就是执行程序，但计算机只能执行存放在内存中的程序，所以执行程序前一定要把数据和程序放入计算机内存。程序是若干指令的有序排列，在执行程序时，控制器首先从存储程序的内存中按顺序取出一条指令，并对指令进行分析，根据指令的功能向相关部件发出控制指令，使它们执行该指令所规定的任务。计算机要自动执行一个程序，就是在控制器的控制下，从第一条指令开始，逐条读出指令、分析指令、执行指令直至执行到程序的最后一条停机指令完成程序为止。

控制器和运算器合在一起称为中央处理单元或中央处理器，简称 CPU（Central Processing Unit），它是计算机的核心部件。

4. 存储器

存储器（Memory）是具有"记忆"功能，用来存放指令和数据的部件。对存储器的要求是不仅能保存大量二进制的数据，而且能快速从存储器中读出（取出）数据，或者把数据快速写入（存入）存储器。

计算机的存储器可分为两大类：一类为设在主机中的内存储器，也叫主存储器，简称内存或主存；另一类是属于计算机外部设备的存储器，叫外存储器，也叫辅助存储器，简称外存或辅存。

内存存取速度快，但容量较小，一般由半导体器件构成。内存可随时写入或读出数据，但一旦断电（关机、重启、意外断电等）内存中的数据就会消失。外存存取速度慢，但容量很大，存入的数据可一直保存，断电也不会消失。如磁带、硬盘、移动硬盘、光盘、闪存盘等。在计算机运行中，要执行的程序和数据都必须存放在内存中，CPU 只能直接与内存交换信息，而不能直接与外存交换信息。为了处理外存中的信息，必须将外存中的信息先传送到内存后才能由 CPU 进行处理。

5. 输入设备

用来向计算机输入各种原始数据和程序的设备叫作输入设备（Input Device）。输入设备把各种形式的信息，如数字、文字、图形、图像等转换为计算机能识别的二进制"编码"，并把它们输入到计算机存储起来。常用的输入设备有键盘、鼠标、扫描仪、触摸屏、摄像头、麦克风、数码照相机、光笔、条形码阅读机等。

6. 输出设备

从计算机输出各类数据的设备叫作输出设备（Output Device）。输出设备把计算机加工处理的二进制信息转换为用户或其他设备所需要的信息形式输出，如文字、数字、图形、图像、声音等。常用的输出设备有显示器、打印机、绘图仪、磁盘等。

7. 计算机的基本工作原理

计算机在工作时，有两种信息在流动：数据信息和指令信息。数据信息是指原始数据、中间结果、结果数据、源程序等。这些信息从存储器读入运算器进行运算，计算出结果再存入存储器或传送到输出设备。指令控制信息是由控制器对指令进行分析、解释后向各部件发出的控制命令，并指挥各部件协调地工作。

1.3.1.3 计算机软件系统

软件是由程序、程序运行所需的数据以及开发、使用和维护这些程序所需的文档 3部分组成的，软件系统是计算机系统中各种软件的总称。计算机软件按功能可分为系统软件和应用软件两大类。

1. 系统软件

系统软件是控制计算机系统并协调管理计算机软/硬件资源的程序，其主要功能包括：启动计算机，存储、加载和执行程序，对文件进行排序、检索，将程序语言翻译成机器语言等。仅由硬件组成的计算机称为裸机，裸机是无法直接运行的。实际上，系统软件可以看作用户与计算机硬件之间的接口，它为应用软件和用户提供了控制、访问硬件的方便手段，使用户和应用软件不必了解具体的硬件细节就能操作计算机或开发程序。此外，语言处理程序和各种工具软件也属于系统软件，它们从另一方面辅助用户使用计算机。下面对这些软件的主要功能进行简单介绍。

（1）操作系统。操作系统（Operating System，OS）是对计算机全部软/硬件资源进行控制和管理的大型程序，是直接运行在裸机上的最基本的系统软件，其他软件必须在操作系统的支持下才能运行。它是软件系统的核心。目前 UNIX、Linux、Windows、Mac OS 等是计算机的常见操作系统，而 Android、iPhone OS 是智能手机的常见操作系统。

（2）语言处理程序。编写计算机程序所用的语言称为计算机程序设计语言，它是人与计算机之间交换信息的工具。人们使用计算机时，可以通过某种计算机语言与其进行"交谈"，用计算机语言描述所要完成的工作。为了完成某项特定的任务，用计算机语言编写一组指令序列就称为程序。编写程序和执行程序是利用计算机解决问题的主要方法和手段。程序设计语言通常分为机器语言、汇编语言和高级语言 3 类。

机器语言（Machine Language）是计算机诞生和发展初期使用的语言。每种型号的计算机都有自己的指令系统，每条指令都对应一串二进制代码，就是机器语言。

汇编语言（Assemble Language）产生于 20 世纪 50 年代初，人们用一些比较容易识别和记忆的助记符号来代替相应的指令，这就是汇编语言，也叫"符号语言"。

机器语言和汇编语言统称为低级语言，高级语言起始于 20 世纪 50 年代中期。这时的"高级"指的是它与人们日常熟悉的自然语言和数学语言相当接近，而且不依赖于计算机的型号。它的通用性好，编程方便，大大提高了程序的可读性、可维护性和可移植性。从 1954 年第一个高级语言（FORTRAN 语言）诞生以来，人们设计出了几百种语言，高级语言也从面向过程发展到面向对象的程序设计语言，目前向可视化、跨平台、适合网络应用开发方向发展。目前常用的高级语言有：Visual Basic、Visual C++、Delphi、PowerBuilder、VB. NET、VC++. NET、JAVA、C♯、Python 等。

（3）服务程序。服务程序能够提供一些常用的服务功能，它们为用户开发程序和使用计算机提供了方便，如诊断程序、排错程序等。

2. 应用软件

利用计算机的软/硬件资源为某一专门的应用目的而开发的软件称为应用软件。根据其服务对象，一般可分为通用软件和专用软件两大类。

（1）通用软件。这类软件通常是为解决某一类问题而设计，而这类问题是很多用户都会遇到和希望解决的。它们主要有：

①文字处理软件。用计算机撰写文章、书信、公文等并进行编辑、修改、排版、打印和保存的过程称为文字处理，相应的软件称为文字处理软件，如后续章节介绍的 Word 软件。

②电子表格。电子表格用来记录数值数据，可以方便地对其进行常规计算。像文字处理软件一样，它也有许多比传统账簿和计算工具先进的功能，如快速计算、自动统计、自动造表等，如后续章节介绍的 Execl 软件。

③图形图像处理软件。图形图像处理由于在工程设计、人们的日常生活、娱乐等方面越来越深入，图形图像处理软件在计算机中的应用中也越来越热门。如 Adobe 公司开发的图像处理软件 Photoshop，被广泛应用在美术设计、彩色印刷、排版、摄影和创建图片等方面；AutoDesk 公司开发的绘图软件 AutoCAD，常用于绘制土建图、机械图等；AutoDesk 公司开发的 3D MAX 软件用于三维动画制作等。

④数据库系统。数据库系统是 20 世纪 60 年代产生并发展起来的。其主要是解决数据处理中的非数值计算问题，广泛用于档案管理、财务管理、图书资料管理、成绩管理及仓库管

理等各类数据处理问题。数据库系统由数据库（存放数据）、数据库管理系统（管理数据）、数据库应用软件（应用数据）、数据库管理员（管理数据库系统）和硬件组成。

目前常见的数据库管理系统有 Access、SQL Server、Oracle、MySQL、FoxPro、Sybase、DB2 等。利用数据库管理系统的功能，设计、开发符合自己需求的数据库应用软件，是目前计算机应用最为广泛且发展最快的领域之一。

⑤网络软件。20 世纪 60 年代出现的网络技术在 20 世纪 90 年代得到了飞速发展和广泛应用，人们的生活、工作、学习已离不开网络，人类社会已进入信息时代。计算机网络是将分布在不同地点的多个独立的计算机系统用通信线路连接起来，在网络通信协议和网络软件的控制下，实现互联互通、资源共享、分布式处理，提高处理计算机的可靠性及可用性。

计算机网络由网络硬件、网络软件及网络信息构成。其中的网络软件包括网络操作系统、网络协议和各种网络应用软件。

⑥娱乐与学习软件。人们除了利用计算机满足工作的需求外，休闲娱乐与教育学习也是非常重要的应用。随着多媒体技术的发展、智能手机和平板电脑的普及，目前这两类软件也得到了迅速的发展。

（2）专用软件。通用软件或软件包一般可以在市场上买到，但针对个别用户或特别用户的具有特殊要求的软件是无法买到的，只能组织人力进行专门的设计开发。这种具有针对性设计开发的软件只适用于专门用户，因此也称为专用软件。

1.3.2　微型计算机系统

微型计算机从 1971 年研制成功后发展到现在，从 4 位处理器发展到 64 位处理器，其功能得到极大的提升，价格却大幅下降，已经成为人们日常工作、学习、生活的常用工具。

1.3.2.1　微型计算机的硬件结构

微型计算机的硬件结构也遵循冯·诺伊曼型计算机结构的基本思想，一般都采用如图 1-3-3 所示的典型结构。

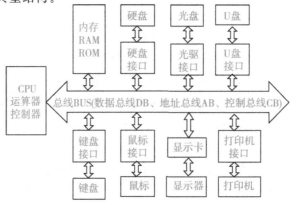

图 1-3-3　微型计算机组成结构

1.3.2.2　微型计算机的基本组成

微型计算机包含有多种系列、多种档次、多种型号的计算机。它们同样也是由微型计算机的中央处理器（微处理器）、存储器、输入输出等设备组成。但从外观来看，微型计算机基本都是由显示器、键盘、鼠标和主机构成，如图 1-3-4 所示。其中主机由主板、微处理器、内存、硬盘驱动器、光盘驱动器、电源、显示卡和机箱等组成。下面对这些硬件进行介绍。

图 1-3-4　微型计算机

1. 主板

主板也叫系统板或母板，如图 1-3-5 所示。自微机诞生以来，主板一直是微机的主要组成部分。主板中包括了基本输入输出系统（BIOS）、高速缓冲存储器、内存插槽、CPU 插槽、键盘接口、软盘驱动器接口、硬盘驱动器接口、总线扩展插槽（ISA、PCI等扩展插槽）、串行接口（COM1、COM2）、并行接口（打印机接口）、USB 接口、网线接口、音频接口等。

图 1-3-5　微机主板

2. 中央处理器

中央处理器（CPU）是一个体积不大而集成度非常高、功能强大的芯片，也称为微处理器（Micro Processor Unit，MPU），它包含了运算器和控制器两大部件，是微型计算机的核心，如图 1-3-6 所示。计算机的所有操作都受它控制，所以它的功能直接决定着整个计算机系统的性能。

图 1-3-6 微机 CPU

3. 内存储器

在微型计算机中，根据使用的不同将内存储器分为只读存储器（Read Only Memory，ROM）和随机存储器（Random Access Memory，RAM）两类，如图 1-3-7 所示。

图 1-3-7 微机内存

（1）只读存储器 ROM：它的特点是只能读出信息不能写入信息，ROM 中的信息是在制造时用专门设备一次写入的。只读存储器常用来存放固定不变、重复执行的程序。如在主板的 ROM 里固化了一个基本输入/输出系统，称为 BIOS（基本输入输出系统），其主要作用是完成对系统的加电自检、系统中各功能模块的初始化、系统的基本输入/输出的驱动程序以及引导操作系统到内存中。ROM 中存储的内容是永久性的，即使关机或断电也不会消失。随着半导体技术的发展，已经出现了多种形式的只读存储器。如可编程的只读存储器（Programmable ROM，PROM）、可擦除可编程的只读存储器（Erasable Programmable ROM，EPROM）以及掩膜型只读存储器（Masked ROM，MROM）等，它们都需要特殊的方法来改变其中的内容。

（2）随机存储器 RAM：也叫随机读写存储器。目前，所有的计算机大都使用半导体 RAM 存储器。半导体存储器是一种集成电路，其中有成千上万的存储元件。依据存储元件结构的不同，RAM 又可分为静态 RAM（Static RAM，SRAM）和动态 RAM（Dynamic RAM，DRAM）。

静态 RAM 集成度低、价格高，但存取速度快，常用做高速缓冲存储器（Cache）。所谓高速缓冲存储器是一种为弥补 CPU 的高速读写与主存 RAM 的低速读写之间的矛盾，而在 CPU 与主存之间另外设置的一个高速、较小容量的缓冲存储器。借助于辅助的硬件，CPU 要访问的数据大部分都可以从 Cache 中读取。Cache 分为 CPU 内部

Cache 和 CPU 外部 Cache（主板上），现在大都在 CPU 内部，分为一级 Cache、二级 Cache，高档的 CPU 有三级 Cache。

动态 RAM 集成度高、价格低，但存取速度慢，常做主存使用。主存存储当前 CPU 使用的程序、数据、中间结果和与外存交换的数据，CPU 根据需要可以直接读/写 RAM 中的内容。RAM 有两个主要特点：一是其中的信息随时可以读出或写入；二是加电使用时其中的信息会完好无缺，但一旦断电（关机或意外断电），RAM 中存储的数据就会消失，而且无法恢复，根据这一特性，又称它为临时存储器。

内存储器（主存）的技术指标主要有：存储量，用来衡量存储器存储信息容量的能力；存取同期，用来衡量存储器工作速度，即访问一次存储器所需要的时间；读写时间，用来衡量存储器的读写速度。

4. 外存储器

在微型计算机系统中，除了有主存外，还有外存储器，用于存储暂时不用的程序和数据。目前微机常用的外存储器有硬盘、光盘和移动存储器等。与内存相比，这类存储器的特点是存储容量大、价格较低，而且在断电的情况下也可以长期保存存储的信息，所以这类存储器也称为永久性存储器。

（1）硬盘（Hard Disk）作为微型计算机系统的外存，是微型计算机的主要配置之一。硬盘是由硬盘片、硬盘驱动电机和读写磁头等组成的一个不可随意拆卸的整体，如图 1-3-8、图 1-3-9 所示。目前的硬盘容量已经达到几 TB 字节。

（2）光盘（Compact Disk）是一种利用激光原理进行读写的大容量的辅助存储器。与磁盘类似，它也需要光盘驱动器配合使用。根据性能不同，目前可将光盘分为 3 类：

①只读光盘（Compact Disk Read Only Memory，CD-ROM）。光盘中的数据是由生产厂家预先写入的，用户只能读取而无法修改其中数据。

②一次性写入光盘（Write Once Read Many times，WORM）。这类光盘用户可以写入信息，但只能写入一次，一旦写入，可多次读取。

③可擦写型光盘。用户可以多次对其进行读/写。目前，微型计算机上广泛使用的是 12 cm 光盘，存储容量最高可达几十 GB。图 1-3-10 为 DVD 光盘驱动器及光盘。

图 1-3-8 硬盘　　图 1-3-9　折开外壳的硬盘　　图 1-3-10　DVD 光盘驱动器及光盘

（3）移动存储器是一种便携式存储器。软盘驱动器、硬盘和光盘驱动器等多固定在机箱内部，不便携带。近年来随着社会的需求和技术的发展，移动存储设备迅速发展起来。目前人们常用的移动存储器主要是移动硬盘和移动闪存（U 盘）。

①移动硬盘通过接口连接到计算机，从而完成读写数据的操作。

②U 盘也称为移动闪存，是一种小型便携存储器。它采用 USB 接口与计算机相连，具有体积小、使用方便、存取速度快、数据安全、可靠性高等优点。

5. 总线和接口

微型计算机各功能部件间相互传输数据时，需要有连接它们的通道，这些通道称为总线（BUS）。CPU 芯片内部的总线称为内部总线，连接系统各部件间的总线称为外部总线或系统总线。总线从功能上可分为数据总线（DB）、地址总线（AB）和控制总线（CB）三大类，分别用来传输数据信息、地址信息和控制信息。

通常把两个部件之间的交接部件称为接口或界面。主机通过系统总线连接到接口，再通过接口与外部设备相连接。如磁盘接口位于磁盘驱动器和系统总线之间；显示器通过显示接口（显卡）与系统总线连接。接口常以插件形式插在系统总线的插槽上，微型计算机各设备公用的接口往往集成在主板上。

6. 键盘

键盘是计算机系统中最基本的输入设备，它用来向计算机输入命令、程序和数据等。

7. 鼠标

鼠标是鼠标器（Mouse）的简称，是一种"指点"型的输入设备，由于操作简便、高效而被广泛用于图形用户界面使用环境中。鼠标一般分为机械式、光电式和无线遥控式。

8. 显示器

显示器是微型计算机重要的输出设备，用来显示有关的输出结果。显示器按显示器件可分为阴极管显示器（CRT）、液晶显示器（LCD）和等离子显示器；按显示颜色可分为单色和彩色显示器。目前微型计算机以 LCD 彩色显示器为主，如图 1-3-11 所示。

图 1-3-11　LCD 显示器

显示器所显示的图形和文字是由许多的"点"组成的，这些点称为像素。点距是显示屏上相邻两个像素之间的距离，点距越小，图像越清晰。分辨率是指显示器屏幕在水平和垂直方向上最多可以显示的"点"数（像素数），分辨率越高，显示屏可以显示的内容越丰富，图像也越清晰。

9. 显示卡

显示器需要配备相应的显示卡才能工作，显示卡现在一般固化在主板上，主板有显示卡接口与显示器相连接，但当图像要求较高时，需要有单独的显示卡来保证显示图像的顺畅。单独的显示卡被插在主板的扩展槽内，通过系统总线与 CPU 相连。当 CPU 有运算结果或图形要显示时，首先将信号送到显示卡，再由显示卡的图形处理芯片把显示信号翻译成显示器能够识别的数据格式，并通过显示卡的接口传给显示器。显示卡一般由以下面几个部分组成：显示卡主芯片、显存、显示 BIOS、数模转换部分和总线接口，如图 1-3-12 所示为 AGP 显示卡。

图 1-3-12　AGP 显示卡

10. 打印机

打印机是除显示器外最常用的输出设备。目前常用的有针式打印机、喷墨打印机和激光打印机，如图 1-3-13、图 1-3-14、图 1-3-15 所示。

图 1-3-13　针式打印机　　　　图 1-3-14　喷墨打印机　　　　图 1-3-15　激光打印机

（1）针式打印机曾经是使用最多、最普遍的一种打印机。它的工作原理是根据字符的点阵图形或图像的点阵图形数据，利用电磁铁驱动钢针，击打色带，由色带在纸上打印出墨点，从而形成字符或图像。针式打印机的打印质量差、速度低、噪声大，但打印成本低，现在多用于票据打印。

（2）喷墨打印机是利用喷墨印字技术，即从细小的喷嘴喷出墨水滴，在纸上形成点阵字符或图形的打印机。按喷嘴技术的不同，喷墨打印机分为喷泡式和压电式两种。目前大部分喷墨打印机都可以进行彩色打印。喷墨打印机的打印质量一般、速度慢、噪声大并且打印成本较高。

（3）激光打印机是一种高精度、低噪声的非击打式打印机。它是利用激光扫描技术与电子照相技术共同来完成整个打印过程的。激光打印机的打印质量好，打印速度快、噪声低，但打印机价格和打印成本高。

1.3.2.3　平板电脑和智能手机

1. 平板电脑

平板电脑是个人电脑家族近年来新增加的一名成员，其外观和笔记本电脑相似，但不是单纯的笔记本电脑，它可以被称为笔记本电脑的浓缩版，是一种小型、方便携带的个人电脑，以触摸屏作为基本的输入设备，比之笔记本电脑，它除了拥有其所有功能外，还支持手写输入或者语音输入，移动性和便携性都更胜一筹。平板电脑集移动商务、移动通信和移动娱乐为一体，具有手写识别和无线网络通信功能，被称为"笔记本电脑的终结者"，如图 1-3-16 所示。

图 1-3-16　平板电脑

2. 智能手机

智能手机是指像个人电脑一样，具有独立的操作系统，并可以通过移动通信网络来实现无线网络接入的手机的总称。智能手机可以由用户自行安装软件、游戏等第三方服务商提供的程序，通过此类程序来不断对手机的功能进行扩充，现在已经具有电脑的许多功能，如图 1-3-17 所示。

图 1-3-17　智能手机

任务 1.4　信息安全及计算机病毒

1.4.1　信息安全基础知识

1.4.1.1　信息安全的重要性

保证信息安全的历史久远，但在数据处理设备，特别是计算机广泛使用之前，人们主要是通过物理手段和管理制度来保证信息的安全。随着计算机技术的发展，人们越来越依赖于计算机等自动化设备来存储文件和信息。随着分布式系统和通信网络的出现及广泛使用，云服务的大数据时代的来临，越来越多的信息将依靠计算机、网络和云服务来处理、传递和存储，这也将带来越来越多的信息安全隐患。信息安全问题不但威胁国家军事、政治等的机密安全，也威胁企业的商业机密安全和个人的隐私信息安全。2017 年 5 月的"WannaCry"勒索病毒攻击范围遍及全球，150 多个国家和地区，30 多万名用户遭受攻击，包括政府部门、教育、医院、能源、通信、制造业等多个行业的数十万台电脑受到攻击感染，影响巨大。可以说，信息安全形势严峻，其重要性不言而喻。

1.4.1.2　信息安全的概念

信息安全主要涉及信息存储、信息传输的安全以及对网络传输信息内容的审核安全等。从广义上讲，凡是涉及信息的完整性、保密性、真实性、可用性和可控性的相关技术和理论，都是信息安全所要研究的领域。

计算机信息安全是指计算机信息系统的硬件、软件、网络及其系统中的数据受到保护，不因偶然的或者恶意的攻击遭到破坏、更改、泄露，系统连续可靠正常地运行，保证信息服务畅通、可靠。计算机信息安全具有以下 5 个方面的特征。

1. 保密性

保密性是指信息不被泄露给非授权的用户并为其利用的特性。

2. 完整性

完整性是指信息未经授权不能进行改变的特性。

3. 真实性

真实性也称作不可否认性，指在信息系统的信息交互作用过程中，确信参与者的真实同一性，即所有参与者都不可否认或抵赖曾经完成的操作和承诺。

4. 可用性

可用性是指信息可被授权实体访问并按需求使用的特性。

5. 可控性

可控性是指对信息的传播及内容具有控制能力的特性，即指授权机构可以随时控制信息的保密性。"密钥托管""密钥恢复"等措施就是实现信息安全可控性的例子。

概括地说，计算机信息安全的核心就是通过计算机、网络、密码的安全技术，保护在信息系统及公用网络中传输、交换和存储的信息的保密性、完整性、真实性、可用性和可控性。

1.4.1.3　危害信息安全的因素

信息的安全所面临的威胁来自很多方面，这些威胁可以宏观地分为自然威胁和人为威胁。自然威胁可能来自各种自然灾害、恶劣的场地环境、电磁辐射和电磁干扰以及设备自然老化等。人为威胁又分为两种：一种是以操作失误为代表的无意威胁（偶然事故）；另一种是以计算机犯罪为代表的有意威胁（恶意攻击）。

人为的偶然事故没有明显的恶意企图和目的，但它会使信息受到严重破坏。最常见的偶然事故有：操作失误（未经允许使用、操作不当和误用存储介质等）、意外损失（漏电、雷电或电焊火花干扰等）、编程缺陷（经验不足、检查漏项等）和意外丢失（被盗、被非法复制和丢失介质等）。

恶意攻击主要包括计算机犯罪、计算机病毒、电子（网络）入侵等，指通过攻击系统暴露的要害或弱点，使得网络信息的保密性、完整性、真实性、可用性和可控性等受到伤害，造成不可估量的经济和政治损失。

计算机犯罪是一种违法行为，实施这种违法行为的人称为计算机罪犯。计算机罪犯往往使用有关计算机的技术和专业知识实施违法的行为。计算机罪犯的主要类型有：使用系统的雇员、外部使用者、黑客和解密者以及有组织的犯罪者。计算机犯罪的形式主要有：破坏、偷窃和操纵。

1.4.1.4　保证信息安全的措施

目前国际社会及我国已出台了多项涉及计算机信息安全的法律法规，也研制了许多计算机信息系统的安全防范技术手段。总体上可将这些安全措施、技术手段分为 3 个层次。

1. 安全立法

有关计算机系统的法律、法规和条例在内容上可以分为社会规范和技术规范两种。

2. 安全管理

安全管理主要指一般的行政管理措施，即介于社会的技术措施之间的组织单位所属范围内的措施。建立信息安全管理体系要求全面地考虑各种人为的、技术的、制度的和操作规范的因素，并且将这些因素进行综合考虑。

3. 安全技术

安全技术措施是计算机系统安全的重要保障，也是整个系统安全的物质技术基础。实施安全技术措施，不仅涉及计算机和外部、外围设备，即通信和网络系统实体，还涉及数据安全、软件安全、网络安全、运行安全、防病毒技术、网站安全、系统结构、工艺和保密及压缩技术等。

计算机系统的安全技术措施是系统的有机组成部分，要从整体上进行综合最优考虑，并贯彻落实在系统开发的各个阶段，从系统的规划、分析、设计、实施、评价到系统的运行、维护及管理，这样才能建立起一个有安全保障的计算机信息系统。

1.4.2　计算机病毒与防治

根据腾讯《2017 年度互联网安全报告》显示，2017 年腾讯电脑管家个人电脑端拦截病毒近 30 亿次，图 1-4-1 为腾讯安全 2017 年每月个人电脑端拦截病毒次数统计，图 1-4-2 为腾讯安全统计的 2012—2017 年新发现病毒的数量。

2017年每月个人电脑端拦截病毒次数

图 1-4-1　2017 年 PC 端拦截病毒次数

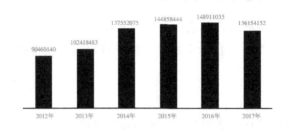

2012-2017年新发现病毒数量

数据来源：腾讯电脑管家　　　腾讯安全2017年度互联网安全报告

图 1-4-2　2012－2017 年新发现病毒数量

目前，计算机网络与人们工作生活的联系已经达到"无所不入""无所不见"，计算机病毒不但对计算机系统和计算机网络造成了严重的威胁，也给社会及人们的工作生活带来越来越直接的威胁和破坏。

1.4.2.1　计算机病毒的定义

计算机病毒本质上是一种人为设计的、可执行的破坏性程序。之所以称为"病毒"，是因为它具有很多类似生物学中病毒的特征。生物学中的"病毒"是一种能够侵入生物体并带来疾病的微生物，它一旦侵入生物体细胞，便附随其上，随着细胞的繁殖而繁殖，遇到适当的条件，病毒便会激活发作，破坏生物体健康。计算机病毒也如生物学中的"病毒"一样，一旦进入计算机内部系统，便会附随在其他的程序上，进行自我复制，条件具备时，便被激活，就会破坏计算机系统或破坏保存于系统中的数据，甚至造成对计算机或计算机网络硬件的破坏。在《中华人民共和国计算机信息系统安全保护条例》中将计算机病毒定义为："计算机病毒是指编制或者在计算机程序中插入的破坏计算机功能或者数据，影响计算机使用并且能够自我复制的一组计算机指令或者程序代码。"

计算机病毒一般由病毒引导模块、病毒传染模块和病毒激发模块三部分组成。

1.4.2.2　计算机病毒的特征

计算机病毒具有以下特征。

1. 破坏性和危险性

这是计算机病毒的主要特征，它可因计算机病毒的种类不同而差别较大，但主要表现为侵占系统资源，干扰系统运行、降低系统运行效率，强行广告、强制安装、收集用户隐私、弹垃圾信息、破坏系统数据或文件使系统无法正常运行，严重的还能破坏整个计算机系统和损坏部分硬件，甚至造成网络瘫痪，产生极其严重的后果。

2. 传染性（传播性）

传染性是指计算机病毒具有很强的自我复制能力，即能在计算机运行过程中不断再生，迅速搜索并感染其他程序，进而扩散到整个计算机系统。传染性是计算机病毒的一个重要标志，也是确定一个程序是否为计算机病毒的首要条件。

3. 寄生性

病毒程序并不独立存在，而是寄生在磁盘系统区或文件中。

4. 潜伏性（隐藏性）

侵入计算机的病毒程序可以潜伏在合法文件中，并不立即发作。在潜伏期，它也不急于表现或起破坏作用，只是悄悄进行传播、繁殖，使更多的正常程序成为病毒的"携带者"，一旦满足一定的条件（触发条件），便表现其破坏作用。

5. 激发性

激发性是指计算机病毒发作的触发条件，这些条件实际上是病毒程序内的条件控制语句。根据病毒程序不同，触发条件可以是一个或多个，如某个日期、时间或事件的出现，某个文件的使用次数或进行了某类的操作等。

6. 不可预见性

不同种类的病毒代码千差万别，病毒的制作技术也在不断提高。就病毒而言，它永远超前于反病毒软件。新的操作系统和应用系统的出现，软件技术的不断发展，为计算机病毒的发展提供了新的发展空间，对未来病毒的预测将更加困难，这就要求人们不断提高对病毒的认识，增强防范意识。

1.4.2.3 计算机病毒的表现形式

计算机系统在感染病毒后，通常会有一些异常症状，如网速变慢、计算机运行速度减慢，无故发生死机，存储空间减少，文件被破坏，屏幕显示异常，对存储器系统异常访问，系统异常重新启动，一些外部设备工作异常，异常要求用户输入密码等。

1.4.2.4 计算机病毒的分类

计算机病毒按区分的标准不同，有多种不同的划分方法。根据下面的属性可以将计算机病毒进行不同分类。

1. 按病毒存在的媒体

根据病毒存在的媒体，计算机病毒可以划分为网络病毒、文件病毒和引导型病毒。

2. 按病毒传染的方法

根据病毒传染的方法，计算机病毒可分为驻留型病毒和非驻留型病毒。

3. 按病毒的算法

根据病毒的算法，计算机病毒可分为伴随型病毒、"蠕虫"型病毒、寄生型病毒、诡秘型病毒、变型病毒等。

近年来，由于平板电脑和智能手机等越来越广泛地使用，针对平板电脑和智能手机的病毒也呈现快速上升的趋势。

1.4.2.5 计算机病毒的传播途径

目前计算机病毒传播的主要途径为计算机网络，其他传播途径还有光盘、软/硬磁盘和各种移动存储设备。

1.4.2.6 近年常见的病毒

近年常见的病毒种类主要有木马类、PE感染类、Adware（广告软件、广告、强制安装、收集用户隐私、弹垃圾信息）、后门类、蠕虫类。图 1-4-3 为腾讯电脑管家 2017 年获取到的病毒种类分布。

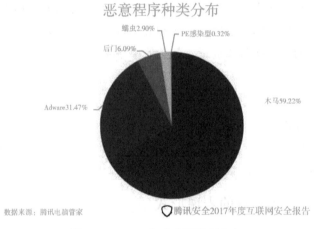

图 1-4-3　2017 年度病毒种类分布

（1）木马（Trojan），也称木马病毒，指通过特定的程序（木马程序）来控制另一台计算机。木马通常有两个可执行程序：一个是控制端，另一个是被控制端。木马程序与一般的病毒不同，它不会自我繁殖，也并不"刻意"地去感染其他文件，它通过将自身伪装吸引用户下载执行，向施种木马者提供打开被种主机的门户，使施种者可以任意毁坏、窃取被种者的文件，甚至远程操控被种主机。图 1-4-4 为腾讯电脑管家 2017 年获取到的木马病毒种类分布。

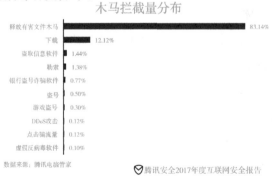

图 1-4-4　2017 年木马病毒拦截量分布

（2）Adware（广告软件）是指以一个附带广告的电脑程序，以广告作为盈利来源的软件。此类软件往往具有会强制安装并无法卸载；在后台收集用户信息牟利，危及用户隐私；频繁弹出广告，消耗系统资源，使其运行变慢等特征。

（3）后门病毒的特性是通过网络传播，给系统开后门。一方面有潜在泄漏本地信息的危险，另一方面病毒出现在局域网中易使网络阻塞，影响正常工作，从而造成损失。

（4）PE 病毒，又称 Win32 PE 病毒，或简称 Win32 病毒。它指所有能感染 Windows 下 PE 文件格式文件的病毒。因为它通常采用 Win32 汇编编写，而且格式为 PE，而得名。

（5）蠕虫病毒是自包含的程序（或是一套程序），它能传播自身的复制功能或自身的某些部分到其他的计算机系统中（通常是经过网络连接），并利用网络进行复制和传播，传染途径是网络和电子邮件。

在常见的病毒中木马病毒占近六成，从腾讯电脑管家 2017 年木马病毒拦截量分布中可见，Dropper（释放有害文件木马）数量最多，而勒索病毒增长较快，如图 1-4-4 所示。

1.4.2.7 计算机病毒的检测与防范

1. 计算机病毒的检测

用户在日常工作中，一旦发现计算机系统的运行不正常，或发现计算机病毒的表现形式和特征，应尽快使用专业的杀病毒软件进行检测与清除，同时也要养成定期检测杀毒的习惯。

2. 计算机病毒的防范

目前计算机病毒的防范可以从软件、硬件和管理三个方面来进行。

（1）软件方面，使用计算机病毒监控软件及病毒"防火墙"软件系统，监督系统运行并防止病毒入侵。

（2）硬件方面，采用防病毒卡、硬盘保护卡或网络"防火墙"来防范病毒的入侵。

（3）管理方面，也是人们最应重视的预防措施，主要包含：不要随意打开来历不明的邮件，上网后要及时清查病毒；对外来软盘、光盘、移动存储设备和不知来源的程序，应先清查病毒，确认其无病毒后才可使用；对要在其他机器中使用的软盘和移动存储设备应加写保护，对必须要进行加写操作的应及时清查病毒；安装正版软件，不使用盗版软件；定期更新清除病毒的软件，定期检查、清除硬盘病毒。

1.4.2.8 移动端病毒需要警惕

随着我国手机购物消费大幅增长，以流氓行为、资费消耗、隐私获取、恶意扣费、诱骗欺诈、远程控制、系统破坏、恶意传播等类型为主的移动端手机病毒需要警惕。手机病毒一般通过手机资源站、二维码、软件捆绑、电子市场、网盘传播、ROM 内置和手机论坛等渠道传播。另外，使用风险 WiFi 也会受到诸如 ARP 中间人攻击、DNS 攻击、ARP 攻击、SSLStrip 攻击等的风险。

项目 2　Windows 7 操作系统

任务 2.1　操作系统概述

2.1.1　操作系统的功能与分类

操作系统（Operating System，OS）是一个对计算机系统的全部硬件和软件资源进行统一管理、统一调度、统一分配的系统软件，是用户与计算机沟通的桥梁。计算机只有在安装好操作系统后才可以安装运行其他软件，用户通过对操作系统的使用和设置，使计算机有效地进行工作。

2.1.1.1　操作系统的功能

操作系统具有进程与处理机管理、存储管理、文件管理、设备管理、作业管理和用户接口管理六大功能。

进程与处理机管理就是通过操作系统处理机管理模块来确定对处理机的分配策略，实施对进程或线程的调度和管理，包括进程调度、进程控制、进程同步和进程通信等内容。

存储管理是指协调管理计算机内存的程序、数据，为各个程序及其使用的数据分配存储空间，并保证它们互不干扰。

文件管理是指对计算机的文件进行存储、检索、共享和保护，为用户提供方便的文件操作，对计算机外存储器中的文件进行高效统一管理，方便用户在最短的时间访问要查询的文件。

设备管理是指统一管理通过 I/O（输入/输出）接口和主机相连的功能各异、品种繁多的外部设备，根据用户提出的使用设备请求进行设备分配，同时随时接收设备的请求。

作业管理也称任务管理，是指管理、组织完成正在使用和运行某个独立任务的程序及其所需的数据，并对所有进入系统的作业进行调度和控制，尽可能高效地利用整个系统的资源。

用户接口管理是为用户提供的良好的人机交互界面，以便使用户不需要了解计算机软硬件相关细节就可以方便地使用计算机。

2.1.1.2　操作系统的分类

操作系统从 20 世纪 60 年代出现以来，经过长时间的发展，衍生出了许多种类型。按照不同的标准，可以对其进行不同的分类：

（1）根据应用领域，可分为个人操作系统、工作站操作系统、服务器操作系统和嵌入式操作系统。

（2）根据同一时间支持的用户数量，可分为单用户操作系统和多用户操作系统。

（3）根据实现的功能，可分为网络操作系统、分布式操作系统、批处理操作系统、多媒体操作系统、分时操作系统和实时操作系统。

（4）根据指令的长度，可分为 8 位、16 位、32 位、64 位操作系统。

2.1.2　常用操作系统

随着计算机硬件和网络技术的发展，操作系统的功能不断扩展，技术不断进步，类型也越来越丰富。常用的操作系统有 DOS、Windows、UNIX 、Linux 、Mac OS 等。

DOS 是 1981—1995 年间个人电脑上使用的一种主要的操作系统，是一个基于磁盘管理、命令行界面方式的操作系统。

Windows 是目前世界上个人电脑使用最广泛的基于图形用户界面的操作系统。1985 年微软公司发布 Windows 1.0 版，随着计算机硬件和软件系统的不断升级，微软公司的 Windows 操作系统也在不断升级，从 16 位、32 位逐渐发展到今天的 64 位操作系统。

UNIX 是多用户、多任务操作系统，支持多种处理器架构，是一种分时系统。

Linux 是一个多用户、多任务、支持多线程和多 CPU 的操作系统。

2.1.3　Windows 7 简介

Windows 7 是微软公司 2009 年 10 月发布的基于多核 CPU 设计的操作系统。

2.1.3.1　Windows 7 的特点

和以往的 Windows 操作系统版本相比，Windows 7 具有以下几方面的特点。

1. 更易用

Windows 7 的用户界面非常友好，新的排列方式和窗口、跳转列表、增强的 Windows 任务栏、开始菜单和 Windows 资源管理器，能帮助用户以直观和熟悉的方式通过少量的鼠标操作来完成更多的任务。

2. 更快速

Windows 7 降低了对硬件的要求，大幅度缩减了系统的启动时间，在中低端配置的计算机上，Windows 7 能较为流畅地运行，时间比之前的 Windows Vista 大幅减少。Windows 7 还能更快速地休眠和恢复，使用更少的内存并能快速识别 USB 设备。

3. 更安全

Windows 7 采用多层保护系统，包括改进安全性和功能合法性，把数据保护和管理扩展到外部设备。Windows 7 改进了基于角色的计算方案和用户账户管理，在数据保护和坚固协作的固有冲突之间搭建了沟通桥梁，同时也会开启企业级的数据保护和权限许可。通过 Windows 7 的安全性设计，使计算机在更易于使用的同时，安全性能也得到提升，从而能更好地应对日益复杂的安全风险，更好地保护数据的安全和个人隐私。

4. 更简单

Windows 7 使搜索和使用信息变得更加简单，包括本地、网络和互联网搜索功能，并且能搜索到更多内容，如文档、电子邮件、歌曲等，直观的用户体验更加高级。

2.1.3.2　Windows 7 的版本

为满足不同用户的需求，Windows 7 共有 6 个版本，Windows 7 除初级版外，其他版本都支持 32 位和 64 位硬件，也都可以用于 32 位和 64 位计算机。表 2-2-1 展示了除初级版外的 Windows 7 版本间的主要功能差异。

表 2-1-1　Windows 7 版本间的功能差异

功能	家庭基础版	家庭高级版	专业版	企业版	旗舰版
Aero 用户界面		√	√	√	√
BitLocker 磁盘加密				√	√
完全 PC 备份			√	√	√
桌面部署工具			√	√	√
双处理器支持（不考虑处理器核心数量）			√	√	√
加密文件系统			√	√	√
文件和打印共享连接	10	20	20	20	20
网络访问保护客户端			√	√	√
网络和共享中心	√	√	√	√	√
家长控制	√	√			√
基于策略的网络服务质量			√	√	√
高级支持，若可用			√	√	
计划任务备份	有限	√	√	√	√

续表

功能	家庭基础版	家庭高级版	专业版	企业版	旗舰版
Software Assurance，若可用			√	√	√
Unix 子系统应用程序				√	√
平板电脑		√	√	√	√
用户界面多语言安装				√	√
多授权密钥			√	√	
虚拟机授权				√	√
Windows 传真机和扫描			√	√	√
Windows 媒体中心	√	√			
无线网络供应			√	√	√

2.1.3.3 Windows 7 安装

1. Windows 7 的硬件要求

（1）至少 1GHz 的 32 位或 64 位处理器。

（2）至少 1GB（32 位）或 2GB（64 位）内存。

（3）支持 WDDM1.0 或更高版本的 DirectX 9 显卡。

（4）至少 16GB（32 位）或 20GB（64 位）硬盘空间（要求 NTFS 分区）。

（5）至少 1024×768 分辨率的显示器。

2. Windows 7 的安装

Windows 7 的安装分为两种情况：

（1）升级安装，是指在计算机原有 Windows 操作系统上升级安装。插入 Windows 7 的安装光盘，由 Windows 7 自动运行或通过"资源管理器"访问光盘中的"Setup. exe"安装程序，并根据提示进行安装。

（2）全新安装，是指在计算机中未安装 Windows 等操作系统或操作系统无法启动情况下的安装。首先将计算机设置为从光盘启动；然后放入 Windows 7 的安装光盘，重新启动计算机后根据提示进行安装。

任务 2.2 Windows 7 的基本概念及基本操作

2.2.1 Windows 7 的桌面

对于安装 Windows 7 操作系统的计算机，在依次打开计算机外部设备的电源开关、主机电源开关后，计算机自动进行硬件测试，测试无误后就会自动启动 Windows 7 操作系统。

根据使用计算机的用户账户数目，界面分为单用户登录和多用户登录两种。单击要登录的用户名，输入用户密码后继续完成系统的启动，最后出现 Windows 7 系统桌面，这就是用户与电脑交互的工作窗口，如图 2-2-1 所示。桌面由桌面背景、桌面图标和任务栏三部分组成。

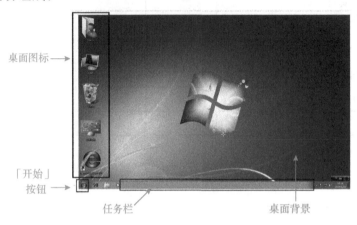

图 2-2-1　Windows 7 桌面

1. 桌面背景

桌面背景，也称为墙纸，它可以由用户根据个人喜好对背景的图片和显示效果进行设置。

2. 桌面图标

桌面图标是指显示在桌面上的代表各种应用程序、文件或文件夹的小图形，双击图标就可以快速打开相应的应用程序、文件或文件夹。如 是计算机的图标，用于管理计算机系统资源； 是回收站的图标，用于暂存被用户删除的文件和文件夹，可在需要时还原或永久删除。

3. 任务栏

任务栏是桌面的一个区域，它包含【开始】菜单以及所有已打开程序的按钮。任务栏通常位于桌面的底部，也可以通过鼠标拖动到左右两侧或顶部。

说明：

（1）鼠标的基本操作。鼠标是操作计算机最常用的基本工具，鼠标最基本的操作有以下几种：

①指向：移动鼠标，将鼠标指针指到屏幕的某一对象上。

②单击：按一下鼠标左键。

③右键单击：按一下鼠标右键。

④双击：快速地单击两次。

⑤拖动：按住鼠标左键不放，同时移动鼠标到目标位置后，释放左键。

（2）鼠标指针的形状。在鼠标移动时，桌面上的鼠标指针就会随之移动。一般情况下，鼠标指针的形状是一个小箭头，但在不同的状态下，鼠标指针的形状会发生变化。图 2-2-2 列出了一些常见的鼠标指针形状。

正常选择	↖	文本选择	I	沿对角线调整1	⬀
帮助选择	↖?	手写	✎	沿对角线调整2	⬃
后台运行	↖○	不可用	⊘	移动	✛
行	○	垂直调整	↕	候选	↑
精确选择	✛	水平调整	↔	链接选择	👆

图 2-2-2　鼠标指针的形状

（3）Windows 常用概念。

①对象：指 Windows 的各种组成元素，包括程序、文件、文件夹和快捷方式等。

②图标：指屏幕上显示的，代表程序、文件、文件夹等各种对象的小图形。

③快捷图标：指 Windows 为了方便、快速地使用某一对象而复制的可以直接访问该对象目标的替身。

（4）退出 Windows。退出 Windows 7 的一般步骤为：

单击屏幕桌面左下角【开始】 ，出现【开始】菜单，单击【关机】右侧的右箭头 ，从弹出的菜单中根据需要选择切换用户、注销、锁定、重新启动或睡眠功能选项，系统自动执行相应操作，如果单击【关机】，即完成 Windows 7 系统的关闭操作。如图 2-2-3 所示。

图 2-2-3　关机菜单

（5）关机菜单的功能。

①关机。系统自动保存电脑相关信息，退出系统，自动关闭电脑主机电源。

②切换用户。用于多用户环境，系统快速切换到"用户登录界面"，同时会提示当前登录的用户为"已登录"的信息，用户可以选择其他的用户账户来登录系统，但不会影响"已登录"用户的账户设置和运行的程序。

③注销。对多用户环境，系统关闭当前用户运行的程序，保存打开的文件，自动将当前用户信息保存到硬盘，快速切换到"用户登录界面"。

④锁定。用户有事暂时离开，但不想关闭电脑，也不想其他人查看电脑中的信息时，可以通过这一功能使电脑锁定，恢复到"用户登录界面"，只有再次输入登录密码才能进入系统。

⑤重新启动。系统自动保存电脑相关信息，退出系统后重新启动系统，进入到"用户登录界面"。

⑥睡眠。电脑会将当前的内容保存在硬盘上，并将电脑主机上所有的部件断电，进入睡眠状态，当按下主机上的电源开关，启动电脑并再次登录后，用户才会恢复到睡眠前的工作状态。

2.2.2 Windows 7 的窗口及操作

窗口是 Windows 7 系统的基本对象，是桌面上用于查看程序或文件等信息的一个矩形区域。环境中的操作大都是在窗口中进行的，使用窗口是 Windows 的最大特点之一。Windows 中有应用程序窗口、文件夹窗口、对话框窗口等，无论何种窗口基本上都有统一的组成，它们的操作方法也都大同小异。

2.2.2.1 窗口的组成

以桌面"计算机"窗口为例。双击桌面计算机图标![computer icon]，显示图 2-2-4 所示窗口。

图 2-2-4 窗口的组成

窗口一般由控制按钮区、搜索栏、地址栏、菜单栏、工具栏、导航窗格、工作区、细节窗格和状态栏等 9 部分组成。

1. 控制按钮区

控制按钮区有 3 个窗口控制按钮，分别为"最小化"按钮![minimize]，"最大化"按钮![maximize]

（"还原"按钮 　）和"关闭"按钮　，单击相应按钮可对当前窗口进行相应操作。

2. 地址栏

地址栏用来显示当前文件和文件夹所在的路径，还可以通过它访问因特网的资源。

3. 搜索栏

搜索栏用来搜索当前窗口范围内的目标，将要查找的目标名称输入到搜索栏的文本框中，单击回车（【Enter】键）或　按钮即可；也可以通过添加搜索筛选器，更精确、更快速地搜索到所需内容。

4. 菜单栏

菜单栏由多个菜单项构成，每个菜单项还可以打开一个下拉菜单，在下拉菜单中列出了相应的操作命令。

5. 工具栏

工具栏存放着常用的工具命令按钮，可以更加方便、快捷地使用这些工具执行相应命令。

6. 导航窗格

与以往的 Windows 操作系统版本不同，Windows 7 的导航区一般包括 收藏夹 、库、计算机 和 网络 等 4 部分，便于查找相应内容。

7. 工作区

工作区是整个窗口中最大的矩形区域，用于显示窗口中的操作对象和操作结果。当窗口中显示的内容在一个屏幕内显示不完时，可以单击工作区右侧垂直滚动条两端的上箭头、下箭头或拖动滚动条使窗口内容垂直滚动；同样，也可以单击工作区下侧水平滚动条两端的左箭头、右箭头或拖动滚动条使窗口内容水平滚动，如图 2-2-5 所示。

图 2-2-5　垂直、水平滚动

8. 细节窗格

细节窗格用来显示选中对象的详细信息。

9. 状态栏

状态栏位于窗口最下面，用来提示窗口的操作状态信息。

可以通过工具栏上 组织 ▾ 按钮中的布局菜单，控制是否显示窗口中的相应内容，如图 2-2-6 所示。

图 2-2-6 窗口布局的选择

2.2.2.2 窗口的基本操作

窗口的基本操作有打开窗口、移动窗口、缩放窗口、窗口的最大化/最小化和关闭窗口等。

窗口的主要操作可以通过窗口菜单、窗口按钮控制菜单或鼠标操作来完成。

窗口菜单可单击窗口左上角，或右键单击窗口地址栏上按钮控制区左侧部分，打开图 2-2-7 所示的窗口控制菜单，选择要执行的命令。

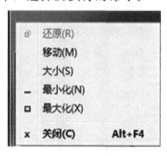

图 2-2-7 窗口控制菜单

最小化窗口是将窗口缩小到任务栏上变成一个图标按钮，最大化窗口是使窗口扩大到整个屏幕，还原窗口是将窗口恢复成原来的形态，关闭窗口是退出该任务。

可以通过窗口菜单操作，也可以通过单击窗口右上角的控制按钮菜单中的 ▬，

[□], [◻], [✕] 按钮操作。

在任务栏上单击右键,可以弹出如图 2-2-8 所示的任务栏快捷菜单,利用该菜单中的各个命令,可以实现对当前打开窗口的层叠、堆叠显示、并排显示等操作。

图 2-2-8　任务栏快捷菜单

2.2.2.3　窗口大小的改变、窗口的移动、切换和排列

1. 窗口大小的改变

当窗口处于还原状态时,使用鼠标拖动窗口的四个边框或四个对角,可以随便改变窗口的大小。操作方法如下:

将鼠标移动到窗口的边框或对角处,当鼠标指针变成双箭头形状时,按鼠标左键不放,拖动鼠标改变窗口的大小,直到满足要求再松开鼠标左键。

2. 窗口的移动

当窗口没有达到最大化时,就可以在桌面上任意移动窗口的位置。操作方法如下:

将鼠标移到窗口标题栏上方的空白处,按住鼠标左键不放,拖动鼠标把窗口移动到需要的新位置,松开鼠标左键,即可移动窗口。

3. 窗口的切换

Windows 可以同时打开多个窗口,但只有一个是活动窗口,也就是当前正在操作的窗口,切换窗口就是要把一个非活动的窗口变成活动窗口。有三种操作方法:

(1)用【Alt】+【Tab】组合键。按下【Alt】及【Tab】键时,屏幕中间会出现一个矩形区域,显示所有打开的应用程序和文件夹图标,按住【Alt】键不放,反复按【Tab】键,会轮流出现图标对应的程序或文件夹窗口,相应的图标边框也会变为蓝色且突出显示。

(2)用【Alt】+【Esc】组合键。该组合键与【Alt】+【Tab】的使用相似,但屏幕中间不会出现窗口,而是直接轮流在各个窗口间切换。

(3)用程序按钮区。每运行一个程序,在任务栏中会出现一个相应的程序按钮,单击相应程序按钮即可进行切换。

4. 窗口的排列

桌面上所有打开的窗口可以采取层、堆叠和并排三种方式进行排列。操作方法如下：

使用鼠标右键单击任务栏的空白处，在弹出的快捷菜单（如图 2-2-8 所示）中选择其中一种窗口排列方式。

2.2.3　Windows 7 的对话框及菜单

2.2.3.1　对话框

对话框是计算机通过操作系统与用户交流的窗口，对话框中可能有多个选项卡。在菜单中选择命令或者在工具栏上单击命令按钮等可以激活对话框。用户可以在对话框的相应选项卡中阅读、更改或填入信息，或者在对话框的选项列表中选择所需的选项。系统根据对话框的设置信息进行下一步操作，设置完成后单击【确定】，使设置生效，单击【取消】，取消设置操作，图 2-2-9 为"任务栏和【开始】菜单属性"对话框。

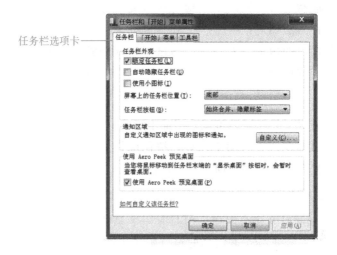

图 2-2-9　"任务栏和【开始】菜单属性"对话框

2.2.3.2　菜单

菜单是程序命令的一个集合。用户可以通过选择其中的命令来实现相应的操作，菜单命令的操作可以通过鼠标和键盘来实现，Windows 菜单一般分为 4 种：开始菜单、命令菜单、快捷菜单和控制菜单。

1.【开始】菜单

【开始】菜单就是单击【开始】按钮弹出的菜单。该菜单包含了使用 Windows 所需的命令，如图 2-2-10 所示。

图 2-2-10　开始菜单

2. 命令菜单

命令菜单是使用某应用程序时所需命令组成的菜单。该菜单在应用程序窗口的菜单栏，由多个菜单项组成，单击每个菜单项可以打开一个下拉菜单，在该下拉菜单中列出了一系列相关的操作命令，应用程序的功能就是通过选择命令菜单中的每一个命令选项来实现的，如图 2-2-11 所示。

图 2-2-11　命令菜单

3. 快捷菜单

快捷菜单是鼠标定位在某一对象时，右键单击后弹出的菜单。菜单中包含可以对该对象操作的命令，使用非常方便快捷。图 2-2-12 为右键单击桌面回收站弹出的快捷菜单。

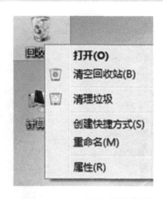

图 2-2-12　回收站快捷菜单

4. 控制菜单

控制菜单是右键单击窗口标题栏上方或单击窗口左上角弹出的菜单。该菜单的命令是对应的窗口操作命令，如图 2-2-7 所示。

说明：

在菜单命令使用中有一些约定，含义如下：

（1）浅灰色的菜单。一些菜单项以浅灰色的形式呈现，表示这些命令在当前状态（或位置下）不能使用。

（2）选中标志。有些菜单中会出现"√"或"•"，这两种是选中标记。其中"√"为复选，"•"为单选。

（3）右箭头标志"▶"。菜单项后如果带有右箭头标志，则表示该命令项下还有子菜单。单击带有右箭头的菜单项将出现一个子菜单（也称为级联菜单），其中列出了多个菜单项，供用户做进一步的选择。

（4）省略号标志"…"。有的菜单项后带有省略号，表示该命令项将打开一个对话框或向导。

2.2.4　Windows 7 的桌面设置

2.2.4.1　桌面图标的操作

桌面上的图标分成系统图标和快捷方式图标，系统图标是系统自带的图标，包括计算机、用户的文件、文件夹、网络、回收站和控制面板等；快捷方式图标是用户自己创建的或是安装应用程序时由程序自动创建的图标。这两种图标的区别在于：后者的左下角带有一个黑色小箭头，前者则没有。

1. 查看图标

功能：设置桌面图标显示格式。操作方法如下：

在桌面的空白处单击鼠标右键，在快捷菜单中单击【查看】命令，可以在出现的快捷菜单中按所需的查看方式选择桌面图标显示的方式，如图 2-2-13 所示。

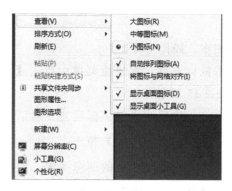

图 2-2-13 查看图标快捷菜单

2. 排列图标

功能：对桌面上的图标进行排列。操作方法如下：

在桌面的空白处单击鼠标右键，在快捷菜单中选择【排列方式】选项，可以在出现的快捷菜单中按所需的排列方式排列桌面图标，如图 2-2-14 所示。

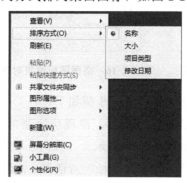

图 2-2-14 排列图标快捷菜单

3. 移动图标

功能：通过移动图标可以改变桌面上图标的位置。但该操作必须是在查看图标中没有选择自动排列图标的状态下才可执行，否则会根据排列图标方式自动排列。操作方法如下：

将鼠标光标指向需要改变位置的图标，按住鼠标左键不放并拖动鼠标，将图标移动到合适的位置后，放开左键。

4. 更改图标的名称

更改图标名称的两种方法：

（1）右键单击指向的图标，在快捷菜单中单击【重命名】命令，在名称框内输入新的名称，按【Enter】键。

（2）单击指向的图标，使其呈反向显示，再单击一下名称处，在名称框内输入新的名称，按【Enter】键。

在 Windows 中，更改文件、文件夹等名称的方法与更改图标名称的方法相同。

5. 更改图标的图案

（1）更改系统图标的图案。操作步骤如下：

①在桌面的空白处单击鼠标右键，在快捷菜单中单击【个性化】命令，出现"个性化设置"对话框，如图 2-2-15 所示。

②选择更改桌面图标命令，出现"桌面图标设置"对话框，如图 2-2-16 所示。选择想要更换的系统图标，如 📷，单击【确定】按钮。

③在更改图标对话框中选择希望更改后的图标图案，如 🅰，之后按【确定】按钮返回桌面设置对话框，再按【确定】按钮完成更改图标，如图 2-2-17 所示。

图 2-2-15　个性化设置对话框　　图 2-2-16　桌面图标设置对话框　　图 2-2-17　更改图标对话框

（2）更改快捷方式图标的图案。操作步骤如下：

①右键单击所要更改的快捷方式图标，出现快捷菜单，选择快捷菜单中的属性命令，出现"属性"对话框，如图 2-2-18 所示。

②选择更改图标命令，出现"更改图标"对话框，如图 2-2-19 所示。

③选择希望更改后的图标，按【确定】按钮，返回属性对话框，再按【确定】按钮，完成更改图标。

图 2-2-18　属性对话框　　　　　　图 2-2-19　更改图标对话框

说明：

对于一些应用程序的图标，选择更改图标时，出现的图标较少，可以在查找此文件的图标浏览栏下查找其他文件夹下的图标文件，如通过选择 C：\ Windows \ System32 \ imageres. dll 文件来选择相应图标。

6. 定义桌面快捷方式图标

Windows 中的程序、文件和文件夹都可以创建桌面快捷方式。操作步骤如下：

（1）右键单击需要创建桌面快捷方式的程序、文件或文件夹。

（2）在弹出的快捷菜单中选择【发送到】→【桌面快捷方式】，便可创建桌面快捷方式，如图 2-2-20 所示。

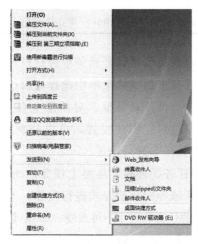

图 2-2-20　定义桌面快捷方式

7. 删除桌面快捷图标

右键单击图标，从弹出的快捷菜单中选择【删除】命令即可，也可以选定图标后，按【Delete】键，或直接把图标移动到"回收站"。

2.2.4.2　任务栏的操作

任务栏是由【开始】按钮、快速启动栏、应用程序区、语言选择栏和通知区域及【显示桌面】按钮组成的，如图 2-2-21 所示。任务栏各区域的含义见表 2-2-1。

图 2-2-21　任务栏

表 2-2-1　任务栏各区域及含义

序号	名称	说明
1	【开始】菜单	包括了计算机中所有安装的软件和程序的快捷方式，通过它可以打开程序
2	快速启动栏	可以快速启动程序，默认状态下有浏览器、资源管理器等
3	应用程序区	执行应用程序打开一个窗口后，在任务栏上出现一个对应的按钮
4	语言栏	可以选择各种输入法
5	系统通知区域	显示日期、声音图标，以及一些后台程序图标等
6	显示桌面	显示桌面按钮，鼠标指针停留在该按钮上可以预览桌面，单击返回桌面

用户可以根据自己的要求对任务栏和开始菜单进行设置。操作方法如下：

右键单击任务栏区域，在弹出的快捷菜单中选择【属性】命令，弹出如图 2-2-9 所示的"任务栏和【开始】菜单属性"对话框。对话框中有"任务栏""【开始】菜单"和"工具栏"三个选项卡，通过对它们的设置，可以分别对任务栏区域显示的"任务栏""【开始】菜单"和"工具栏"进行设置。

"任务栏"选项卡可以对任务栏外观、屏幕上任务栏的位置、任务栏应用程序区中的任务栏按钮和任务栏通知区域等的显示方式进行设置。如选择【锁定任务栏】复选框，单击【确定】按钮后，任务栏的位置和大小不可改变。如在【任务栏按钮】下拉菜单中选择【始终合并】→【隐藏标签】，单击【确定】按钮后，系统将自动把同一个类型的操作窗口合并成按钮，以节省任务栏空间。当鼠标指向该按钮时，会弹出窗口合并预览，单击窗口预览截图将返回到该窗口操作，如图 2-2-22 所示。

图 2-2-22　鼠标指向合并按钮图标时弹出的合并预览窗口

"【开始】菜单"选项卡可以对链接、图标和菜单在【开始】菜单中的外观和行为进行定义，可以对电源按钮和隐私进行设置，如图 2-2-23 和 2-2-24 所示。如选择"存储并显示最近在「开始」菜单中打开的程序"复选项，单击【确定】后，当鼠标单击【开始】，最近在【开始】菜单中打开的程序就显示在【开始】菜单中，打开程序的个数则可在"自定义「开始」菜单"的"【开始】菜单大小"下进行设置。

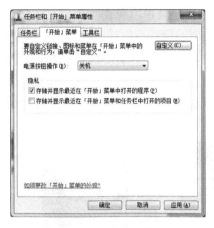

图 2-2-23　"【开始】菜单"选项卡　　　　图 2-2-24　自定义【开始】菜单

2.2.4.3　屏幕分辨率

显示器分辨率是指显示器上显示的像素数量，分辨率越高，像素就越多，可以显示的内容就越多，反之就越少。显示颜色是指显示器可以显示的颜色数量，颜色数量越多，显示的图像就越逼真；颜色越少，显示的图像色彩就越粗糙。设置显示器分辨率的操作方法如下：

（1）在桌面的空白处右键单击，在弹出的快捷菜单中单击【屏幕分辨率】，出现"屏幕分辨率"窗口，如图 2-2-25 所示。

（2）在"屏幕分辨率"窗口中单击【分辨率】下拉列表，可以调整屏幕分辨率，调整结束后，单击【确定】按钮，完成设置。

图 2-2-25　屏幕分辨率窗口

2.2.4.4　桌面小工具

Windows 7 操作系统自带了很多漂亮实用的小工具，可以通过设置进行添加。操作步骤如下：

（1）在桌面的空白处右键单击，在弹出的快捷菜单（见图 2-2-13）中单击【小工具】。如图 2-2-13。

（2）出现的"小工具库"窗口列出了系统自带的多个小工具，用户可以从中选择喜爱的个性化小工具。双击小工具图标，或者右键单击图标在弹出的快捷菜单中单击【添加】，即可将其添加到桌面上，也可以用鼠标将小工具直接拖到桌面上，结果如图 2-2-26 所示。

图 2-2-26　小工具库窗口和添加时钟后的桌面

2.2.4.5　个性化设置

用户还可以通过个性化设置窗口对鼠标指针、显示器、桌面背景、窗口颜色、声音和屏幕保护程序等进行设置。操作步骤如下：

（1）在桌面的空白处右键单击，在弹出的快捷菜单中单击【个性化】，出现的"个性化"窗口，如图 2-2-27 所示。

（2）在出现的"个性化"窗口中选择相应的选项进行设置即可。

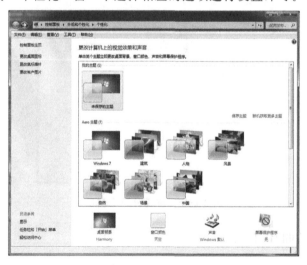

图 2-2-27　个性化窗口

2.2.5　汉字输入法的设置

2.2.5.1　输入法的安装

Windows 7 提供了微软拼音汉字输入法，除此之外，用户还可以从网上下载其他汉字输入法，如智能 ABC、五笔字型等。用户双击下载的输入法程序，按提示信息操作完成输入法的安装。

2.2.5.2　选择汉字输入法

1. 输入法的选择

汉字输入法可通过下面的操作方法进行选择：

（1）单击任务栏的【语言选择】按钮 ，从弹出的菜单中选择需要的输入法。

（2）可以使用快捷键选择需要的输入法，操作方法如下：

①按【Ctrl】＋【Space】组合键，可以启动或关闭汉字输入法。

②重复按【Ctrl】＋【Shift】组合键，可在不同输入法之间切换。

选定汉字输入法后在任务栏屏幕上会出现输入法状态栏，如微软拼音输入法状态栏，如图 2-2-28 所示。

图 2-2-28　微软拼音输入法状态栏

2. 输入法的删除

汉字输入法可通过下面的操作进行删除：

（1）用户可以用卸载程序的方式删除输入法。

（2）用户可以用右键单击任务栏中的【语言选择】按钮 ，从弹出的菜单中单击【设置】，在出现的"文本服务和输入语言"窗口（见图 2-2-29）中选定要删除的输入法，按【删除】键完成删除。

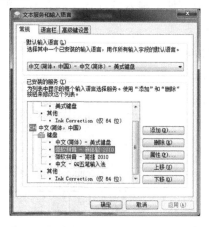

图 2-2-29　文本服务和输入语言

3. 输入法的设置

用户可以用右键单击【语言选择】按钮 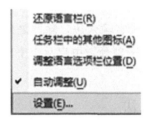，在弹出的菜单（见图 2-2-30）中选择相应命令，进行输入法的设置。

还原语言栏(R)

任务栏中的其他图标(A)

调整语言选项栏位置(D)

✓ 自动调整(U)

设置(E)…

图 2-2-30　输入法设置菜单

说明：

（1）中文/英文切换。单击汉字输入法状态条上的 **中**/**英** 按钮，用来实现中文/英文输入状态的切换，也可以通过快捷键【Ctrl】＋【Space】/【Shift】实现中文/英文输入状态的切换。

（2）半角/全角切换。单击汉字输入法状态条上的 ☽/● 按钮，用来切换半角/全角状态。半角/全角输入状态对输入的非汉字符号，如英文字母、数字、符号等有所影响，因为全角字符占用一个汉字的字节宽度，半角字符只占有汉字宽度的一半，而对汉字毫无影响，汉字总是全角符号。例如：半角符号"ABCabc123,.［］"，全角符号"ABCabc123，。［］"。

（3）中英文标点符号。单击汉字输入法状态条上的 **。,**/**·,** 按钮，用于切换中文/英文标点符号。

（4）软键盘的使用。单击汉字输入法状态条上的 ⌨ 按钮，可以打开或关闭软键盘。使用鼠标右键单击（或左键单击，与输入法规定有关）软键盘按钮，就会弹出如图 2-2-31 所示的快捷菜单（不同输入法会有不同），在该菜单中可以选择各种分类符号的软键盘。通过各类符号的软键盘，可以方便地输入各种各样的符号，如图 2-2-32 所示为"数字序号"的软键盘。

✓ PC键盘	标点符号
希腊字母	数字序号
俄文字母	数学符号
注音符号	单位符号
拼　音	制表符
日文平假名	特殊符号
日文片假名	

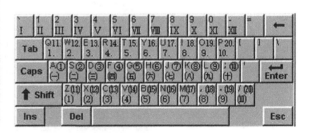

图 2-2-31　软键盘选择快捷菜单　　　图 2-2-32　"数字序号"的软键盘

任务 2.3　认识 Windows 7 的文件、文件夹及其管理

2.3.1　任务描述

小王是一个公司的工程师，出差去参加一个学习交流会，他会前在电脑 G 盘上创建了一个"学习交流"文件夹，并创建了"预算 .xlsx"文件、"计划 .docx"文件、"汇报 .pptx"文件，为学习交流进行了准备。学习交流过程中，他将汇报资料、照片、学习交流资料都保存在 G 盘"学习交流"文件夹下。学习交流后，他要将学习交流的所有文件进行整理，分类保存在相应文件夹中，便于管理、使用。任务有：

（1）创建相关文件和文件夹。

（2）选择或搜索相关文件移动或复制到相应文件夹中。

（3）修改文件属性。

（4）建立库，将"学习交流"文件夹添加到库。

（5）删除多余的文件。

（6）恢复删除的文件。

（7）清空回收站。

2.3.2　文件和文件夹的概念

在 Windows 系统中，所有的数据都是以文件的形式被系统保存起来的，而文件夹中则存放着各类文件。对文件和文件夹的操作与管理是系统操作的基本功能。

2.3.2.1　文件

文件是计算机系统中数据组织的基本单位。在计算机中，各类数据和程序都以文件的形式存储在存储器中，按一定格式建立在外存储器上的信息集合称为文件。

为了区别不同内容和不同格式的文件，每个文件都有一个文件名，系统就是根据文件名来存取文件的。文件名通常由主文件名和扩展名两部分组成，文件名和扩展名之间由一个圆点（.）分隔。主文件名是文件的名称，通常表示文件的主题或内容，文件的扩展名用来表示文件类型，通常由 1～4 个字母组成，有些系统软件会自动给文件加上扩展名。不同类型的文件都有与之对应的文件显示图标，如 IMG_2818.JPG 是一个图形文件，前面是图标，IMG _ 2818 是主文件名，JPG 是文件的扩展名。文件 myfile. docx 的主文件名是 myfile，扩展名是 docx，表示它是一个 Word 文档（Word 97-2003 的扩展名是 doc，Word 2010 以上的版本是 docx）。

文件命名规则：

（1）Windows 7 允许使用长文件名，但实际操作中为了方便使用，文件名不宜太长。

（2）文件名可使用英文字母、数字、汉字、空格和其他字符，不区分大小写英文字母。

（3）文件名或文件夹名中不能包括 \ / ：* ？" < > | 共 9 个字符。

（4）在一个文件夹中不能有同名（主文件名与扩展名完全相同）的文件。

2.3.2.2　文件类型

计算机中的文件可分为系统文件、通用文件和用户文件三类。前两类是在安装操作系统和软、硬件时装入磁盘的，它们的文件名和扩展名由系统自动生成，不能随便更改或删除。

用户文件是由用户建立并命名的文件，多为文本或数据文件，即可以显示或打印供用户直接阅读的文件，可分为文本文件和非文本文件两种。文本文件包括文章、表格、图形等，非文本文件有用各种程序设计语言编写的源程序文件、数据文件及用户编写的批处理文件、系统配置文件等。表 2-3-1 是常用的文件扩展名及文件类型。

表 2-3-1　常用的文件扩展名及文件类型

扩展名	文件类型	扩展名	文件类型
txt	文本文件/记事本文档	exe、com	可执行文件
doc、docx	Word 文档文件	bat	批处理文件
xls、xlsx	Excel 文件	int、sys、dll	系统文件
ppt、pptx	PowerPoint 文件	ini	系统配置设置文件
bmp、jpg、gif	图形文件	hlp	帮助文件
wav、mid、mp3	音频文件	rar、zip	压缩文件
avi、mpg	视频文件	htm、html	超文本文件
tmp	临时文件	rtf	丰富文本格式文件

说明：

如果在文件夹窗口只显示文件的图标和文件名，不显示文件扩展名，可以在文件夹窗口通过设置显示扩展名，操作步骤如下：

（1）单击文件夹窗口的【组织】→【文件夹和搜索选项】，打开"文件夹选项"对话框。

（2）单击"文件夹选项"对话框中的【查看】选项卡，在"高级设置"区域中取消选择的"隐藏已知文件类型的扩展名"复选框，单击【确定】按钮。

2.3.2.3　文件夹

计算机中的文件非常多，所谓文件夹（图标为 ）就是一组相关文件的集合，

Windows 系统是通过文件夹来组织管理和存放各类文件的。文件夹的命名规则与文件相同。

　　Windows 对于文件和文件夹的存放采取树形组织结构,计算机最高一级的文件夹只有一个,如同树根,所以称为根文件夹(根目录),根文件夹上可以包含多个子文件夹(子目录)和文件。子文件夹如同树枝、文件如同树叶,如图 2-3-1 所示。

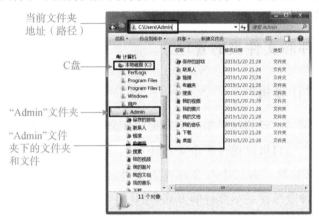

图 2-3-1　树状结构的文件夹系统

2.3.2.4　盘符

　　计算机在硬盘初始化时将硬盘分为了几个逻辑盘(硬盘分区),在 Windows 中表示为 C 盘、D 盘等,其中 C：、D：就称为盘符。除硬盘外,当 U 盘、移动硬盘等连接到计算机上时,也会以新的盘符形式显示。每一个盘符下可以包含多个文件和文件夹、每个文件夹下又可以包含多个文件或文件夹,形成树形结构。

2.3.2.5　路径

　　文件的路径是用来说明一个文件或文件夹在计算机树形结构中的位置的。路径由盘符和文件夹名组成,如：C：\ 用户 \ Admin \ 桌面。其中"C：\"作为路径的开始,文件夹之间用反斜线"\"分隔开。路径就像找到指定文件所要走的路线,Windows 能够准确地把文件查找到,就是通过文件的路径来实现的。

　　完整的文件标识的格式为：

　　[盘符][路径][<文件名>][.<扩展名>]

　　如：

　　D：\ 教学 \ 电子教案 \ Windows \ 控制面板 . ppt

2.3.2.6　库

　　"库"是 Windows 7 系统的亮点之一,是一种有效的文件管理模式。库和文件夹有很多相似之处,如库中也可以包含各种子库和文件,但库和文件夹有本质的区别。在文件夹中保存的文件或子文件夹都存储在该文件夹内，但库中并不存储文件夹或文件本身，而仅保存它们的快捷方式，不管其存储位置。可以使用库组织和访问用户关心的文件和文件夹，对库中文件夹或文件的删除并不会影响原文件夹或文件。

默认情况下，Windows 7 已经设置了视频、图片、文档和音乐的子库。用户也可以建立新类别的库，如建立"我的照片"库，对自己的照片进行统一管理。

库中文件和文件夹的操作与下面介绍的文件和文件夹的操作类似。

2.3.3 文件和文件夹的管理

2.3.3.1 "计算机"

Windows 7 桌面的"计算机"是一个系统文件夹，可以用它来管理文件和文件夹。

打开"计算机"窗口可以通过双击桌面计算机图标 ，或单击【开始】→【计算机】。在打开的"计算机"窗口中有多种查看文件或文件夹的方式，可以通过"菜单栏"中的【查看】命令选择显示查看的方式，"计算机"窗口如图 2-3-2 所示。

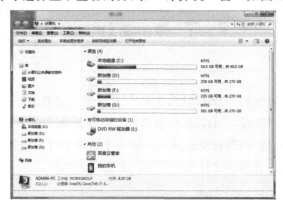

图 2-3-2 "计算机"窗口

2.3.3.2 资源管理器

"资源管理器"是 Windows 操作系统提供的资源管理工具，用户用它可以查看计算机中的所有资源，实现对计算机资源的管理。

打开"资源管理器"有三种方法：

（1）右键单击任务栏中【开始】→单击【打开 Windows 资源管理器】。

（2）单击任务栏中【开始】按钮右侧的【Windows 资源管理器】按钮，如图 2-3-3 所示。

（3）单击【开始】→【所有程序】→【附件】→【Windows 资源管理器】。

打开的资源管理器窗口如图 2-3-4 所示。

"计算机"窗口和资源管理器的功能基本相同，各具特色。用户可以通过"计算机"和"资源管理器"对计算机中的资源进行管理。

任务栏中资源管理器按钮

图 2-3-3　"资源管理器"按钮

对文件和文件夹进行的常用操作有：文件和文件夹的查看、创建、打开、查找、复制、删除、移动、重命名等。下面以在资源管理器窗口中进行文件和文件夹的管理为例分别进行介绍。

图 2-3-4　"资源管理器"窗口

2.3.3.3　文件和文件夹的管理

1. 查看文件和文件夹

在资源管理器窗口中有多种查看文件或文件夹的方式。如以详细信息方式，或由最新修改或创建的方式，查看 C 盘根目录下的文件和文件夹，如图 2-3-5 所示。

图 2-3-5　选择文件和文件夹的查看方式

图 2-3-6　"文件夹选项"对话框

可以通过资源管理器【工具】菜单中的【文件夹选项】命令，在打开的"文件夹选项"对话框中修改相应选项来确定资源管理器窗口文件夹或文件的显示模式。如选定"使用复选框以选择项"和"不显示隐藏的文件、文件夹或驱动器"，如图 2-3-6 所示。

2. 对象的选择

管理文件或文件夹一般先要选定操作对象（文件或文件夹），然后再选择操作命令，这是 Windows 中最基本的操作。对象选择的方式和方法见表 2-3-2。

表 2-3-2　对象选择

选定对象名	操作方法
单个对象	单击要选定的对象
多个连续的对象	单击第一个对象，然后按住 Shift 键单击最后一个对象
多个不连续的对象	按住 Ctrl 键，依次单击选择对象

说明：

（1）在资源管理器中单击【编辑】→【全选】，选定工作区的全部文件和文件夹；【编辑】→【反向选择】，选定已经选定的文件和文件夹之外的对象。

（2）选定的对象表现为高亮显示。

（3）文件"复选框"的运用。如图 2-2-6 所示，单击资源管理器工具栏【组织】→【文件夹和搜索选项】，打开"文件夹选项"对话框，单击【查看】选项卡，在其中的"高级设置"列表框中单击【使用复选框以选择项】→【确定】。这时如果用鼠标指向文件或文件夹，则会在对象图标的左侧或左上角出现一个复选框，选择复选框可自行选定相应的对象。

3. 创建文件或文件夹

使用资源管理器【文件】菜单中的【新建】命令或快捷菜单的【新建】命令，可以方便地创建一个文件夹或文件。新建文件夹或文件后，系统会自动建立一个以"新建文件夹"为临时名的文件或文件夹，用户可以立刻在名称框中输入所需要的名字，也可在后面为该文件夹或文件重命名。

4. 重命名文件或文件夹

文件或文件夹的重命名可以使用【文件】菜单中【重命名】命令或快捷菜单的【重命名】命令完成。

5. 复制、移动文件或文件夹

复制又称为拷贝，是将选定的对象从源位置复制到新的位置；移动则是将选定的对象从源位置移动到新的位置。但两者都要保证在同一个文件夹下不能有名字相同的文件或文件夹。

在选定对象后，复制和移动的操作相近，基本方法有：

（1）通过【编辑】菜单中的命令实现。

（2）通过快捷菜单的【复制】（【剪切】）→【粘贴】命令实现。

（3）通过鼠标拖放操作实现。

（4）通过快捷组合键操作实现。

6. 删除文件或文件夹

对不需要的文件和文件夹应该删除，这样既有利于文件的管理，又能腾出磁盘空间。当删除失误时，可以从回收站还原被删除的文件。在选定对象后，文件或文件夹的删除可以使用【文件】菜单中的【删除】命令或快捷菜单中的【删除】命令完成。

说明：

（1）剪贴板。剪贴板是 Windows 系统为了传递对象或数据，在内存中开辟的一个临时存储区。启动 Windows 后，剪贴板就处于工作状态，通过【剪切】和【复制】命令存放得到的对象或数据，执行【粘贴】命令将剪贴板中的对象或数据传送到目标位置。执行【剪切】命令后，将选定的对象或数据从当前程序窗口移动到剪贴板中，原位置的对象或数据消失。执行【复制】命令后，将选定的对象或数据复制到剪贴板中，原位置的对象或数据不受影响，仍然保留。将光标定位到需要插入的位置，使用【粘贴】命令将剪贴板中的对象或数据复制到当前光标位置。

（2）将整个屏幕或当前活动窗口的内容复制到剪贴板。Windows 还可以将屏幕画面复制到剪贴板中，然后粘贴到需要图形处理中的文件中，这是一种简单实用的"抓图"方法。操作中，按【PrintScreen】键，可将当前屏幕的整个图像复制到剪贴板中；按【Alt】＋【PrintScreen】组合键，可将当前活动窗口的画面复制到剪贴板中。

（3）回收站。回收站是硬盘上的一片特定区域，即一个特殊的文件夹。当用户删除硬盘中的文件或文件夹时，一般情况下那些文件或文件夹并没有真正从计算机中彻底删除，而是被放在回收站中。如果发现误删文件或文件夹，就可以从回收站中将其还原；确定需要从计算机中彻底删除放置在回收站中的文件或文件夹时，需要清空回收站。

7. 搜索文件或文件夹

Windows 提供了多种查找文件和文件夹的方法，可以便捷地查找文件或文件夹。常用的操作方法有以下两种：

（1）使用资源管理器中右上角的搜索栏。

（2）使用【开始】菜单中的搜索框。

用户可以通过工作区显示的文件和文件夹下方的"在以下内容中再次搜索"项目，或单击搜索栏中出现的"添加搜索筛选器"项目，根据自己的需要来缩小搜索的范围或按指定的条件进一步搜索。

8. 查看和修改文件或文件夹属性

Windows 中的每个对象都有自己的属性，在选定对象后，可以使用【文件】菜单中的【属性】命令或快捷菜单的【属性】命令完成对文件或文件夹属性的查看和修改。

9. 创建快捷方式

快捷方式是 Windows 提供的一种快速打开文件、文件夹或启动程序的方法，它不是对象本身，而是对象（如文件、文件夹、应用程序等）的一个链接，对它的删除和修改不会影响对象本身。双击快捷方式图标即可快速启动或直接访问它所指向的对象。

创建快捷方式的方法有：

（1）选定对象，单击【文件】菜单或快捷菜单【发送到】→【桌面快捷方式】命令，在桌面上建立对象的快捷方式。

（2）选定对象，单击【文件】菜单或快捷菜单【创建快捷方式】命令，在当前文件夹下建立一个对象的快捷方式，再将建立的快捷方式移动到用户希望的位置。

（3）选定对象，按住【Ctrl】＋【Shift】组合键，用鼠标将对象拖动到用户希望的位置。

（4）选定对象，单击【文件】菜单→【新建】→【快捷方式】命令，出现创建快捷方式对话框，根据创建快捷方式向导，在用户希望的位置创建快捷方式。

2.3.4 任务实现

【实例 2-3-1】创建文件夹及文件。在 G 盘"学习交流"文件夹下创建"学习交流资料"文件夹、"照片"文件夹和"总结.docx"文件。

（1）进入"学习交流"文件夹。

（2）单击"计算机"窗口【新建文件夹】，输入"学习交流资料"后按回车，创建"学习交流资料"文件夹。

（3）在工作区空白处右键单击打开快捷菜单→【新建】→【文件夹】，输入"照片"后按回车，创建"照片"文件夹。

（4）在工作区空白处右键单击打开快捷菜单→【新建】→【Microsoft Word 文档】，输入"总结.docx"后按回车，创建"总结.docx"文件（总结.docx 文件的内容编辑见项目3）。

【实例 2-3-2】复制移动文件。

将 G 盘"学习交流"文件夹下所有后缀为"pptx"的文件复制到"学习交流资料"文件夹，将所有后缀为"jpg"的照片文件移动到"照片"文件夹。

（1）进入"学习交流"文件夹。

（2）在窗口右上角搜索栏输入".pptx"，并选择详细信息方式显示，工作窗口中将所有后缀为"pptx"的文件列出。

（3）单击【编辑】→【全选】选出所有的"pptx"文件，单击【编辑】→【复制），选择"学习交流资料"文件夹，单击【编辑】→【粘贴】，完成复制所有"pptx"文件到"学习交流资料"文件夹的任务。

（4）进入"学习交流"文件夹，单击【类型】，文件将按类型排列出来，单击第一个"jpg"文件，按住【Shift】不动，单击最后一个"jpg"文件，选出所有"jpg"文件，右键单击→快捷菜单→【剪切】，选择"照片"文件夹，右键单击→快捷菜单→【粘贴】，完成将所有"jpg"照片文件移动到"照片"文件夹的任务。

【实例 2-3-3】修改文件名及属性。

修改文件"预算 .xlsx"的数据，将文件名改为"费用 .xlsx"，并将文件属性改为"只读"。

（1）（修改"预算 .xlsx"文件数据工作见项目 4，此处略。）选择
G 盘"学习交流"文件夹下的"预算 .xlsx"文件，右键单击→快捷菜单→【重命名】，输入"费用"后按【Enter】键（可不输入后缀，系统默认后缀为"xlsx"），完成改名任务。

（2）右键单击"费用"文件→快捷菜单→【属性】，在对话框"常规"项中选择"只读"属性→【确定】，完成修改属性任务。

【实例 2-3-4】创建及添加库。

新建一个"18 年学习交流"库，将"学习交流"文件夹添加到"18 年学习交流"库中。

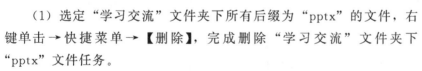

（1）打开"计算机"窗口，右键单击"库"文件夹→【新建】，输入库名"18 年学习交流"后按回车，完成创建库任务。

（2）进入 G 盘"学习交流"文件夹，单击右键→快捷菜单→【包含到库】→【18年学习交流】，完成将"学习交流"文件夹添加到"18 年学习交流"库任务。

【实例 2-3-5】删除文件。

删除"学习交流"文件夹下所有后缀为"pptx"的文件和"计划 .docx"文件。

（1）选定"学习交流"文件夹下所有后缀为"pptx"的文件，右键单击→快捷菜单→【删除】，完成删除"学习交流"文件夹下"pptx"文件任务。

（2）选定"计划 .docx"文件，右键单击→快捷菜单→【删除】，完成删除"学习交流"文件夹下"计划 .docx"文件任务。

【实例 2-3-6】恢复文件或清空回收站。

恢复删除的"计划 .docx"文件，清空回收站。

（1）双击桌面"回收站"，选定"计划 .docx"文件，右键单击→快捷菜单→【还原】，完成恢复删除的"计划 .docx"文件任务。

（2）单击【文件】→【清空回收站】，完成清空回收站任务。

说明：

复制和移动文件及文件夹还可以通过鼠标拖放及快捷键方式操作。

（1）通过鼠标拖放操作实现复制、移动。

①直接拖移。选定源文件夹或文件，按住鼠标左键不放，拖动到目标文件夹，放开鼠标左键。在同一个盘中此操作为移动，不同盘中为复制，可在拖移中按【Shift】（不同盘）或按【Ctrl】（相同盘）对移动或复制进行改变。

②右键复制（移动）。选定源文件夹或文件，按住鼠标右键不放，移动到目标文件夹后放开，会出现一个对话框，选择复制（移动）到当前位置实现相应操作。

（2）用组合键实现复制、移动。在选定源文件夹或文件后，通过按【Ctrl】＋【C】组合键确定复制或按【Ctrl】＋【X】组合键确定剪切，选定目标文件夹后，通过按【Ctrl】＋【V】组合键确定粘贴，完成复制或移动操作。

任务 2.4　Windows 7 的系统管理与设置

2.4.1　磁盘管理

Windows 提供了磁盘的清理和磁盘碎片整理工具来管理磁盘，提高磁盘的使用效率。

2.4.1.1　磁盘清理

清理磁盘的目的是删除磁盘某个驱动器上的旧的或不需要的文件，释放占用的空间，增加计算机磁盘的存储空间和运行速度。

操作方法如下：

（1）单击【开始】→【所有程序】→【附件】→【系统工具】→【磁盘清理】命令，出现"磁盘清理：驱动器选择"对话框。

（2）选择要进行清理的驱动器，单击【确定】。

此后系统将进行前期计算，同时弹出相应提示对话框，计算中，用户可以选择【取消】取消磁盘清理操作。计算完成后，弹出驱动器磁盘清理对话框，如图 2-4-1 所示。

（3）在对话框中进行相应选择，然后按【确定】，在弹出的"磁盘清理"确认删除消息框中单击【删除】，弹出"磁盘清理"对话框，显示清理进度。

图 2-4-1　磁盘清理对话框

2.4.1.2　整理磁盘碎片

"文件碎片"表示一个文件被存放到磁盘上不连续的区域。当文件碎片很多时，硬盘存取文件的速度将会变慢。

"磁盘碎片整理程序"是一个处理磁盘文件碎片的系统工具，用于重新整理磁盘上的文件和使用空间，以达到提高计算机运行速度的效果。

操作步骤：

（1）单击【开始】→【所有程序】→【附件】→【系统工具】→【磁盘碎片整理程序】命令，出现"磁盘碎片整理程序"窗口，如图 2-4-2 所示。

（2）选择"分析磁盘"对各驱动器进行分析，根据分析的数据，确定要进行碎片整理的驱动器。

（3）选择需要整理的驱动器，单击【磁盘碎片整理】，进行磁盘碎片整理。

图 2-4-2　磁盘碎片整理程序窗口

2.4.2　程序和设备的管理

2.4.2.1　控制面板

控制面板是 Windows 对计算机软件和硬件进行设置和管理的一个工具库，它允许用户查看系统和设备的信息，管理用户账户，安装或删除软件或硬件，设置和管理硬件设备，设置时间日期、网络设备等。

单击【开始】→【控制面板】命令即可打开"控制面板"窗口。可以通过窗口中的查看方式框，选择"类别""大图标"或"小图标"方式显示，图 2-4-3 为"类别"方式显示。

图 2-4-3　控制面板

2.4.2.2　任务管理器

任务管理器是 Windows 提供的一个任务（运行中的程序）管理工具，用来监视计算机性能，查看正在运行的程序和进程的详细信息，结束未响应的程序或进程等。

可通过单击任务栏空白处，在弹出的快捷菜单中选择"启动任务管理器"，或按【Ctrl】＋【Alt】＋【Del】组合键→启动【任务管理器】，来打开任务管理器，如图 2-4-4 所示。

图 2-4-4　Windows 任务管理器

2.4.2.3　安装和卸载应用程序

1. 安装应用程序

一般的应用程序分为自动安装和手动安装两种。

（1）自动安装的程序多为从光盘直接运行或从网上自动下载升级的，用户只需根据显示的提示信息和自己的需求进行相应选择一步步完成即可。

（2）手动安装的程序需要用户先将程序（可能有多个文件及文件夹）复制到计算

机硬盘中或从网上下载到计算机硬盘中，再启动相应的安装程序，如 setup. exe。通常软件会有帮助文件为用户提供软件安装和使用的简单说明。

2. 运行和退出应用程序

（1）启动程序。启动程序一般有下面三种方法：

①当程序安装在桌面上或程序的快捷方式在桌面上时，双击程序图标。

②单击【开始】→【所有程序】，选择相应程序名或程序名的快捷方式后单击。

③查找到程序所在的文件夹，双击程序名。

（2）退出程序。退出程序一般也有下面三种方法：

①单击控制按钮菜单中的关闭按钮 ✕ 。

②单击"文件菜单"或"窗口菜单"选择【关闭】。

③使用【Alt】＋【F4】组合键关闭。

（3）卸载应用程序。卸载应用程序的步骤如下：

①在图 2-4-3 所示"控制面板"窗口中双击"程序"图标，将出现"程序"窗口，单击其中的【程序和功能】→【卸载程序】，打开"卸载或更改应用程序"窗口，如图 2-4-5 所示。

②在列出的计算机中已经安装的程序中，双击选定希望删除的程序或右键单击选定删除的程序后单击出现的【卸载/更改】，出现"卸载"对话框。

③单击【是】，则将程序及相应的组件删除，单击【否】则取消删除操作。

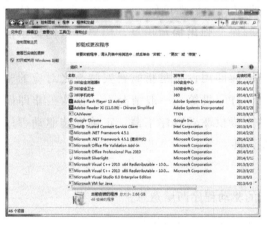
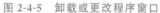

图 2-4-5　卸载或更改程序窗口

图 2-4-6　删除程序

说明：

（1）除上面的卸载办法外，一些程序自身带有卸载命令，可以通过【开始】→【所有程序】，选定所选程序文件夹，在出现的命令中选择卸载相应程序命令即可，如图 2-4-6 所示。

（2）删除应用程序软件应该用上述"卸载"的办法。如果只在文件夹中删除应用程序，该应用程序相应的组件不会删除，既会浪费存储空间，又会对系统运行和管理造成不良的后果。

2.4.2.4　设备管理器

设备管理器是 Windows 提供的一个设备（硬件）管理工具，用来查看计算机上的硬件设备信息和工作状态，管理、更新、删除硬件设备驱动程序，启动、禁用硬件设备等。

打开设备管理器一般有三种方法：

（1）单击【开始】→【控制面板】→【硬件和声音】→【设备管理器】。

（2）右键单击桌面"计算机"图标，在弹出的快捷菜单中单击【设备管理器】。

（3）右键单击桌面"计算机"图标，在弹出的快捷菜单中单击【属性】，在打开的系统窗口的导航窗格中单击【设备管理器】。

2.4.2.5　安装与卸载硬件设备

Windows 7 对硬件配置的要求较高，在硬件的兼容性上也有一定的要求。

1. 安装硬件

按计算机硬件的安装方式，可以将硬件分为即插即用设备和非即插即用设备两种。

（1）即插即用设备的安装。即插即用设备 PNP（Plug-and-Play）是一项用于自动处理计算机硬件设备安装的工业标准。当此类设备连接到计算机后，计算机系统会自动检测并自动安装驱动程序，安装好驱动程序后即可使用。此类设备有 U 盘、USB 鼠标、移动硬盘等。若系统找不到驱动程序会弹出提示信息，用户可根据提示信息进行安装。

（2）非即插即用设备的安装。非即插即用设备是指需要安装与之对应的驱动程序后方可正常使用的设备，如数码相机、打印机等。一般情况下，在购买非即插即用设备时都会附有驱动程序光盘或在网站上提供驱动程序下载，正确安装驱动程序是非即插即用设备及其软件正常运行的必要条件。

2. 卸载硬件

卸载硬件有卸载硬件和卸载相应的驱动程序两层意思。

（1）即插即用设备的卸载。即插即用设备的卸载步骤有：

①在"任务栏"通知区域单击"安全删除硬件并弹出媒体"按钮，根据提示信息选择你要删除的设备（如任务栏通知区域有删除设备的图标也可单击后根据提示信息删除）。

②当通知栏出现"安全地移除硬件"或上面出现相应设备的弹出信息时，表明此设备已经被成功移除，可以将此设备从计算机中移除。

（2）非即插即用设备的卸载。卸载非即插即用设备，首先要在"设备管理器"窗口中卸载与设备对应的驱动程序，然后再从计算机中移除相应的设备。

任务 2.5 Windows 7 的常用软件工具

2.5.1 附件小程序

除了前面介绍过的磁盘清理和整理磁盘碎片工具外，Windows 7 还提供了一些实用的附件小程序。单击【开始】→【所有程序】→【附件】启动相应程序，如图 2-5-1 所示。本节简要地介绍 Windows 7 的常用附件画图工具、计算器、记事本、截图工具和连接到投影仪的功能。

图 2-5-1 附件程序菜单

1. 画图工具

画图程序是一款比较简单的图形编辑工具，使用它可以绘制简单的几何图形，例如直线、曲线、矩形、圆形以及多边形等，还具有简单的图片编辑功能。用户可以借助"画图"窗口的明确菜单或工具提示进行操作。

2. 计算器

Windows 7 的计算器提供了多种计算类型，计算器还具有常用单位转换和日期计算功能。

（1）标准型计算器可以进行加、减、乘、除等简单的四则混合运算。

（2）科学型计算器可以进行比较复杂的运算，例如三角函数运算、平方和立方运算等，运算结果可精确到 32 位。

（3）程序员型计算器可以实现进制之间的转换及与、或、非等逻辑运算。

（4）统计型计算器可以进行平均值、平均平方值、求和、平方值总和、标准偏差以及总体标准偏差等统计运算。

3. 记事本

记事本是一个用来查看和编辑纯文本文件的简单编辑器,不支持图形和字符排版格式,可以用来编辑一些没有特定格式的纯文本文件,如备忘录、摘要、软件安装说明和程序文件等。

4. 截图工具

Windows 7 自带的截图工具可用于帮助用户截取屏幕上的图像,并且可以对截取的图像进行编辑。截图工具提供了任意格式截图、矩形截图、窗口截图和全屏幕截图四种截图模式,选择相应截图模式和新建后,就可以进行截图并将所截的图复制到新建的文件中,还可以对截的图进行添加文字的简单编辑等。

5. 连接到投影仪

Windows 7 在附件中提供了连接到投影仪命令,可以通过这个工具选择计算机屏幕的输出方式。单击【开始】→【所有程序】→【附件】→【连接到投影仪】,出现图2-5-2后选择一种方式显示。

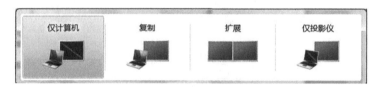

图 2-5-2   接到投影仪

2.5.2   常见应用软件

1. 文件或文件夹的压缩与解压

在文件和文件夹的保存、传送及管理过程中,经常要对文件进行压缩和解压(解压缩),通过压缩文件和文件夹来减少文件所占用的空间,在网络传输过程中可以大大减少对同网络资源的占用。同时,多个文件可以被压缩在一起,当成一个对象操作,便于文件的查找、使用和管理。被压缩的文件或文件夹可以根据需要被解压在用户希望的位置。

除了常用的 WinRAR 等压缩/解压软件外,Windows 7 也新增加了压缩文件程序。

2. 光盘的刻录

现在计算机的光驱大都有 DVD RW(具有读写刻录一般数据文件、CD 文件和DVD 文件功能)驱动器。Windows 7 中也已经内置了相应的光盘刻录功能程序,利用该程序,可以轻松完成对光盘的刻录工作。

项目 3　文档编辑软件 Word 2010

中文 Word 2010 是中文 Microsoft Office 2010 套装软件中的文字处理软件，它能够轻松地完成文字、表格、图形、图像、格式、排版及打印的全部操作，是一个功能强大、使用简便的文字处理系统。Word 2010 在旧版本 Word 的基础上增加和修改了许多功能，使用户可以更加轻松和方便地完成任务。

本章将以任务驱动方式，介绍中文 Word 2010（以下简称 Word）的强大功能和文档的相关操作。

任务 3.1　输入"2018 年俄罗斯世界杯简介"文档

3.1.1　任务描述

2018 年世界杯足球赛在俄罗斯举行，在校大学生小李作为一名足球爱好者，想向同学、家人和朋友们普及一下世界杯的知识，于是他就想到了利用刚学习的 Word 2010 来制作一篇介绍世界杯足球赛的文档。他通过上网查询等方式，收集了关于世界杯的相关知识用来制作这篇文档，文档内容如图 3-1-1 所示。制作文档主要包括以下工作：

（1）新建一个空白文档，并以"实例 3-1-1.docx"为名进行保存。

（2）在文档中输入标题"2018 年俄罗斯世界杯"。

（3）输入介绍 2018 年俄罗斯世界杯的相关内容。

（4）将从网络中收集到的关于世界杯的相关内容复制到文档中。

（5）保存文档。

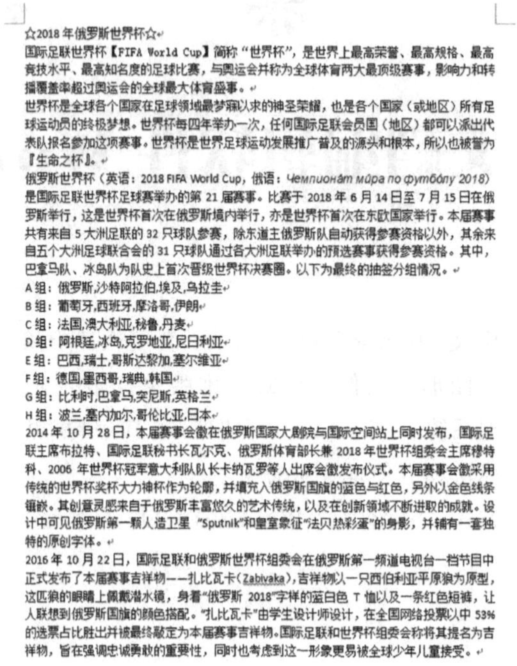

☆2018年俄罗斯世界杯☆

国际足联世界杯【FIFA World Cup】简称“世界杯”，是世界上最高荣誉、最高规格、最高竞技水平、最高知名度的足球比赛，与奥运会并称为全球体育两大最顶级赛事，影响力和转播覆盖率超过奥运会的全球最大体育盛事。

世界杯是全球各个国家在足球领域最梦寐以求的神圣荣耀，也是各个国家（或地区）所有足球运动员的终极梦想。世界杯每四年举办一次，任何国际足联会员国（地区）都可以派出代表队报名参加这项赛事。世界杯是世界足球运动发展推广普及的源头和根本，所以也被誉为『生命之杯』。

俄罗斯世界杯（英语：2018 FIFA World Cup，俄语：*Чемпионат мира по футболу 2018*）是国际足联世界杯足球赛举办的第 21 届赛事。比赛于 2018 年 6 月 14 日至 7 月 15 日在俄罗斯举行，这是世界杯首次在俄罗斯境内举行，亦是世界杯首次在东欧国家举行。本届赛事共有来自 5 大洲足联的 32 只球队参赛，除东道主俄罗斯队自动获得参赛资格以外，其余来自五个大洲足球联合会的 31 只球队通过各大洲足联举办的预选赛事获得参赛资格。其中，巴拿马队、冰岛队为队史上首次晋级世界杯决赛圈。以下为最终的抽签分组情况。

A 组：俄罗斯,沙特阿拉伯,埃及,乌拉圭

B 组：葡萄牙,西班牙,摩洛哥,伊朗

C 组：法国,澳大利亚,秘鲁,丹麦

D 组：阿根廷,冰岛,克罗地亚,尼日利亚

E 组：巴西,瑞士,哥斯达黎加,塞尔维亚

F 组：德国,墨西哥,瑞典,韩国

G 组：比利时,巴拿马,突尼斯,英格兰

H 组：波兰,塞内加尔,哥伦比亚,日本

2014 年 10 月 28 日，本届赛事会徽在俄罗斯国家大剧院与国际空间站上同时发布，国际足联主席布拉特、国际足联秘书长瓦尔克、俄罗斯体育部长兼 2018 年世界杯组委会主席穆特科、2006 年世界杯冠军意大利队队长卡纳瓦罗等人出席会徽发布仪式。本届赛事会徽采用传统的世界杯奖杯大力神杯作为轮廓，并填充入俄罗斯国旗的蓝色与红色，另外以金色线条镶嵌。其创意灵感来自于俄罗斯丰富悠久的艺术传统，以及在创新领域不断进取的成就。设计中可见俄罗斯第一颗人造卫星 “Sputnik”和皇室象征“法贝热彩蛋”的身影，并辅有一套独特的原创字体。

2016 年 10 月 22 日，国际足联和俄罗斯世界杯组委会在俄罗斯第一频道电视台一档节目中正式发布了本届赛事吉祥物——扎比瓦卡（Zabivaka），吉祥物以一只西伯利亚平原狼为原型，这匹狼的眼睛上佩戴潜水镜，身着“俄罗斯 2018”字样的蓝白色 T 恤以及一条红色短裤，让人联想到俄罗斯国旗的颜色搭配。“扎比瓦卡”由学生设计师设计，在全国网络投票以中 53% 的选票占比胜出并被最终敲定为本届赛事吉祥物。国际足联和世界杯组委会称将其提名为吉祥物，旨在强调忠诚勇敢的重要性，同时也考虑到这一形象更易被全球少年儿童接受。

图 3-1-1　文档“实例 3-1-1. docx”内容

3. 1. 2　Word 2010 概述

3. 1. 2. 1　启动和退出 Word 2010

1. Word 的启动

启动 Word 2010 应用程序有很多方法，下面介绍两种最基本的方法。

（1）通过任务栏的“开始”菜单启动。

单击【开始】→【所有程序】→【Microsoft Office】→【Microsoft Office Word 2010】命令启动程序。

（2）通过桌面快捷图标启动。若桌面上建立了“Microsoft Office Word 2010”快捷方式图标，则双击该快捷方式图标，即可启动程序。

2. Word 的退出

退出 Word 程序有下面两种常用的方法。

（1）通过【文件】菜单退出。单击【文件】→【退出】命令，退出 Word 程序。

（2）通过【关闭窗口】按钮退出。单击 Word 程序窗口标题栏右侧的【关闭窗口】按钮 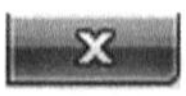，就可关闭当前已打开的文档窗口，并退出 Word 程序。

退出 Word 程序时，若程序正在编辑的文档是未存盘的新文档或有修改而未保存的已有文档，则会打开如图 3-1-2 所示的询问对话框，询问是否需要保存文档。此时可以按需要选择相应的命令按钮进行操作。询问对话框命令按钮的作用如表 3-1-1 所示。

图 3-1-2　询问对话框

表 3-1-1　询问对话框命令按钮作用表

命令按钮	相应操作
保存	保存文档后退出 Word
不保存	不保存文档，直接退出 Word
取消	取消关闭 Word，继续编辑文档

3.1.2.2　认识 Word 2010 工作界面

Word 2010 的界面窗口如图 3-1-3 所示，主要由快速访问工具栏、标题栏、窗口控制按钮、菜单按钮、功能区、工作区等构成。下面对其主要组成部分进行介绍。

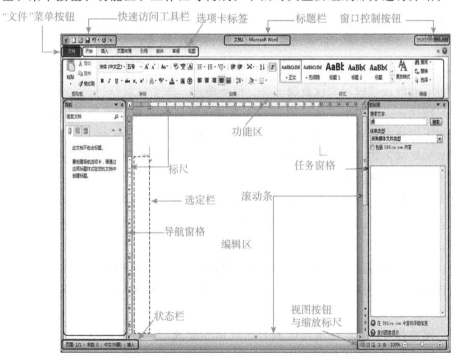

图 3-1-3　Word 2010 窗口的主要组成

1. 快速访问工具栏

"快速访问工具栏"位于标题栏的左侧，用于放置一些常用的工具，默认显示【新建文档】、【保存】和【撤消】等按钮，用户可以根据需要添加或删除按钮。

2. 标题栏

"标题栏"位于 Word 2010 窗口的最上方，用于显示程序名称、当前编辑的文档名。

3. 窗口控制按钮

"窗口控制按钮"位于标题栏的右侧，包括"最小化""向下还原/最大化"和"关闭"3 个按钮，用于对文档窗口的大小和关闭进行相关控制。

4. "文件"菜单按钮

"文件"菜单按钮用于打开【文件】菜单，菜单中包含【另存为】、【打开】、【关闭】、【选项】、【退出】等命令。

5. 选项卡标签

选项卡标签包含【开始】、【插入】、【页面布局】、【引用】、【邮件】、【审阅】、【视图】等标签，可以通过单击相应标签切换选项卡。

6. 工作区

功作区包含以下几部分：

（1）功能区：位于选项卡标签下方，代替传统的工具按钮，划分为一个一个的功能组，用于放置编辑文档时所需的各项功能，帮助用户快速找到完成某一任务所需的命令。

（2）标尺：包含水平标尺和垂直标尺两种，用于显示文本所在的实现位置、页边距尺寸等，此外还可以用来设置制表位、段落缩进、改变栏宽等。

（3）滚动条：分为水平和垂直滚动条两种，可以通过拖动滚动滑块或单击滚动箭头，实现上下或左右查看文档中未显示的内容，从而浏览整个文档。

（4）编辑区：用于显示和编辑文档内容的工作区域，用户可以在该区域中对文档进行输入、编辑、修改和排版等操作。

（5）状态栏：位于窗口的最下端，用来显示当前文档的一些状态，如当前光标所在的页码/总页码、字数、语言和输入状态等，有需要的话还可以对状态栏显示的内容进行增减。

（6）导航窗格与任务窗格：分别位于文档编辑区的左侧和右侧，方便用户可以在相应的任务窗格中完成所需的操作。默认情况下，有剪贴板窗格、审阅窗格、样式窗格等。

（7）缩放标尺：用于对编辑区的显示比例和缩放尺寸进行调整，标尺左侧显示出当前页面显示比例的具体数值。

7. 视图按钮

Word 2010 提供了 5 种版式视图，单击【视图】按钮 上对应的按钮可以实现不同视图方式的切换。各种版式视图的作用如下：

（1）页面视图。该视图的显示效果与最终打印的效果相同，在该视图下可以对文档进行输入和编辑，也可处理页边距、图文框、分栏、页眉和页脚等。

（2）阅读版式视图。该视图以图书的分栏样式显示 Word 文档，功能区等窗口元素被隐藏，使阅读文档十分方便。

（3）Web 版式视图。该视图把文档以 Web 浏览器中的显示方式来显示，这时文档的显示将不会分页，文本、表格及图形将自动调整以适应窗口大小。

（4）大纲视图。该视图以缩进文档标题的形式来显示文档结构的级别，并显示大纲工具。

（5）草稿（普通）视图。该视图简化了页面的布局，仅显示文本和段落格式，可以快速输入、编辑和设置文本格式。

3.1.2.3 自定义 Word 2010 操作环境

Word 2010 允许用户根据个人的需要和使用习惯对操作环境进行自定义设置，这些设置可以帮助用户更好地使用 Word 2010 进行工作。

1. 自定义快速访问工具栏

在默认状态下，快速访问工具栏中包含【保存】、【撤消】和【重复】3 个按钮，用户可以把其他的命令按钮添加到快速访问工具栏中。操作方法是：单击快速访问工具栏右侧的下三角按钮，再在打开的下拉列表中选择需要的工具选项即可。如图 3-1-4 所示，是在快速访问工具栏中添加【新建】、【打开】和【打印预览和打印】按钮后的效果。如果下拉列表中没有所需的功能，还可以通过选择【其他命令】命令，然后在打开的对话框中选择需要的选项。

图 3-1-4 自定义快速访问工具栏

2. 自定义功能区

当用户选择某个选项卡时，会打开对应的功能区面板。每个功能区面板根据功能的不同又分为若干个功能组，其中包含若干个功能按钮，用户通过单击功能按钮实现操作命令。用户可以根据需要增加选项卡、功能组及功能按钮，操作方法是：右键单击【开始】选项卡功能区的空白处，选择【自定义功能区】命令，在打开的【Word 选项】对话框中，根据需要选择要添加的功能组或功能按钮即可。

3. 隐藏和显示功能区

在 Word 2010 的界面中，用户可以根据自己的需要，对功能区进行隐藏或重新显示。操作方法是：单击"窗口控制"按钮下方的"功能区最小化"按钮及"展开功能区"按钮，对功能区进行隐藏和显示的切换，如图 3-1-5 所示。

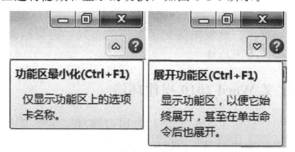

图 3-1-5 "功能区最小化"按钮及"展开功能区"按钮

4. 显示/隐藏浮动工具栏

浮动工具栏是指当用户选定了文本内容时，会自动显示的工具栏，如图 3-1-6 所示，它能方便用户进行快速格式设置。

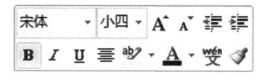

图 3-1-6 浮动工具栏

显示/隐藏浮动工具栏的操作方法是：单击【文件】→【选项】→【Word 选项】→【常规】，勾选/取消【选择时显示浮动工具栏】，单击【确定】完成设置。

5. 显示/隐藏编辑标记

除了文本和图表外，Word 中还有一类称为"编辑标记"的符号。这类符号包括软回车、全/半角空格、制表符、分页符、分栏符等，是不可打印的字符，在正常情况下并不显示，但它又是在文档中存在的东西，如果有需要的话，我们可以通过设置，让这类符号也正常显示出来，从而让我们对文档的内容一目了然，心中有数。操作方法是：单击【开始】→【段落】组→按钮，可使"编辑标记"的符号显示或隐藏。

3.1.2.4 了解 Word 2010 新增功能

为了方便用户操作，Word 2010 新增了很多功能，在此做简单的介绍。

1. 文本效果设置功能

Word 2010 预设了很多文本效果，用户可在选中文本后直接选择所需的效果样式，还可以根据需要对文本效果进行自定义编辑。

2. 屏幕截图

屏幕截图功能可以让用户截取当前计算机屏幕中显示的画面（全屏画面或自定义截取的范围），所截图片会自动插入到文档中，还可以根据需要对图片进行裁剪。

3. 处理图片艺术效果

在 Word 2010 中，新增了标记、铅笔灰度、发光边缘等 22 种图片艺术处理效果，使图片效果更加丰富。

4. 更多 SmartArt 图形类型及图片转换

Word 2010 为用户提供了更多类型的 SmartArt 图形，用户可以轻松、快捷地得到所需要的专业图形效果。

3.1.3　Word 2010 文档的基本操作

3.1.3.1　创建 Word 2010 文档

Word 2010 提供了多种创建文档的方法，包括创建空白文档、利用模板创建文档及使用 Office.com 上的模板创建文档等。

1. 创建空白文档

启动 Word 2010 程序后，系统会自动创建一个空白文档，用户可以直接对该文档进行编辑。

另外，用户还可以根据需要再创建空白文档，常用操作方法有三种：

（1）在【文件】菜单创建。单击【文件】→【新建】→【可用模板】→【空白文档】→【创建】。

（2）在"快速访问工具栏"上创建。单击【快速访问工具栏】→【新建文档】按钮 🗋。

（3）使用组合键创建。直接按组合键【Ctrl】＋【N】。

2. 根据"样本模板"创建文档

在 Word 2010 中，除了可以新建空白文档外，还可以使用系统自带的【样本模板】来创建各种具有特定格式的文档，如【博客文章】或【基本简历】等。利用【样本模板】创建文档的操作方法如下：

（1）单击【文件】→【新建】，打开如图 3-1-7（a）所示的【可用模板】面板。

（2）在主页面板的【可用模板】区域中选择需要的模板样式，如【博客文章】；或者单击【样本模板】按钮，打开如图 3-1-7（b）所示的【样本模板】面板。

（3）在【样本模板】面板中选择需要的模板样式，如【基本简历】。

（4）单击【创建】按钮。

（a）【可用模板】面板

（b）【样本模板】面板

图 3-1-7　【新建文档】面板及【样本模板】面板

3. 利用"Office. com 模板"创建文档

除了可以通过利用本机上已经安装的【样本模板】来新建文档外，微软还在网络上提供了更多的模板供用户使用。用户可以在网络上搜索下载需要的【Office. com 模板】来快速创建文档。在此不再详细叙述操作方法，用户可以自行尝试。

3. 1. 3. 2　打开 Word 2010 文档

对于已经存在的 Word 2010 文档，用户需要打开文档后，才能对其进行查看或编辑。打开 Word 2010 文档的常用方法有以下三种：

1. 使用"计算机"浏览打开文档

使用"计算机"或"Windows 资源管理器"进行文件浏览，找到需要打开的 Word 文档，直接双击打开文档。

2. 通过"打开"对话框打开文档

运行 Word 2010 后，用户可以使用"打开"对话框来打开已有文档，操作方法如下：

（1）使用以下操作之一，打开如图 3-1-8 所示的"打开"对话框。

①单击【文件】→【打开】命令。

②单击【快速访问工具栏】→【打开】按钮。

③按组合键【Ctrl＋O】。

（2）在"打开"对话框中选择需要打开文件的路径，再选择需要打开的文件。

（3）单击【打开】按钮。

图 3-1-8　"打开"对话框

如果需要同时打开相同路径上的多个文档，可以在"打开"对话框中，按住【Ctrl】或【Shift】键选择多个文档，再点【打开】按钮同时打开这些文档。

3. 打开"最近使用的文档"

通常情况下 Word 会自动记住最近编辑过的文档，需要时可以直接打开这些文档，操作方法如下：

（1）单击【文件】→【最近所用文件】命令，打开如图 3-1-9 所示面板。

（2）在面板右侧的【最近使用的文档】列表中，单击打开需要的文档。

图 3-1-9　【最近使用的文档】列表

3.1.3.3　保存 Word 2010 文档

进行文档编辑时，在屏幕窗口上所看到的对文档所做的修改，只是暂时保存在计算机内存中，一旦退出 Word 程序、关机或断电，这些修改的内容就会丢失掉。所以必须经过存盘操作，将文档以文件的形式保存到硬盘或 U 盘等外部存储器中，文档才可以永久保存。

1. 直接保存文档

直接保存文档是最常用的保存方法，操作方法如下：

（1）执行以下操作之一，进行保存文档。

①单击【快速访问工具栏】→【保存】按钮。

②单击【文件】菜单→【保存】命令。

③按键盘【Ctrl】＋【S】组合键。

（2）若文档为已有文档，则直接将文档以原文件名保存，覆盖原有文档内容。

（3）若保存的文档是新建文档，则进行第一次保存，会打开"另存为"对话框，如图 3-1-10 所示。此时需要在"另存为"对话框中确定文档保存的路径、保存的类型和保存的文件名等信息，再单击【保存】按钮完成操作。

图 3-1-10　"另存为"对话框

2. 使用"另存为"保存文档

打开已有文档进行修改后，如果用户想保存文档，但又不想覆盖原有文档，可以使用"另存为"方式保存文档，把当前文档存成另外一个文件，操作方法如下：

（1）单击【文件】→【另存为】命令，打开"另存为"对话框。

（2）在对话框中设定文档的保存路径、保存类型和输入新的文件名，单击【确定】按钮完成操作。

3. 将文档保存为模板

在保存文档时，用户还可以将文档保存为模板，以备日后制作同类文档时使用，从而提高工作效率。将文档保存为模板的操作方法与"另存为"方式保存文档类似，只是需要将文档保存类型设定为"Word 模板"。

3.1.3.4 关闭 Word 2010 文档

当用户完成了对当前文档的编辑后，可以选择将其关闭，以节约计算机的资源。关闭文档时，只是关闭当前正在编辑的文档，并不关闭 Word 程序窗口，这时用户可以继续编辑其他已经打开的文档或新建文档进行编辑。

关闭当前文档的方法有多种，常用的操作方法有以下两种：

（1）单击 Word 2010 程序窗口标题栏右侧的【关闭窗口】按钮 ▨ 。

（2）单击【文件】→【关闭】命令。

用户要区分开【关闭窗口】按钮 ▨ 与【文件】菜单的【关闭】命令和【退出】命令三者的区别。

①单击【关闭窗口】按钮 ▨ ，只关闭当前文档窗口，若只打开了一个文档窗口，则同时退出 Word 2010 程序。

②单击【文件】→【关闭】命令，只关闭当前编辑的文档，并不退出 Word 程序，这时 Word 程序窗口还在，可以继续进行其他文档的编辑工作。

③单击【文件】→【退出】命令，会关闭所有已经打开的文档，并退出 Word 程序。【文件】菜单的【关闭】命令和【退出】命令如图 3-1-11 所示。

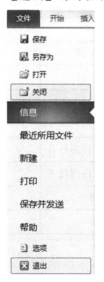

图 3-1-11 【文件】菜单的【关闭】和【退出】命令

3.1.4 Word 2010 文档的输入与编辑

Word 2010 的主要功能是进行文档编辑，利用它能够制作出结构清晰、版式精美的各种文档。创建 Word 2010 后，首先需要输入文档的文本内容，然后才能对文档进行编辑操作。

小李创建好文档"2018 年俄罗斯世界杯简介 . docx"后，利用 Word 的即点即输入功能，就可以轻松地在文档中输入如图 3-1-1 所示的文本内容。

输入中需要掌握以下的操作方法：

（1）在文档中输入汉字、英文字母的方法；

（2）在文档中输入数字、特殊符号和标点符号等文本内容的方法；

（3）对文档内容进行各种编辑修改的操作方法，包括插入、改写、段落合并与拆分、复制、移动、删除等方法。

3.1.4.1　文本的操作

文本是数字、字母、符号和汉字等内容的总称，是文档的主要组成部分，对文本的操作是文档编辑的基础。

1. 确定文本插入点

用户在文档编辑区确定插入点后，就可以输入文本内容，插入点是文档中一个闪烁的竖条。确定插入点位置的方法有以下两种：

（1）使用鼠标移动插入点。如果在小范围内移动插入点，只需要将鼠标指针指向指定位置单击即可。

（2）使用键盘移动插入点。使用键盘移动插入点的方法，如表 3-1-2 所示。

表 3-1-2　使用键盘移动插入点

按键操作	移动范围	按键操作	移动范围
←	左移一个字符	Ctrl+ ←	左移一个词
→	右移一个字符	Ctrl+ →	右移一个词
↑	上移一行	Ctrl+ ↑	移至当前段段首
↓	下移一行	Ctrl+ ↓	移至下段段首
Home	移至插入点所在行的行首	Ctrl+ Home	移至文档首部
End	移至插入点所在行的行末	Ctrl+ End	移至文档末尾
PgUp	上移一屏	Ctrl+ PgUp	移至窗口顶部
PgDn	下移一屏	Ctrl+ PgDn	移至窗口底部

2. 插入特殊符号

在编辑文档时，除了输入中、英文文本外，有时还需要输入一些键盘上没有的特殊字符或图形符号，如数字符号、数字序号、俄文字母、单位符号和特殊符号、汉字部首等。在文档中输入这类符号通常使用三种方法：

（1）使用【插入符号】按钮插入特殊符号。在 Word 2010 中，利用【插入符号】按钮可以插入特殊符号，操作方法如下：

①在文档中定位好插入点。

②单击【插入】→【符号】组→【插入符号】按钮，打开如图 3-1-12 所示的符号列表。

③如果需要的符号恰好在列表中，直接用鼠标点击列表中的符号即可完成插入操作。

图 3-1-12　【插入符号】按钮及符号列表

（2）使用"符号"对话框插入特殊符号。如果在【插入符号】按钮列表中没有想要的符号，还可以通过"符号"对话框插入特殊符号，操作方法如下：

①在文档中定位好插入点。

②单击【插入】→【符号】组→【插入符号】→【其他符号】命令，打开如图 3-1-13 所示的"符号"对话框的【符号】选项卡。

③在选项卡的【字体】下拉列表中选择字体，再从下面列表中选择要插入的符号，单击【插入】按钮进行插入操作。

④完成符号插入后，单击【关闭】按钮 ❌ 。

图 3-1-13　【符号】选项卡

（3）使用"软键盘"插入特殊符号。输入中还可以通过"软键盘"来进行特殊符号的插入，操作方法如下：

①在文档中定位好插入点。

②打开输入法，鼠标右键单击输入条上的软键盘图标，弹出如图 3-1-14（a）所示的"软键盘选择"菜单，选择需要的软键盘种类，如"俄文字母"。

③弹出如图 3-1-14（b）所示"俄文字母"软键盘，在软键盘中插入需要的俄文字母即可。

（a）"软键盘选择"菜单　　　　　（b）"俄文字母"软键盘

图 3-1-14　"软键盘选择"菜单及"俄文字母"软键盘

3. 插入日期时间

在 Word 2010 中可以快速插入日期时间，无需手动去输入，操作方法如下：

①定位要插入日期时间的位置。

②单击【插入】→【文本】组→【日期和时间】，打开"日期和时间"对话框。

③在对话框的【可用格式】列表中，选择需要的日期或时间格式后，单击【确定】。

4. 撤消、恢复和重复操作

如果在文档编辑中错误地执行了某项操作，可以使用【撤消】按钮取消该操作。此外，还可以用【恢复】按钮恢复撤消的操作或重复同一操作。

3.1.4.2　文本的编辑

在文档建立的过程中，经常需要对文档中的各种内容进行编辑、修改。例如在文档某处插入、改写字符，在文档中插入、删除行，对文档中的段落进行合并、拆分，对文档的内容进行复制、移动和删除等。

1. 选定和撤销选定文本

在进行文档编辑时，应遵循"先选定，后操作"的原则。Word 2010 中选择文本的方法主要包括使用鼠标选择和使用键盘选择两种，操作方法见表 3-1-3 和 3-1-4。

表 3-1-3　常用的利用鼠标选定文本方法

选定	操作方法
任意文本范围	按住鼠标左键从要选定文本起始位置拖动到结尾处
一个单词或词组	用鼠标双击要选择单词或词组

选定	操作方法
一个句子	按住【Ctrl】键的同时，单击要选择句子的任意位置
一行	用鼠标在选定栏单击该行
多行	用鼠标在选定栏单击要选择范围的第一行并拖动到最后一行
一个段落	用鼠标在选定栏双击该段落或在该段落中快速三击鼠标左键
整篇文档	在选定栏任意位置快速三击鼠标左键
矩形文本区域	按住【Alt】键的同时，按下鼠标左键从选定区域左上角拖到右下角
选择不连续区域	先选择一部分内容，再按住【Ctrl】键继续选择其他内容

表 3-1-4　常用的利用键盘选定文本方法

选定	操作方法
Shift＋←	选中插入点左侧一个字符
Shift＋→	选中插入点右侧一个字符
Shift＋↑	选中插入点位置至上一行相同位置之间的文本
Shift＋↓	选中插入点位置至下一行相同位置之间的文本
Shift＋Home	选中插入点位置至行首之间的文本
Shift＋End	选中插入点位置至行尾之间的文本
Shift＋PageDown	选中插入点位置至下一屏之间的文本
Shift＋PageUp	选中插入点位置至上一屏之间的文本
Ctrl＋A	选中整篇文本

要撤消选定文本，可用鼠标单击编辑区任一位置或者按键盘上任一光标键。

2. 字符的编辑

（1）字符的插入与改写。Word 2010 的输入状态包括"插入"和"改写"，在状态栏右侧会显示当前输入状态。默认状态是"插入"，即输入的字符出现在插入点左侧，双击状态栏右侧的【插入】选项可切换到改写状态，输入的字符会直接覆盖插入点右侧的字符。

（2）字符的删除。常用的删除字符方法有以下两种：

①按删除键【Delete】删除，每次删除插入点后面的一个字符。

②按退格键【Backspace】删除，每次删除插入点前面的一个字符。

3. 行和段落的编辑

（1）插入和删除空白行。

①将插入点移动到上一行的行末，按【Enter】键，即可插入空白行。

②将插入点移动到空白行的行首，按【Delete】键，即可删除空白行。

（2）段落的合并和拆分。段落就是以【Enter】键结束的一段文字，每个段落末尾都有一个段落标记，它是按【Enter】键后出现的弯箭头标记，是一个段落的标志。

①将两个段落合并成一个段落的操作，叫作段落合并，操作方法是：将插入点移动到前一段落的末尾，然后按【Delete】键，或者将插入点移动到后一段落的最前面，然后按【Backspace】键。

②将一个段落分为两个段落的操作，叫作段落拆分，操作方法是：将插入点移动到拆分处，然后按【Enter】键。

4. 复制/移动文本

复制文本就是将原位置的文本内容复制到目标位置去，而原来的文本内容仍然保留。移动文本是指将文档中的内容从一个位置移动到另一个位置，原来的内容将会消失。复制或移动的目标位置可以是同一篇文档，也可以是不同文档。

实现文本复制/移动的方法主要有以下几种：

（1）利用工具按钮复制/移动文本。

①选择需要复制/移动的文本。

②单击【开始】→【剪贴板】组→【复制】 复制 （或【剪切】 剪切 ）。

③定位到目标位置，单击【剪贴板】组→【粘贴】 。

（2）利用快捷菜单复制/移动文本。

①选定需要复制/移动的文本。

②在选定文本上右键单击鼠标，在打开的快捷菜单上选择【复制】命令（或【剪切】命令）。

③定位到目标位置，右键单击鼠标，选择【粘贴选项】中的某种选择粘贴方式。

（3）利用组合键复制/移动文本。选定文本，然后按下“复制”的组合键【Ctrl】＋【C】（或“剪切”的组合键【Ctrl】＋【X】），定位到目标位置，按下“粘贴”的组合键【Ctrl】＋【V】。

（4）利用鼠标拖曳复制/移动文本。选定文本后，按住鼠标左键将选定文本拖曳到目标位置即可完成移动文本操作。如果在拖曳文本的同时，按住【Ctrl】键不放，就变成了复制文本操作。

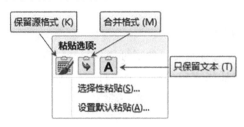

图 3-1-15　【粘贴选项】下拉列表

（5）粘贴选项与选择性粘贴。在进行“复制文本”或“移动文本”操作时，用户若单击【粘贴】按钮 下面的下拉按钮 ，就可以打开如图 3-1-15 所示的【粘贴选项】下拉列表，对粘贴的方式进行选择。

【粘贴选项】下拉列表提供了三种可选

择的"粘贴"方式：

①保留源格式：此选项将保留粘贴内容的原来格式。

②合并格式：此选项将更改粘贴内容的格式，以使其与周围文本相符。

③只保留文本：此选项将删除粘贴内容的所有原始格式。

5. 插入文件

除了使用复制/移动文本的方法外，还可以通过"插入文件"将其他文档的全部内容插入到当前编辑的文档中，实现快速将多个文档合并成一个大型文档的操作。操作方法如下：

（1）将插入点定位到文件需要插入的当前编辑文档的位置。

（2）单击【插入】→【文本】组→【对象】 ![对象] 旁边的下拉按钮 ▾，打开如图 3-1-16 所示的下拉列表。

（3）在下拉列表中选择【文件中的文字】命令，打开"插入文件"对话框，在对话框中浏览找到并选定要插入的文件后，单击【插入】按钮。

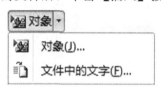

图 3-1-16　【插入对象】下拉列表

6. Office 剪贴板

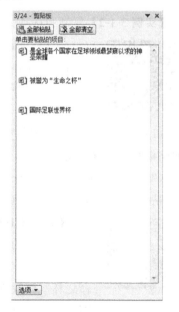

图 3-1-17　【剪贴板】任务窗格

Windows 剪贴板只能存储一个项目内容，当再次复制或剪切新项目内容时，新的项目会替换旧的项目，而 Office 的剪贴板则最多可以同时存储 24 个文档项目。Office 剪贴板的使用方法如下：

（1）打开 Office 剪贴板任务窗格。要先启动 Office 剪贴板任务窗格，才能同时保存多个文档项目，否则也只能保存最近一个文档项目。操作方法如下：

单击【开始】→【剪贴板】组→【剪贴板】 ![图标]，打开如图 3-1-17 所示的【剪贴板】任务窗格。

（2）使用 Office 剪贴板粘贴文档项目。每次进行复制或剪切后，都会在 Office 剪贴板的顶部添加新项目，剪贴板内达到 24 个项目之后，若再添加另一个项目会使最后一项消失。当需要在目标位置进行某个项目的粘贴时，直接单击剪贴板中的某个文档项目即可。

3.1.5 任务实现

【实例 3-1-1】新建与保存文档。

启动 Word 2010，新建一个空白主文档，以文件名"实例 3-1-1.docx"保存文档，并在文档中录入如图 3-1-18 所示的内容。

（1）启动 Word 2010，新建一个空白主文档，单击【快速访问工具栏】→【保存】💾，在弹出的对话框中确定保存位置，并以文件名"实例 3-1-1.docx"保存文档。

（2）在文档窗口输入文档标题"2018 年俄罗斯世界杯"，按【Enter】键进行分段，继续输入其他中英文内容，最后保存文件。

> 2018 年俄罗斯世界杯
> 俄罗斯世界杯（英语：2018·FIFA·World·Cup，俄语：）是国际足联世界杯足球赛举办的第 21 届赛事。比赛于 2018 年 6 月 14 日至 7 月 15 日在俄罗斯举行，这是世界杯首次在俄罗斯境内举行，亦是世界杯首次在东欧国家举行。本届赛事共有来自 5 大洲足联的 32 只球队参赛，除东道主俄罗斯队自动获得参赛资格以外，其余来自五个大洲足球联合会的 31 只球队通过各大洲足联举办的预选赛事获得参赛资格。其中，巴拿马队、冰岛队为队史上首次晋级世界杯决赛圈。以下为最终的抽签分组情况。
> A 组：俄罗斯,沙特阿拉伯,埃及,乌拉圭。
> B 组：葡萄牙,西班牙,摩洛哥,伊朗。
> C 组：法国,澳大利亚,秘鲁,丹麦。
> D 组：阿根廷,冰岛,克罗地亚,尼日利亚。
> E 组：巴西,瑞士,哥斯达黎加,塞尔维亚。
> F 组：德国,墨西哥,瑞典,韩国。
> G 组：比利时,巴拿马,突尼斯,英格兰。
> H 组：波兰,塞内加尔,哥伦比亚,日本。

【实例 3-1-2】复制和移动文档内容。

文档"国际足联世界杯.docx"是在 Internet 网络中，通过百度搜索"世界杯"主题查找到的关于世界杯的百度百科内容，将其中第一、二段内容复制到文档"实例 3-1-2.docx"中，作为该文档的为第一、二段。

（1）打开"国际足联世界杯.docx"，选择其中第一、二段内容，单击【开始】→【剪贴板】组→【复制】。

（2）打开"实例 3-1-2.docx"，定位到的第一段前，单击【开始】→【剪贴板】组→【粘贴】，将选定内容复制到文档中，最后保存文档。

【实例 3-1-3】输入特殊符号。

在文档的标题前后分别输入符号"☆"，把第一段的内容"（FIFA World Cup）"修改为"【FIFA World Cup】"，把第二段的内容"生命之杯"修改为"『生命之杯』"。

（1）打开"实例 3-1-3.docx"，定位到需要插入特殊符号的位置，单击【插入】→【符号】组→【符号】，在打开的【插入符号】列表中，找到需要插入的"【""】"等符号，用鼠标点击完成插入。

（2）对于在【插入符号】列表中没有的"☆、『、』"等符号，选择其中的【其他符号】命令，打开"符号"对话框，然后在对话框【符号】选项卡的【子集】中选择"其他符号"，再从下拉列表中选择这些符号，单击【插入】按钮进行插入操作，最后点击【关闭】关闭对话框。

（3）也可以通过鼠标右键单击输入法图标中的软键盘图标，打开对应的软键盘，再插入需要的特殊符号。

任务 3.2   设置文档格式

在编辑 Word 2010 文档时，用户可以根据需要对文档进行格式设置，使文档更加美观大方，吸引读者。文档的格式设置包括字体格式、段落格式、边框底纹格式、项目符号编号格式以及特殊字符格式等。

3.2.1   任务描述

小李想把前面建立的文档搞得漂亮一点，决定学习怎么使用 Word 2010 来对文档进行格式设置。任务需要对文档进行字符格式、段落格式、边框底纹格式、项目符号和编号以及其他特殊格式的设置，完成后效果如图 3-2-1 所示。此外，还需要学习格式复制的方法、建立和应用样式的方法以及对文档进行查找、替换的方法。对文档的格式设置包括：

（1）设置文档的字符格式、字符间距和字符位置。

（2）设置文档段落的对齐方式、缩进和段落间距格式。

（3）设置文档的文本效果。

（4）设置文档段落和字符的边框、底纹格式。

（5）设置文档首字下沉效果。

（6）设置文档项目符号。

图 3-2-1   文档格式设置后效果

3.2.2 设置字符格式

3.2.2.1 字符格式的设置方式

字符格式包括字体、字形、字号、颜色、字符间距等。要设置字符格式，首先要选择字符，然后可以采用以下三种常用方式进行设置：

1. 使用"字体"对话框进行设置

单击【开始】→【字体】组→右下角按钮 ，打开"字体"对话框，"字体"对话框中包含如图 3-2-2 (a)、(b) 所示的【字体】和【高级】两个选项卡。

在【字体】选项卡中可以设置中文字体、西文字体、字形、字号、字体颜色、下划线、效果等，在【高级】选项卡中则可以对字符的缩放、间距、位置等进行高级设置。

(a)【字体】选项卡   (b)【高级】选项卡

图 3-2-2 "字体"对话框

2. 使用功能区进行设置

在【开始】选项卡的【字体】组中，包含了常用的字符格式设置按钮，如图 3-2-3 所示，用户可以使用这些按钮，对字体格式进行快速设置。

图 3-2-3 【字体】功能组

3. 通过"浮动工具栏"进行设置

使用鼠标选定文本后，在选定文本区域附近，会出现半透明显示的"浮动工具栏"，将鼠标移动到半透明工具栏上时，工具栏会清晰显示出来，此时用户即可在该"浮动工具栏"上进行简单的格式设置，"浮动工具栏"如图 3-2-4 所示。

图 3-2-4　浮动工具栏

3.2.2.2　设置字体格式

选定需要设置字体格式的字符后，通常使用如图 3-2-2（a）所示的【字体】选项卡来进行字体格式设置，操作方法如下：

（1）单击【开始】→【字体】组→右下角按钮 ，打开"字体"对话框。

（2）在对话框的【字体】选项卡中，根据需要在【字体】、【字形】、【字号】、【下划线】、【下划线颜色】、【着重号】等各个设置框中进行对应设置，或在【效果】选项区域中通过勾选【删除线】、【上标】、【下标】等选项设置字符效果。

（3）单击【确定】完成设置。

3.2.2.3　设置字符间距

字符间距的设置包括字符的缩放、间距和位置三方面。字符缩放是指字符长、宽比例，字符间距是指字符之间的间隔宽度，字符位置是指字符间的相对水平位置。

选定需要设置字符间距的字符后，通常使用如图 3-2-2（b）所示"字体"对话框中的【高级】选项卡来进行字符间距设置，操作方法如下：

（1）打开"字体"对话框的【高级】选项卡。

（2）在【高级】选项卡的【字符间距】选项区域中，根据需要进行以下操作：

①单击【缩放】框的下拉按钮，在下拉列表中设置字符缩放比例。

②单击【间距】框的下拉按钮，在下拉列表中选择字符"加宽"或"紧缩"，并在右侧的"磅值"中设置间隔宽度。

③单击【位置】框的下拉按钮，在下拉列表中选择字符"提升"或"降低"，并在右侧的"磅值"中设置升降幅度。

（3）单击【确定】完成设置。

3.2.2.4　设置文本效果

Word 2010 增强了文字的格式设置功能，可以为普通文字设置类似艺术字的文本效果，操作方法如下：

（1）选定需要设置文本效果的字符。

（2）单击【开始】→【字体】组→【文本效果】。

（3）在打开的【文本效果】下拉列表中选择需要的效果，或者用鼠标指向【轮廓】、【阴影】、【映像】或【发光】选项，在下一级选项列表中，选择需要的效果，【文本效果】下拉列表及其下一级选项效果列表如图 3-2-5 所示。

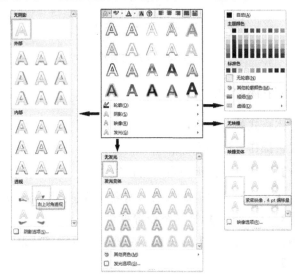

图 3-2-5 【文本效果】下拉列表及其下一级选项效果列表

3.2.3 设置段落格式

文档的段落格式包括段落的对齐方式、段落缩进、段落间距等。

3.2.3.1 段落格式的设置方式

要设置段落格式，首先选定（或将插入点定位到）需要设置格式的段落，然后可以采用以下两种常用方式进行设置：

1. 使用"段落"对话框进行设置

（1）单击【开始】→【段落】组→右下角按钮 ，可以打开如图 3-2-6 所示的"段落"对话框。

图 3-2-6 "段落"对话框

（2）在"段落"对话框的【缩进和间距】选项卡中可以设置段落对齐方式、大纲级别、缩进和间距等格式；在【换行和分页】选项卡中可以对分页时的段落格式进行设置，如：孤行控制、段中不分页等；在【中文版式】选项卡中可以设置段落的某些中文版式，如标点溢出、调整中英文间距、文本行的垂直方式等。

2. 使用功能区进行设置

在【开始】选项卡的【段落】组中，包含了常用的段落格式设置按钮，如图 3-2-7 所示，用户可以使用这些按钮，对各种段落格式进行快速设置。

图 3-2-7　【段落】功能组

3.2.3.2　设置段落对齐方式

Word 文档的段落对齐方式有"左对齐""居中对齐""右对齐""两端对齐"及"分散对齐"5 种。用户可以使用"段落"对话框的【缩进和间距】选项卡设置段落对齐方式，操作方法如下：

（1）选定（或将插入点定位到）需要设置对齐方式的段落，打开"段落"对话框。

（2）在对话框【缩进和间距】选项卡的【常规】选项区域中，单击【对齐方式】框的【下拉列表】按钮 ▼ ，在下拉列表中选择需要的对齐方式。

（3）单击【确定】完成设置。用户也可以在【开始】功能区的【段落】组中，直接单击需要的对齐方式按钮设置对齐方式。

3.2.3.3　设置段落缩进

段落缩进是指将段落相对左右页边距向页内缩进一段距离。段落缩进可以使段落条理层次更加清晰，更好地区分不同段落，方便用户阅读。段落缩进分为左缩进、右缩进、首行缩进和悬挂缩进。

用户可以使用"段落"对话框设置段落缩进方式，操作方法如下：

（1）选择需要设置缩进的段落，打开"段落"对话框。

（2）在对话框【缩进和间距】选项卡的【缩进】选项区域中，根据需要进行以下段落缩进设置。

①在【左侧】和【右侧】框中设置缩进量，进行"左缩进"或"右缩进"设置。

②在【特殊格式】选项下单击【下拉列表】按钮 ▼ ，选择"首行缩进"或"悬挂缩进"方式，在右侧的【磅值】框中设置缩进量，进行"首行缩进"或"悬挂缩进"设置。

（3）单击【确定】完成设置。此外，用户也可以利用水平标尺设置段落缩进。在水平标尺上有四个用于设置段落缩进的滑块，分别是首行缩进、悬挂缩进、左缩进和右缩进，如图3-2-8所示。选定要设置缩进的段落后，直接拖动对应的滑块即可对段落缩进进行设置。

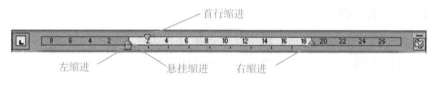

图 3-2-8　水平标尺及段落缩进滑块

3.2.3.4　设置段落间距

段落间距分为段前距、段后距和行距三种。段前距、段后距是指一个段落与其前、后相邻段落之间的距离，段前、段后距决定段落上方或下方的间距量；行距是指段落内各行之间的距离，行距决定段落内各行之间的垂直距离。

使用"段落"对话框设置段落间距的操作方法如下：

（1）选择需要设置间距的段落，打开"段落"对话框。

（2）在对话框内【缩进和间距】选项卡的【间距】选项区域中，设置【段前】、【段后】和【行距】框的间距值。

（3）单击【确定】完成设置。

其中，【行距】下拉列表内所列举的各种行距方式的含义如表3-2-1所示。

表 3-2-1　各种行距方式的含义

行距方式	含　义
单倍行距	将行距设置为本行最大字体的高度加上一小段额外间距额外间距的大小取决于所用的字体
1.5 倍行距	单倍行距的 1.5 倍
2 倍行距	单倍行距的两倍
最小值	适应本行中最大字体或图形所需的最小行距
固定值	按指定值固定行距（以磅为单位），系统不能进行自动调整
多倍行距	单倍行距的若干倍，用数字表示的倍数在"设置值"数值框中设定。如将行距设置为 2.25 会使间距变为单倍行距的 225%

用户也可以使用功能区按钮快速设置段落间距，单击【段落】组→【行和段落间距】，打开如图3-2-9所示的下拉列表，在下拉列表中选择需要的行距或增加段前、段后间距即可。

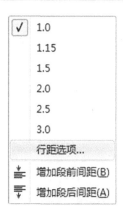

图 3-2-9 【行和段落间距】下拉列表

此外，在【页面布局】→【段落】组中，也可以设置段前、段后间距和段落缩进，【段落】组如图 3-2-10 所示。

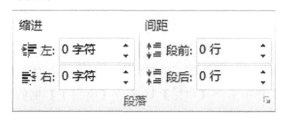

图 3-2-10 【页面布局】选项卡的【段落】功能组

说明：

在进行各种格式设置时，经常会涉及"度量单位"问题，"度量单位"就是度量某个值的大小的单位。在 Word 2010 中可以使用的"度量单位"有：英寸、厘米、毫米、磅、行、字符、十二点活字等。若某设置项中默认的度量单位不是用户需要的单位，用户可以通过直接输入"数值＋度量单位"的方式来完成设置。

3.2.4 设置边框底纹

为文档中某些重要的文本或段落增设边框和底纹，能使这些内容更引人注目，外观效果更加美观，更能起到突出和强调的显示效果。

3.2.4.1 设置边框

设置文本或段落边框的操作方法如下：

(1) 选定需要设置边框的文本或段落。

(2) 单击【开始】→【段落】组→【下框线】按钮 ⊞ ▾ 右侧的【下拉列表】按钮 ▾ ，在下拉列表中选择【边框和底纹】命令，打开如图 3-2-11 (a) 所示的"边框和底纹"对话框的【边框】选项卡（注意：当选择了一次【边框和底纹】命令后，系统会将【段落】组的【下框线】按钮 ⊞ ▾ 自动替换为【边框和底纹】按钮 ▢ ▾ ，选择其他命令也会替换为相应按钮）。

（3）单击【边框】选项卡→【预览】区域→【应用于】框的下拉按钮，选择边框的应用范围"文字"或"段落"。

（4）先设定边框的【样式】、【颜色】和【宽度】，再在【设置】选项区域中设置【方框】、【阴影】、【三维】或【自定义】等边框效果，或直接在【预览】区域点击 、 、 、 等按钮选择边框位置。

（5）单击【确定】完成设置。

3.2.4.2 设置底纹

文本或段落的底纹包括"填充底纹"和"图案底纹"两个类型。"填充底纹"是文本或段落区域的填充颜色，"图案底纹"是在填充颜色的基础上附加的图案"样式"和"颜色"。

设置文本或段落底纹的操作方法如下：

（1）选定需要设置底纹的文本或段落。

（2）打开"边框和底纹"对话框，选择如图 3-2-11（b）所示的【底纹】选项卡。

（3）单击【底纹】选项卡→【预览】区域→【应用于】框的下拉按钮，选择底纹的应用范围"文字"或"段落"。

（4）根据需要设置【填充底纹】的颜色和【图案底纹】的样式、颜色。

（5）单击【确定】完成设置。

（a）【边框】选项卡

（b）【底纹】选项卡

图 3-2-11 【边框和底纹】对话框

3.2.5 设置项目符号和编号

在 Word 2010 文档中，可以给段落添加项目符号、编号或多级列表，使得段落之间达到"重点突出、层次分明、条理清晰"的效果，便于读者的阅读和理解。

添加项目符号或编号时，用户可以使用预设的项目符号或编号，也可以自定义项目符号或编号。

3.2.5.1　添加项目符号

添加项目符号的操作方法如下：

（1）选定需要添加项目符号的若干段落。

（2）单击【开始】→【段落】组→【项目符号】按钮 的下拉按钮 ，打开如图 3-2-12（a）所示的【项目符号】下拉列表（若直接单击【项目符号】 ，则直接使用当前默认的项目符号）。

（3）若下拉列表的【项目符号库】中有用户需要的符号，可直接选择添加，如图 3-2-13（a）所示。

（4）若【项目符号库】中没有用户需要的符号，可以单击【定义新项目符号】命令，在打开的如图 3-2-12（b）所示的"定义新项目符号"对话框中单击【符号】和【字体】按钮，自定义所需的符号及设置符号格式，或单击【图片】按钮，选择所需的图片，在【对齐方式】框中设置对齐方式，最后单击【确定】完成自定义项目符号的添加。

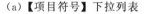

（a）【项目符号】下拉列表　　　　　（b）"定义新项目符号"对话框

图 3-2-12　【项目符号】下拉列表及"定义新项目符号"对话框

3.2.5.2　添加编号

添加编号的操作方法如下：

（1）选定需要添加编号的若干段落。

（2）单击【开始】→【段落】组→【编号】按钮 的下拉按钮 ，打开如图 3-2-13（a）所示的【编号】下拉列表（若直接单击【编号】 ，则直接使用当前默认的编号）。

（3）若在下拉列表的【编号库】中存在用户需要的编号，可直接选择添加，如图 3-2-13（a）所示。

（4）若【编号库】中没有用户需要的编号，可以单击【定义新编号格式】命令，在打开的如图 3-2-13（b）所示的"定义新编号格式"对话框中选择编号样式，如"一、二、三（简）…"，在【编号格式】框中输入除编号外的其他字符，如"【""】""。"等，设置好【编号格式】和【对齐方式】，最后单击【确定】完成自定义编号的添加。

（a）【编号】下拉列表　　　　（b）【定义新编号格式】对话框

图 3-2-13　【编号】下拉列表及【定义新编号格式】对话框

此外，在文档中还可以根据需要设置多级列表编号，操作方法在此不再详述。

3.2.6　设置其他特殊格式

在 Word 2010 中，还可以进行一些特殊文档格式的设置，包括"首字下沉""拼音指南"和"中文版式"等设置的。

3.2.6.1　设置首字下沉

当用户希望强调某一段落或强调出现在段落开头的关键词时，可以给段落设置首字下沉效果。给段落设置首字下沉效果是把段落的第一个字符放大，达到突出重点、引起重视的目的。首字下沉效果包括"首字下沉"和"首字悬挂"两种。

设置首字下沉效果的操作方法如下：

（1）选择需要设置首字下沉效果的段落（或者将插入点定位到该段落中）。

（2）单击【插入】→【文本】组→【首字下沉】 ，打开如图 3-2-14（a）所示的下拉列表。

（3）在【首字下沉】下拉列表中根据需要选择【下沉】或【悬挂】命令，即可获得对应的首字下沉效果。

（4）若需要对首字下沉文字的"字体"和"下沉行数"等选项进行更详细的设置，则可以在【首字下沉】下拉列表中选择【首字下沉选项】命令，打开如图 3-2-14（b）所示的"首字下沉"对话框，在对话框中对【位置】、【字体】和【下沉行数】等选项进行设置。

（a）【首字下沉】下拉列表　　　　（b）"首字下沉"对话框

图 3-2-14　【首字下沉】下拉列表及"首字下沉"对话框

3.2.6.2　设置拼音指南

利用"拼音指南"功能，可以为文档中选中的汉字添加拼音，以明确文字的发音，添加的拼音显示在文字的上方，并且有声调符号。拼音指南还可以当作字典使用，当用户遇上不认识的汉字时，可以使用拼音指南标出汉字的读音。

给汉字添加拼音的操作方法如下：

（1）选择需要添加拼音的汉字。

（2）单击【开始】→【字体】组→【拼音指南】![变]，打开如图 3-2-15 所示的"拼音指南"对话框。

（3）在对话框中需要添加拼音的文字会被系统添加上各自的拼音，此时按需要设置好拼音的对齐方式、字体和字号等选项，最后单击【确定】完成添加拼音。

图 3-2-15　"拼音指南"对话框

3.2.6.3 设置中文版式

"中文版式"设置包含了专门针对中国人对文档编辑需要的"纵横混排""合并字符"和"双行合一"等设置。

纵横混排是指文档中的文字有的纵向排列，有的横向排列。例如，在文字纵向排版时，一般数字也会向左旋转，这不符合一般人的阅读习惯，此时使用纵横混排功能，就可以让数字正常显示。纵横混排效果如图 3-2-16 (b) 所示。

合并字符是指将选定的多个字符（最多 6 个）合并成一个字符，合并后的字符分上下两行排放，占用一个字符的空间，作为一个字符看待，用户不能对合并的字符继续编辑，合并字符效果如图 3-2-16 (c) 所示。

双行合一是将选定的文字分上、下两行并为一行显示。与合并字符不同的是，对文本进行双行合一后，还可以对这些文字进行编辑。例如，将插入点定位于其间，可以在其中进行插入、删除字符操作，或者选定其中的字符后，可以进行格式设置等操作，双行合一效果如图 3-2-16 (d) 所示。

设置中文版式的操作方法如下：

(1) 选择需要设置中文版式的文字。

(2) 单击【开始】→【段落】组→【中文版式】 ，打开如图 3-2-16 (a) 所示的【中文版式】下拉列表。

(3) 在下拉列表中选择需要的中文版式命令，打开对应的对话框，在对话框中进行相应设置，最后单击【确定】完成设置。

（a）【中文版式】下拉列表

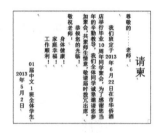

（b）纵横混排

（c）合并字符

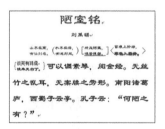

（d）双行合一

图 3-2-16 【中文版式】下拉列表及各种"中文版式"效果

3.2.7   查找与替换

在编辑 Word 2010 文档时，往往需要对文档进行修订和更改，利用 Word 2010 提供的"查找与替换"功能，可以快速在文档中查找和替换特定的文本、格式、分段符、分页符以及其他特殊字符项目，大大简化了文档的修订和更改过程。

查找功能可以实现从文档中查找所需的字符或格式，替换功能不但可以替换文本内容，还可以进行格式替换和特殊符号的替换。

3.2.7.1   查找文本

查找文本可以使用"导航"窗格或"查找和替换"对话框进行。

（1）"导航"窗格是 Word 2010 的新增功能，通过导航窗格可以查找文档结构，也可以执行文本查找操作，快速搜索特定单词或短语出现的所有位置。操作方法如下：

①单击【开始】→【编辑】组→【查找】 **查找**，打开【导航】窗格。

②在【导航】窗格的【搜索文档】框中，输入要查找的文本，系统自动将所有搜索到的查找内容突出显示，此时即可进行查看或其他操作。

（2）使用"查找和替换"对话框进行查找时，可以查找更复杂的内容和格式，操作方法如下：

①单击【开始】→【编辑】组→【查找】按钮 **查找** 的下拉按钮，在打开的下拉列表中选择【高级查找】命令，打开如图 3-2-17 所示的"查找和替换"对话框的【查找】选项卡。

②此时即可在对话框的【查找内容】框中输入查找的内容，或单击下面的【更多】扩展选项卡，设定【搜索选项】，或单击【特殊格式】设置查找的特殊格式，进行高级查找。

(a)【查找】选项卡   (b) 扩展的【查找】选项卡

图 3-2-17   【查找】选项卡和扩展的【查找】选项卡

3.2.7.2   查找替换文本

利用【开始】→【编辑】组→【替换】 **替换** 可以进行简单查找替换、高级查找替换和特殊字符查找替换操作。

1. 简单替换

简单替换通常指对一般文本内容的替换，即将某一文本内容替换为另一内容，操作方法如下：

（1）选定替换范围（整个文档或选定范围），打开如图 3-2-18（a）所示的【替换】选项卡。

（2）在【查找内容】框中输入查找的内容，在【替换为】框中输入替换的内容。

（3）单击【替换】按钮进行手动替换或单击【全部替换】按钮进行全部替换，手动替换时对于不想替换的可按【查找下一处】按钮跳过。

2. 高级替换

高级替换是指包含字符、段落格式和其他格式的查找和替换。进行高级替换时，在【查找内容】框和【替换内容】框中除了内容外，还可以设定格式，操作方法如下：

（1）选定替换范围（整个文档或选定范围），打开如图 3-2-18（b）所示的扩展的【替换】选项卡。

（2）在【查找内容】框中输入查找的内容，单击【格式】，设置【查找内容】的格式（若只是查找格式，不需要输入【查找内容】）。

（3）在【替换为】框中输入替换的内容，单击【格式】，设置【替换为】的格式（对查找内容进行格式替换时，【替换为】内容可以省略）。

（4）单击【替换】进行手动替换或单击【全部替换】进行全部替换。

在高级替换时，若查找与替换的内容相同，则无需设置替换的内容，只需要设置替换的格式即可。

（a）【替换】选项卡

（b）扩展的【替换】选项卡

图 3-2-18　【替换】选项卡和扩展的【替换】选项卡

说明：

完成包含格式的替换后，在【查找内容】框和【替换为】框中设定的格式会保留，此时可以定位到【查找内容】框和【替换为】框中，单击【不限定格式】按钮取消设置的格式，以免影响下一次的替换操作。

3. 特殊格式替换

除了可以进行普通文字内容和格式的替换外，还可以进行"特殊格式"字符的查找和替换。"特殊格式"字符是指制表符、段落标记、人工换行符（软回车）、不间断空格、空白区域、任意数字和任意字母等。特殊格式替换的操作方法如下：

（1）选定替换范围（整个文档或选定范围），打开扩展的【替换】选项卡。

（2）将插入点定位到【查找内容】框或【替换为】框中，单击【特殊格式】，打开如图 3-2-19（a）、（b）所示的下拉列表，设定需要查找或替换的特殊格式符号。

（3）单击【替换】进行手动替换或单击【全部替换】进行全部替换。

如图 3-2-19（c）所示为利用特殊替换，将所有文档中全部数字替换为"四号、加粗、倾斜、红色"格式的设置示例。

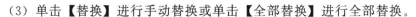

（a）用于查找　　　（b）用于替换　　　　　　（c）特殊符号替换示例

图 3-2-19　可用于查找和替换的特殊符号和替换示例

说明：

进行替换操作的关键是对【替换】选项卡【查找内容】框和【替换为】框的设置，根据替换的需要设定"内容"或"格式"，设定"内容"就是在对应文本框内输入特定的单词、词组或短语，设定"格式"需要单击【格式】按钮，然后在打开的列表中选择设定字体、段落或其他各种格式。

3.2.8　复制和应用格式

在 Word 2010 中，用户可以使用格式刷、样式等工具，快速方便地将已有的格式复制或应用到其他文本或段落中。

3.2.8.1 使用格式刷复制文本格式

在文档编辑时，用户可以借助"格式刷"工具，将文档中已有的文本格式复制到文档的其他地方，减少重复设置相同格式的工作，提高工作效率。选择不同的操作方法，可以复制文本对象的不同格式，如字符格式、段落格式或所有格式。

1. 复制文本的字符格式

利用格式刷可以单独将被复制格式文本的字符格式复制到目标文本中，文本的字符格式包括：文字的字体、字形、字号、颜色、效果、字符间距和字符的边框、底纹等字符方面的格式，操作方法如下：

（1）选定被复制格式文本的文本块（也可以直接将插入点定位在文本块中）。

（2）单击【开始】→【剪贴板】组→【格式刷】 格式刷 ，鼠标变成刷子形状 。

（3）按住鼠标左键，拖动鼠标选择需要复制字符格式的字符后，放开鼠标左键。

2. 复制文本的段落格式

利用格式刷还可以单独将被复制格式文本的段落格式复制到目标段落中，文本的段落格式包括：段落的对齐方式、缩进、段间距、行间距和段落的边框、底纹等段落方面的格式，操作方法如下：

（1）选定被复制格式段落的段落标记"↵"。

（2）单击【开始】→【剪贴板】组→【格式刷】 格式刷 ，鼠标箭头变成刷子形状 。

（3）按住鼠标左键，拖动鼠标选择需要复制格式段落的段落标志"↵"，放开鼠标左键。

3. 复制文本的全部格式

如果希望利用格式刷将被复制格式文本的全部格式（包括字符和段落两方面的格式）复制到目标段落中，操作方法如下：

（1）选定将被复制全部格式的整个段落（含段落标记"↵"），或者将插入点置于将被复制格式的段落中。

（2）单击【开始】→【剪贴板】组→【格式刷】 格式刷 ，鼠标箭头变成刷子形状 。

（3）按住鼠标左键，拖动鼠标选择需要复制格式的若干段落（含段落标记"↵"），放开鼠标左键。

说明：

在复制各种格式时，单击【格式刷】按钮，只能复制一次格式；双击【格式刷】按钮，则可以连续复制多次格式，直到再次单击【格式刷】按钮取消"格式刷"状态为止。

3.2.8.2　应用样式设置文本格式

在 Word 2010 中内置了很多预设样式，如正文、标题 1、标题 2、超链接、列表、目录 1 等，用户通过在样式库中进行选择应用，就可以快速完成文档的格式设定，另外用户还可以根据需要自己创建、删除和修改样式。

1. 样式的概念

"样式"是以样式名命名和存储的应用于文本的一系列格式特征的集合，其中包括了字符格式、段落格式、边框及底纹格式等多方面的格式。样式是文档排版的核心，利用样式可以极大地提高工作效率，节省设定各类文档格式所需的时间，达到快速制作各种类型文档的目的，同时可以确保文档风格的一致性。

Word 2010 的样式包含多种类型，对于普通文档来说，常用的样式种类包含"字符样式 **a**""段落样式 **↵**""链接段落和字符样式 **↵a**""列表样式 **▤**"以及"表格样式 **⊞**"等，其中：

"字符样式"以 **a** 为标记，包含可应用于字符的各种格式，如字体、字形、字号、颜色、下划线、字符的边框和底纹等格式，字符样式不包括会影响段落的格式，如对齐方式、缩进、间距、段落的边框和底纹等。

"段落样式"以 **↵** 为标记，包括控制段落外观的所有格式，如段落的对齐方式、缩进、间距、段落的边框和底纹等格式，同时它还可以包含字符样式的一切格式。

"链接段落和字符样式"以 **↵a** 为标记，可作为字符样式或段落样式应用，取决于选择的内容。当选择对段落应用一个链接段落和字符样式时，则该样式会作为一个段落样式应用。当选择对一个单词或短语应用链接段落和字符样式时，该样式将作为字符样式应用，不会影响总体段落。

2. 应用预设样式

用户应用预设样式格式化文档的操作方法如下：

（1）选择需要应用样式的对象（文本或段落）。

（2）在【开始】→【样式】组中，点击【其他】 **▾**，展开如图 3-2-20 所示的快速样式库下拉列表，根据需要选择对应的样式即可。若需要在更多的样式中进行选择或查看有关样式的详细信息，可单击【样式】功能组右下角的对话框启动按钮 **▫**，启动如图 3-2-21 所示的"样式"任务窗格（对话框），在【样式】任务窗格中就可以选择应用更多的样式和查看样式的详细信息。

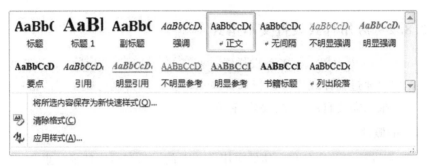

图 3-2-20　快速样式库下拉列表

图 3-2-21　"样式"任务窗格

3. 创建新样式

在 Word 2010 中虽然预设了一些样式，但不一定能满足用户的需要，当用户需要在文档中应用更多的样式时，可以自己动手创建新的样式，然后保存在样式库中。创建新样式的操作方法如下：

（1）单击【开始】→【样式】组→右下角按钮，启动如图 3-2-21 所示的"样式"任务窗格。

（2）在"样式"任务窗格中，单击【新建样式】按钮，打开如图 3-2-22 所示的"根据格式设置创建新样式"对话框。

图 3-2-22　"根据格式设置创建新样式"对话框

　　（3）在对话框的【名称】文本框中输入新建样式的名称，在【样式类型】下拉列表框中选择新建样式的类型，在【格式】选项区域中设置相关的字符或段落格式（若需要设置更复杂的格式，可单击对话框左下角的【格式】 格式(O)▾ ，选择打开各种格式对话框进行对应格式设置）。

　　（4）在对话框下部进行【添加到快速样式列表】、【自动更新】、【仅限此文档】或【基于该模板的新文档】等项目设置，最后单击【确定】即可完成新建样式，这样在快速样式库中就可以看到新建的样式。

　　此外，用户还可以直接将文档中已经设置好格式的字符或段落的格式保存成新样式。选定已设置好格式的文本，在快速样式库下拉列表中选择【将所选内容保存为新快速样式】命令，再进行相关设置即可。

4. 修改、删除样式

　　用户可以对系统预设样式和新建样式进行修改，操作方法如下：

　　（1）在"样式"任务窗格中找到需要修改的样式，鼠标单击需要修改样式右侧的【下拉列表】按钮 ，打开如图 3-2-23 所示的下拉列表。

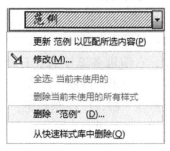

图 3-2-23　【样式】下拉列表

（2）在下拉列表中选择【修改】命令，打开"修改样式"对话框，在对话框中按需要对相关格式进行修改，单击【确定】即可。

用户可以删除不需要的自定义样式（不能删除系统预设样式），在"样式"任务窗格找到需要删除的自定义样式，打开如图 3-2-23 所示的下拉列表，选择"删除'某某样式'"命令即可（倒数第二行），此时文档中所有应用了该自定义样式的文本将变为正文样式。

3.2.8.3　应用文档主题设置文本格式

文档主题是一组格式选项，包括主题颜色、主题字体（包括标题字体和正文字体）和主题效果（包括线条和填充效果）。在 Office 中提供了许多预设的文档主题，可在各种 Office 程序之间共享，应用文档主题可以更改文档的总体设计，使所有 Office 文档都具有专业、统一的外观。

用户可以通过应用文档主题更改整个文档的总体外观，也可以选择给文档更改或新建主题颜色、主题字体和主题效果，还可以将修改后的文档主题保存为自定义主题，操作方法在此不再一一详述。

3.2.9　任务实现

【实例 3-2-1】设置字符格式。

设置文档标题"☆2018 年俄罗斯世界杯☆"的字符格式为：华文行楷、加粗、一号；正文全部文字的字体为：宋体、小四；第一段字体颜色为：绿色；第四至十一段字体为：蓝色、加粗；设置第二段中的文字"『生命之杯』"的字符间距加宽 3 磅，并将字符位置提升 5 磅。

（1）打开"实例 3-2-1.docx"，选定标题"☆2018 年俄罗斯世界杯☆"，单击【开始】→【字体】组→右下角按钮 ，打开"字体"对话框，在【字体】选项卡中，按要求设置标题的字体、字号、字形，按【确定】关闭对话框。

（2）选定其他文字项目，按要求进行对应字符格式的设置。

（3）选定第二段中的文字"『生命之杯』"，打开"字体"对话框，在【高级】选项卡中，点击【字符间距】→【间距】→设置【加宽】3 磅，再点击【字符间距】→【位置】→设置【提升】5 磅，按【确定】关闭对话框。

【实例 3-2-2】设置段落格式。

设置文档的标题居中对齐；正文全部段落首行缩进 2 个字符；设置第一段：左、右缩进各 2 字符，行距 20 磅固定值；设置第二段：左、右缩进各 1.5 厘米，段前、段后距各 0.5 行；设置第四至十一段：段前、段后间距各 6 磅，1.25 倍行距。

（1）打开"实例 3-2-2.docx"，选定或定位到标题，单击【开始】→【段落】组→【居中】。

（2）选定全部正文，单击【开始】→【段落】组→右下角按钮 ▣，打开"段落"对话框，在【缩进和间距】选项卡中，点击【缩进】→【特殊格式】→设置【首行缩进】2 字符，按【确定】关闭对话框。

（3）选定第一段，打开"段落"对话框，在【缩进和间距】选项卡中，点击【缩进】→设置【左侧】2 字符和设置【右侧】2 字符，再点击【间距】→【行距】→设置【固定值】20 磅，按【确定】关闭对话框。

（4）选定第二段，打开"段落"对话框，在【缩进和间距】选项卡中，点击【缩进】→设置【左侧】1.5 厘米和设置【右侧】1.5 厘米，再点击【间距】→设置【段前】0.5 行和设置【段后】0.5 行，按【确定】关闭对话框。

（5）使用上面同样的方法，设置第四至十一段的段前、段后间距和行距。

【实例 3-2-3】设置文本效果。

给文档的标题"☆2018 年俄罗斯世界杯☆"添加文本效果中的"填充'红色'，强调文字'颜色 2'，双轮廓-强调文字'颜色 2'"效果；为正文第一段文字添加文本效果"发光变体"中的"橙色，8pt 发光，强调文字颜色 6"效果。

（1）打开"实例 3-2-3.docx"，选定标题文字"☆2018 年俄罗斯世界杯☆"，单击【开始】→【字体】组→【文本效果】 A，选择文本效果中的"填充-红色，强调文字颜色 2，双轮廓-强调文字颜色 2"效果（第 3 行第 5 个）。

（2）选定正文第一段文字，单击【开始】→【字体】组→【文本效果】 A →【发光】→【发光变体】中的"橙色，8pt 发光，强调文字颜色 6"效果（第 2 行第 6 个）。

【实例 3-2-4】设置文档边框底纹格式。

为文档第二段中的文字"『生命之杯』"添加"单实线、浅蓝色、1.5 磅方框"的边框和"红色、浅色下斜线"图案底纹；为第四至十一段添加"单实线、红色、2.25 磅阴影边框"的边框和"黄色填充色、10%红色图案底纹"的底纹。

（1）打开"实例 3-2-4.docx"，选定第二段中的文字"『生命之杯』"，单击【开始】→【段落】组→【下框线】按钮 ▦ 的下拉按钮 ▾ →【边框和底纹】□ 边框和底纹(O)... ，打开"边框和底纹"对话框。

（2）在【边框】选项卡的【样式】框中选择"单实线"、在【颜色】框中选择"浅蓝色"、在【宽度】框中选择"1.5 磅"，单击【设置】框中的【方框】完成边框设置。

（3）在【底纹】选项卡的【图案】选项区域的【样式】框中选择图案样式"浅色下斜线"、在【颜色】框中选择"红色"，完成图案底纹设置，最后单击【确定】关闭对话框。

（4）选定第四至十一段，用同样的方法，完成边框、底纹设置。

【实例 3-2-5】设置首字下沉和项目符号。

为文档的第三段设置首字下沉，字体为隶书、下沉 3 行、距正文 0.2 厘米；为文档第四至十一段添加"➢"式样的项目符号,并将符号格式设置为:红色、加粗、四号。

（1）打开"实例 3-2-5.docx",定位到第三段,单击【插入】→【文本】组→【首字下沉】→【首字下沉选项】,打开"首字下沉"对话框,单击【位置】→【下沉】,在【选项】中设置【字体】"隶书"、【下沉行数】"3"和【距正文】"0.2厘米",按【确定】关闭对话框。

（2）选择文档第四至十一段,单击【开始】→【段落】组→【项目符号】按钮的下拉按钮 ,打开项目符号列表,在【项目符号库】中选择"➢"项目符号。

（3）再次单击【开始】→【段落】组→【项目符号】按钮的下拉按钮 →【定义新项目符号】命令,打开"定义新项目符号"对话框,单击【字体】 字体(F)... ,打开"字体"对话框,在对话框中设置"红色、加粗、四号"格式,按【确定】完成符号的字体格式设置,最后按【确定】关闭对话框,完成定义新项目符号。

任务 3.3 设置文档版面

文档的版面设计是指对文档进行整体修饰,确定文档的外观。文档的版面设计主要包括文档的页面设置、页面效果设置、排版设置以及页眉页脚设置等几个方面。

3.3.1 任务描述

小李完成了文档的格式设置后,还需要对文档进行版面的设置,包括页面设置、页面效果设置、排版设置和页眉页脚设置等,以进一步完善文档,完成版面设置后文档效果如图 3-3-1 所示。对文档的版面设置包括:

（1）给文档进行页面设置;

（2）给文档进行页面颜色设置;

（3）给文档添加页面边框;

（4）将文档进行分页、分栏;

（5）设置文档页眉、页脚和页码。

3.3.2 页面设置

页面设置是文档打印输出之前必备的工作,为了取得更好的打印效果,需要合理设置文档页面,根据需要设置页边距、装订线、纸张大小和纸张方向等。

通常使用"页面设置"对话框来进行各种页面设置,单击【页面布局】→【页面设置】组→右下角按钮 ,即可打开"页面设置"对话框。"页面设置"对

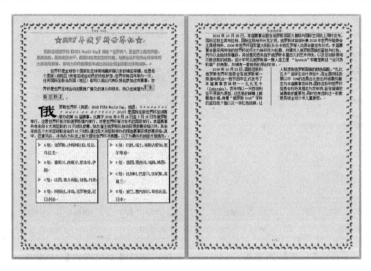

图 3-3-1　文档版面设置效果

话框中包含【页边距】、【纸张】、【版式】和【文档网格】四个选项卡，如图 3-3-2 所示。

1. 页边距设置

在如图 3-3-2（a）所示的【页边距】选项卡中，主要可以进行下列设置：

（1）设置页边距，在【页边距】选项卡的【页边距】区域的【上、下、左、右】框中设定需要的数值，可以设置页面的上、下、左、右页边距。

（2）设置装订线，在【页边距】选项卡的【装订线】框设定装订线宽度，在【装订线位置】框中设置装订线在页面中的位置。

（3）设置纸张方向，在【页边距】选项卡的【纸张方向】区域选择【纵向】或【横向】设置纸张的方向。

（a）【页边距】选项卡

（b）【纸张】选项卡

（c）【版式】选项卡   （d）【文档网格】选项卡

图 3-3-2 "页面设置"对话框

2. 纸张设置

在如图 3-3-2（b）所示的【纸张】选项卡中，主要可以进行下列设置：

（1）设置纸张大小，在【纸张】选项卡的【纸张大小】框选择需要的纸张类型，若需要自定义纸张，可以选择【自定义纸张大小】选项，然后在【宽度】和【高度】框中设置纸张尺寸。

（2）设置纸张来源，在【纸张】选项卡的【纸张来源】区域，可以设置首页和其他页的送纸方式。

3. 版式设置

在如图 3-3-2（c）所示的【版式】选项卡中，主要可以进行下列设置：

（1）设置页眉页脚的布局，在【版式】选项卡的【页眉和页脚】区域中，选择【首页不同】或【奇偶页不同】选项，可以设置页眉页脚的布局情况。

（2）设置页眉和页脚的位置，在【版式】选项卡的【距边界】区域，可以设置页眉和页脚距边界的距离。

（3）设置文字垂直对齐方式，在【版式】选项卡【页面】区域的【垂直对齐方式】框中，可以设置文字相对页面为"顶端对齐"、【居中】或【底端对齐】等垂直对齐方式。

4. 文档网格设置

在如图 3-3-2（d）所示的【文档网格】选项卡中，主要可以进行下列设置：

（1）设置文字方向，在【文档网格】选项卡的【文字排列】区域中，选择【水平】或【垂直】选项，可以设置文字为水平方向排列或垂直方向排列。

（2）设置文档每页的行、列数，在【文档网格】选项卡的【网格】区域设置网格选项后，可以设置文档每页的行数和每行的字符个数。

说明：

在"页面设置"对话框中对各个选项卡进行设置时，凡是涉及应用范围的，都要注意选择"应用于"中的应用范围，包括："整篇文档""插入点之后"和"本节"等应用范围。

此外，在功能区的【页面布局】选项卡中，提供了如图 3-3-3 所示的【页面设置】功能组，用户可以在其中对文字方向、页边距、纸张方向和纸张大小等页面设置项目进行快速设置，在此不做详述。

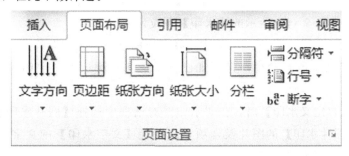

图 3-3-3　【页面布局】选项卡的【页面设置】功能组

3.3.3　页面效果设置

3.3.3.1　设置页面稿纸效果

在 Word 中可以制作方格式、横线式和外框式的页面稿纸效果，操作方法如下：

（1）单击【页面布局】→【稿纸】组→【稿纸设置】，打开"稿纸设置"对话框。

（2）在"稿纸设置"对话框中的【格式】列表中选择稿纸格式，根据需要设置稿纸的行列数、网格颜色和其他的效果选项，最后单击【确定】即可，"稿纸设置"对话框及文档稿纸效果如图 3-3-4 所示。

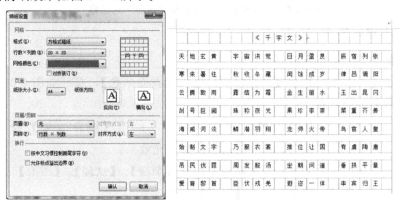

图 3-3-4　"稿纸设置"对话框及文档稿纸效果

3.3.3.2 设置页面背景效果

用户可以给文档设置"水印""页面颜色"和"页面边框"等页面背景效果。

1. 设置水印

设置页面水印的操作方法如下：

（1）单击【页面布局】→【页面背景】组→【水印】，打开如图 3-3-5（a）所示的【水印】下拉列表。

（2）在下拉列表中选择需要的预设"水印"样式，或者单击下拉列表中的【自定义水印】命令，打开如图 3-3-5（b）所示的"水印"对话框，设置"自定义水印"。

（3）设置【自定义水印】时，在"水印"对话框中选择【图片水印】或【文字水印】，再设置【图片水印】的图片及选项，或设置【文字水印】的文字、字体、字号、颜色等选项，单击【确定】完成设置。

（a）【水印】下拉列表　　　　　　　（b）"水印"对话框

图 3-3-5　【水印】下拉列表和"水印"对话框

2. 设置页面颜色

设置页面颜色的操作方法如下：

（1）单击【页面布局】→【页面背景】组→【页面颜色】，打开如图 3-3-6（a）所示【页面颜色】下拉列表。

（2）在下拉列表中选择需要的页面颜色，或单击【填充效果】命令，打开如图 3-3-6（b）所示的"填充效果"对话框设置填充效果。

（3）设置页面填充效果时，根据需要定位到【渐变】、【纹理】、【图案】或【图片】选项卡，选择需要的填充效果，单击【确定】完成设置。

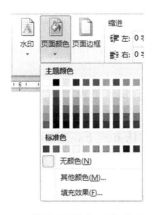 

（a）【页面颜色】下拉列表　　　　　（b）"填充效果"对话框

图 3-3-6　【页面颜色】下拉列表及"填充效果"对话框

3. 设置页面边框

设置页面边框的操作方法如下：

（1）打开如图 3-3-7（a）所示"边框和底纹"对话框的【页面边框】选项卡。

（2）在选项卡中设置页面边框的颜色、宽度、样式及应用范围，单击【确定】完成设置。

若需要在页面某处设置横线，可单击对话框中的【横线】按钮，打开如图 3-3-7（b）所示的"横线"对话框进行相关设置，在此不再详述。

（a）【页面边框】选项卡　　　　　（b）"横线"对话框

图 3-3-7　【页面边框】选项卡及"横线"对话框

3.3.4　设置分页、分节和分栏

在 Word 2010 文档编辑中，特别是对长文档进行版面设计时，经常需要插入分隔符，对正在编辑的文档进行分开或隔离处理。常用的分隔符有三种：分页符、分节符、分栏符。

1. 设置分页、分节

当用户需要将文档从某位置开始另起一页时，可以在该位置插入分页符，将该位置之后的内容强制分到下一页。

"节"是文档格式化的最大单位（或指一种排版格式的范围），分节符是一个"节"的结束符号，存储了"节"的格式设置信息，包括：纸张大小、纸张方向、页边距、文字方向、分栏数、页码、页眉和页脚等格式。默认方式下，Word 将整个文档视为一"节"，故整篇文档的页面设置是相同的。若需要在一页之内或多页之间采用不同的版面布局，只需插入"分节符"将文档分成几"节"，再根据需要设置每"节"的格式即可。

在文档中插入分页或分节符的操作方法如下：

（1）将插入点定位到需要插入分页或分节符的位置。

（2）单击【页面布局】→【页面设置】组→【分隔符】，打开如图 3-3-8 所示的【分隔符】下拉列表，选择需要的分隔符即可。

当需要取消分页或分节时，只需要将插入的分隔符删除即可，操作方法是：在草稿视图方式下，将插入点置于对应"分页符"或"分节符"的虚线上，按【Delete】键。

图 3-3-8　【分隔符】下拉列表

2. 设置分栏

分栏就是将文档中选定的内容纵向分割成相对独立的若干栏，利用分栏排版，可以创建不同风格的文档，既可美化页面，又可方便阅读，分栏排版被广泛地应用于报纸、杂志等刊物的排版中。对文档设置分栏的操作方法如下：

（1）选中文档中需要设置分栏的内容，如果不选中特定文本，则默认为对整篇文档或对当前节全部内容设置分栏。

（2）单击【页面布局】→【页面设置】组→【分栏】，打开如图 3-3-9（a）所示的
【分栏】下拉列表，在【分栏】下拉列表中选择需要的分栏类型。

（3）若【分栏】下拉列表中的分栏类型不符合需要，或希望对分栏进行更详细的
设置，可选择下拉列表的【更多分栏】命令，打开如图 3-3-9（b）所示的"分栏"对
话框进行设置。

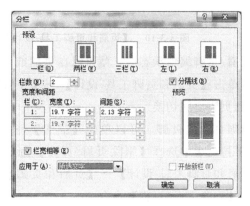

(a)【分栏】下拉列表   (b)"分栏"对话框

图 3-3-9 【分栏】下拉列表及"分栏"对话框

（4）在"分栏"对话框中，用户可以在【栏数】框中设置需要的分栏数，若需要
在各栏之间加上"分隔线"，可以勾选【分隔线】选项，若需要设置各栏的具体宽度或
栏间分隔的宽度，可以取消【栏宽相等】选项，再在"宽度和间距"区域中设置各栏
的【宽度】和【间距】。

若需要取消分栏，只需在【分栏】下拉列表中将文档设置为"一栏"即可。

3.3.5 设置页眉页脚

在文档编辑时，经常需要设置文档的页眉和页脚。页眉和页脚是指位于文档页面
顶部和底部的区域，顶部的区域叫页眉，底部的区域叫页脚。

在页眉和页脚中可以插入文本、图形、页码、页数等内容，这些内容按性质可以
分为静态和动态两类。静态内容是指文本、图形等固定不变的内容，动态内容包含页
码、页数等自动变化的内容，页眉和页脚的内容直接影响文档整体的打印效果。

3.3.5.1 添加页眉或页脚内容

在 Word 中，用户可以给文档直接添加预设的页眉和页脚，也可以添加自定义的内
容，操作方法如下：

（1）单击【插入】→【页眉和页脚】组→【页眉/页脚】，在打开的【页眉/页脚】
下拉列表中，选择预设的页眉/页脚样式，或选择【编辑页眉/页脚】命令，这时 Word
会自动激活如图 3-3-10 所示的【页眉和页脚工具-设计】选项卡，并进入页眉/页脚编
辑状态。

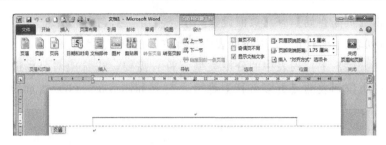

图 3-3-10 【页眉和页脚工具-设计】选项卡

（2）进入页眉/页脚编辑状态后，就可以在页眉或页脚中输入需要的内容，输入过程中，可以通过单击【页眉和页脚工具-设计】→【导航】组→【转至页眉】或【转至页脚】，在页眉和页脚之间切换。

如果需要删除页眉或页脚，可以单击【插入】→【页眉和页脚】组→【页眉/页脚】，在对应的下拉列表中选择【删除页眉/页脚】命令，也可以转入页眉和页脚编辑状态；单击【页眉和页脚工具-设计】→【页眉和页脚】组→【页眉/页脚】，在对应的下拉列表中选择【删除页眉/页脚】命令。

3.3.5.2 插入页码、页数

"页码"表示某页在文档中的顺序编号，"页数"表示文档的总页数。页码和页数属于动态内容，在 Word 中添加的页码和页数会随着文档内容的增减而自动更新。

1. 插入页码、页数

页码可以插入到文档的页面顶端、页面底端、页边距或当前位置中，插入页码的操作方法如下：

（1）单击【插入】→【页眉和页脚】组→【页码】，打开如图 3-3-11 所示的【页码】下拉列表。

（2）在【页码】下拉列表中，选择页码的插入位置和页码的样式即可。若需要插入包含页数的页码，可以选择插入位置下拉列表中的"X/Y"形式的页码，如图 3-3-11 所示。

此外，也可以在页眉/页脚编辑状态下，单击【页眉和页脚工具-设计】→【页眉和页脚】组→【页码】，在打开的下拉列表中选择插入页码。

2. 设置页码格式

页码可以有多种编号格式，若需要更改页码编号格式，操作方法是：单击【页码】下拉列表中的【设置页码格式】命令，打开如图 3-3-12 所示的"页码格式"对话框，在对话框的【编号格式】下拉列表中选择需要的编号格式。

默认状态下，文档的页码都是从"1"开始编号，若需要设置页码的起始页码，从其他数值开始进行编号，可以在对话框【页码编号】区域的【起始页码】框中设定起始页码。

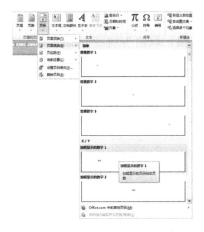

图 3-3-11　【页码】下拉列表　　　　图 3-3-12　"页码格式"对话框

3.3.5.3　设置首页不同、奇偶页不同的页眉和页脚

在文档编辑时，有时需要设置首页不同或奇偶页不同的页眉和页脚，操作方法如下：

（1）进入页眉/页脚编辑状态，激活如图 3-3-10 所示的【页眉和页脚工具-设计】选项卡；

（2）在选项卡的【选项】组中，勾选【首页不同】或【奇偶页不同】复选框；

（3）分别对首页、奇数页或偶数页的页眉和页脚进行设置。

3.3.5.4　分节设置页眉和页脚

在编辑篇幅较长或比较正规的文档时，往往需要给文档的不同部分设置不同的页眉和页脚，好让读者了解当前阅读的内容是哪篇文章或哪一章。例如，在一本书中，希望给书中各章分别设置不同的页眉和页脚，又或者对于一篇毕业论文，希望"论文封面"的页脚不设置页码，"论文目录"的页脚设置 i、ii、iii 格式的页码，"论文正文"的页脚设置 1、2、3 格式的页码等。

在 Word 2010 中，允许每一节有自己的页眉和页脚格式，要完成上面的设置，可以先将文档分节，然后采用分节设置页眉和页脚的方式来实现。

在文档中分节设置页眉和页脚的操作方法如下：

（1）分别将插入点定位在文档中希望分成不同节的内容末尾，插入"下一页"形式的分节符，将文档进行分节。

（2）单击【插入】→【页眉和页脚】组→【页眉/页脚】，在打开的【页眉/页脚】下拉列表中选择【编辑页眉/页脚】命令，进入页眉/页脚编辑状态。

（3）对文档的每一节，根据需要设置页眉、页脚或页码。

（4）单击【导航】组中的 下一节 按钮，转入对文档下一节的设置（也可直接将插入点定位到该节的页脚）。对于当前的节，若需要设置与上一节不同的页眉、页脚或页码，可单击【导航】组中的 链接到前一条页眉 按钮，取消与前一节的链接，接着再对该节进行页眉、页脚或页码的设置，使用同样的方法，完成其余各节的设置即可。

3.3.6 任务实现

【实例 3-3-1】文档页面设置。

对文档进行页面设置，设置整篇文档的纸张为"自定义大小"，宽度 20 厘米，高度 28 厘米，上、下、左、右页边距各 2 厘米，页眉和页脚"距边界："均为 1.5 厘米。

（1）打开"实例 3-3-1.docx"，单击【页面布局】→【页面设置】组→右下角按钮 ，打开"页面设置"对话框，在【纸张】选项卡的【纸张大小】区域中，设置【宽度】和【高度】分别为"20 厘米"和"28 厘米"。

（2）在【页边距】选项卡【页边距】区域【上】、【下】、【左】、【右】框分别设置"2 厘米"。

（3）在【版式】选项卡【页眉和页脚】区域的【距边界】设置【页眉】和【页脚】分别为"1.5 厘米"，单击【确定】完成设置。

【实例 3-3-2】设置页面颜色和页面边框。

给文档设置页面颜色："水绿色，强调文字颜色 5，淡色 60％"，给文档添加" "样式的 20 磅的页面边框。

（1）打开"实例 3-3-2.docx"，单击【页面布局】→【页面背景】组→【页面颜色】，在【主题颜色】中选择"水绿色，强调文字颜色 5，淡色 60％"（第 3 行第 9 列）。

（2）单击【页面布局】→【页面背景】组→【页面边框】，打开"边框和底纹"对话框，在【页面边框】选项卡【艺术型】框下面选择" "样式，再设置上面的【宽度】为"20 磅"，单击【确定】完成设置。

【实例 3-3-3】设置文档分栏。

将文档正文第四至十一段设置为等宽的两栏。在倒数第二段（2014 年 10 月 28 日，……，并附有一套独特的原创字体。）前插入一个分页符，并将正文最后一段（2016 年 10 月 22 日，……被全球少年儿童接受。）设置为两栏，第一栏栏宽 18 字符，第二栏栏宽 20 字符，栏间加分隔线。

（1）打开"实例 3-3-3.docx"，选定正文第四至十一段，单击【页面布局】→【页面设置】组→【分栏】→【两栏】，完成分栏。

（2）将插入点定位到倒数第二段前，单击【页面布局】→【页面设置】组→【分隔符】→【分页符】完成分页。

（3）在正文末尾按【Enter】键，插入一个空行，选定正文最后一段（2016 年 10 月 22 日，……被全球少年儿童接受。），打开"分栏"对话框，在对话框的【预设】区域选择【两栏】，去除【栏宽相等】前选择框的勾选，在【宽度和间距】区域下设置第 1 栏宽度为"18 字符"，第 2 栏宽度为"20 字符"，勾选【分隔线】前的选择框，单击【确定】完成设置。

【实例 3-3-4】设置页眉、页脚和页码。

设置文档奇数页的页眉内容为左对齐的"FIFA 2018"，偶数页的页眉内容为右对齐的"精彩俄罗斯"，页眉文字的字体均为"宋体、加粗、小五号"。在文档页脚中插入居中对齐的"X/Y"样式的"加粗显示的数字"页码。

（1）打开"实例 3-3-4.docx"，单击【插入】→【页眉和页脚】组→【页眉】→【编辑页眉】，转到页眉和页脚编辑状态，并打开【页眉和页脚工具-设计】选项卡。

（2）勾选【页眉和页脚工具-设计】→【选项】组→【奇偶页不同】选项，然后在奇数页页眉中输入"FIFA 2018"，并设置左对齐，在偶数页页眉中输入"精彩俄罗斯"，并设置右对齐，再设置字体格式为"宋体、加粗、小五号"。

（3）分别定位到奇数页和偶数页页脚，单击【页眉和页脚工具-设计】→【页眉和页脚】组→【页码】→【当前位置】→【X/Y】→"加粗显示的数字"页码，完成页码的插入，最后设置居中对齐即可。

任务 3.4　设置文档图文混排

用户可以根据需要在文档中加入各种图形对象，实现图文混排，使文档更加美观、生动、图文并茂。

3.4.1　任务描述

小李完成文档的版面设置后，想在文档中插入一些图片对象，对文档进行图文混排，使文档更加美观、生动、图文并茂。小李需要掌握在文档中插入图片、形状、艺术字和文本框等对象的方法，以及对图形对象进行格式设置的方法，此外还有其他图片工具的使用方法。完成图文混排后文档效果如图 3-4-1 所示，对文档的图文混排设置包括：

（1）在文档中插入剪贴画和图片文件。

（2）对插入的剪贴画和图片进行设置。

（3）在文档中插入艺术字、文本框和形状等图形对象。

（4）对插入的各种图形对象进行设置。

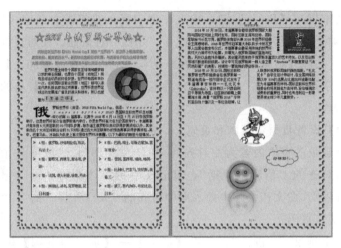

图 3-4-1　图文混排效果

3.4.2　插入图片对象

在 Word 2010 中，用户可以在文档中插入图片，使文档更加生动活泼，提高文档的美观性。在 Word 2010 中插入的图片可以有三种来源：一种是来自 Office 剪辑库中的图片，称为剪贴画；一种是来自外部存储的图片文件，一般是由用户自己采集而来；还有一种是用户在计算机屏幕上直接截取的各种图像、窗口图片。用户还可以对插入的图片对象进行编辑、修改和设置，以达到满意的图片效果。

3.4.2.1　插入剪贴画

Office 2010 提供了一个功能强大的剪辑管理器，其中收藏了大量的剪贴画，另外在 Microsoft Office 联机站点中还包含了更多的剪贴画，用户可以将这些剪贴画插入到文档中，操作方法如下：

（1）定位到需要插入剪贴画的位置，单击【插入】→【插图】组→【剪贴画】，打开如图 3-4-2（a）所示的"剪贴画"任务窗格。

（2）在任务窗格的【搜索文字】框中，输入需要插入剪贴画的搜索关键字，若需要在 Microsoft Office 联机站点中搜索更多的剪贴画，可以选中【包含 Office.com 内容】复选框，然后单击【搜索】按钮进行搜索，在搜索结果列表中找到需要的剪贴画，单击完成插入。

3.4.2.2　插入图片文件

如果需要在文档中插入保存在计算机中的图片文件，操作方法如下：

（1）定位到需要插入图片文件的位置，单击【插入】→【插图】组→【图片】，打开如图 3-4-2（b）所示的"插入图片"对话框。

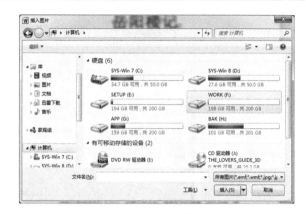

(a)"剪贴画"任务窗格　　　　　　(b)"插入图片"对话框

图 3-4-2　"剪贴画"任务窗格与"插入图片"对话框

（2）在对话框中浏览找到需要的图片文件，选定后按【插入】按钮完成插入。

此外，用户还可以使用 Word 的屏幕截图功能，将屏幕的全屏图像或部分图像插入到文档中，操作方法在此不再详述。

3.4.2.3　设置图片大小

在文档中插入图片对象后，可以对图片对象进行大小设置，设置方法可分为手动设置和精确设置两种。

1. 手动设置图片对象大小

用户可以使用鼠标拖动的方式粗略调整图片大小，操作方法如下：

（1）单击要设置的图片，图片四周会出现 9 个白色的控制点。

（2）将鼠标移动到控制点上时，鼠标指针会变成"$\updownarrow$、$\leftrightarrow$、$\nwarrow$、$\nearrow$"等双箭头形状，按下鼠标左键拖动控制点，将图片拖到合适的高度和宽度。

2. 精确设置图片对象大小

若用户需要精确设置图片大小或显示比例，操作方法如下：

（1）选择要设置的图片，激活如图 3-4-3 所示的【图片工具-格式】选项卡。

图 3-4-3　【图片工具-格式】选项卡

（2）单击【图片工具-格式】→【大小】组→右下角按钮 ，打开如图 3-4-4 所示的"布局"对话框。

图 3-4-4　"布局"对话框的【大小】选项卡

（3）在【大小】选项卡【高度】和【宽度】区域的【绝对值】框中设置图片的高度值和宽度值，或者在【缩放】区域下设置图片的缩放比例，单击【确定】完成设置。

（4）也可以在【图片工具-格式】选项卡的【大小】组中，直接点击【高度】和【宽度】旁的滚动按钮来设置图片的大小。

说明：

在【大小】选项卡中，若【缩放】区域的【锁定纵横比】选项处于选定状态，在调整图片高度或宽度时，图片的宽度或高度会自动按比例改变，若想单独调整图片的高度或宽度，必须取消该选项的选定。

3.4.2.4　裁剪图片

用户可以对插入的图片进行裁剪，除去图片中不需要的部分，或将图片裁剪为某一形状。

1. 裁剪图片大小

对图片大小进行裁剪的操作方法如下：

（1）选择图片，激活【图片工具-格式】选项卡。

（2）单击【图片工具-格式】→【大小】组→【裁剪】 。

（3）图片控制点变为裁剪标记，将鼠标指针移动到裁剪标记按下左键，鼠标指针变成"十"形状，拖动鼠标将图片调整到目标位置，按【Enter】键完成裁剪（或鼠标点击图片外的位置），图 3-4-5 所示为一幅图片裁剪过程示例。

此外，用户还可以右键单击图片，在弹出的快捷菜单中选择【设置图片格式】命令，打开"设置图片格式"对话框，对图片进行精确裁剪。

图 3-4-5　图片裁剪过程示例

2. 裁剪图片形状

将图片裁剪为形状的操作方法如下：

（1）选择图片，激活【图片工具-格式】选项卡。

（2）单击【图片工具-格式】→【大小】组→【裁剪】按钮的下拉按钮，打开【裁剪】下拉列表。

（3）在下拉列表中选择【裁剪为形状】，在打开的列表中选择所需形状，即可完成图片形状裁剪，如图 3-4-6 所示为【裁剪为形状】列表及图片裁剪为形状前、后的效果。

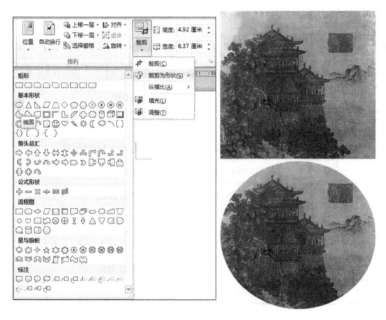

图 3-4-6　【裁剪为形状】列表及图片裁剪为形状前、后的效果

3.4.2.5　设置图片排列效果

设置图片排列效果包括设置图片的文字环绕方式、层叠效果和在文档页面中的位置等。

1. 设置图片的文字环绕方式

设置图片的文字环绕方式可以让文字按照一定的方式环绕图形对象，达到更理想的图文混排效果，操作方法如下：

（1）选择图片，激活【图片工具-格式】选项卡。

（2）单击【图片工具-格式】→【位置】组→【自动换行】，打开如图 3-4-7 所示的【自动换行】下拉列表，在下拉列表中选择需要的环绕方式。

（3）用户也可以单击下拉列表中的【其他布局选项】命令，打开"布局"对话框，在如图 3-4-8 所示的【文字环绕】选项卡中对文字环绕方式进行更详细的设置。

图 3-4-7 【自动换行】下拉列表　　　　　图 3-4-8 【文字环绕】选项卡

图文混排中常见的文字环绕方式及功能如表 3-4-1 所示。

表 3-4-1 文字环绕方式及功能表

环绕方式	功能
嵌入型	图片作为字符插入到文字中间，只能随文字移动而移动
四周型	图片占据一个矩形区域，文字以矩形方式在四周环绕
紧密型	图片占据其轮廓为界的区域，文字在轮廓区域四周紧密环绕
穿越型	与紧密型类似，若图形是空心的，文字可穿过空心区域显示
上下型	图片占据一整块水平区域，文字环绕在图片上方和下方
衬于文字下方	图片作为背景处于文字下方，文字将覆盖图片
浮于文字上方	图片在文字的上方，覆盖图片区域的文字

2. 设置图片的层叠效果

设置图片的层叠效果即设置多张图片的叠放顺序，操作方法如下：

（1）选择需要修改层叠效果的图片，激活【图片工具-格式】选项卡。

（2）单击【图片工具-格式】→【排列】组→【上移一层】 🔲上移一层 或【下移一层】 🔲下移一层 ，将图片上移一层或下移一层。

（3）单击【上移一层】、【下移一层】按钮旁的【下拉列表】按钮的下拉按钮 ▼ ，在打开的下拉列表中，可以选择将图片【置于顶层】或【置于底层】。

3. 设置图片在文档中的位置

用户可以设置图片在文档中的位置，使文档版面更加整齐、合理，操作方法如下：

（1）选择图片，激活【图片工具-格式】选项卡。

（2）单击【图片工具-格式】→【排列】组→【位置】，打开如图 3-4-9 所示的【位置】下拉列表，在下拉列表中选择需要的图片位置即可。

（3）若需要更详细地设置图片在文档中的位置，可以打开如图 3-4-10 所示的"布局"对话框的【位置】选项卡进行设置。

用户也可以利用鼠标拖曳的方式将图片对象直接移动到文档需要的位置，若在拖曳图片时，按住【Ctrl】键不放，还可以将图片对象复制到文档需要的位置。

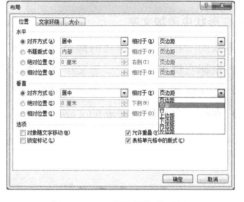

图 3-4-9　【位置】下拉列表　　　　图 3-4-10　【位置】选项卡

利用【图片工具-格式】选项卡，用户还可以进行其他图片格式的设置，如删除图片背景、调整图片亮度和对比度、更改图片颜色、添加图片艺术效果、应用图片样式等等，在此不再详细介绍。

3.4.3　插入形状、艺术字和文本框

3.4.3.1　插入形状对象

用户可以在文档中插入各种形状，包括线条、矩形、基本形状、箭头、流程图符号、星形、旗帜和标注等类型，同时还可以设置形状的格式。

1. 插入形状

在文档中插入绘制形状的操作方法如下：

（1）单击【插入】→【插图】组→【形状】，打开如图 3-4-11 所示的【形状】下拉列表。

（2）在下拉列表中找到需要插入的形状，单击选择绘制，这时鼠标指针变成"十"形态，按下鼠标左键，拖动绘制即可。

2. 设置形状大小、位置和自动换行

在文档中插入形状后，可以根据需要设置形状的大小和位置，使用前面介绍的"设置图片大小"和"设置图片在文档中的位置"的方法，可以对形状的大小和位置进行设置。

对于图文混排中涉及的各种图形对象（图片、形状、文本框、艺术字、SmartArt图形、公式、图表），设置它们的大小、位置和自动换行的操作方法与前面介绍的对图片对象进行操作的方法类似，不再一一叙述。

3. 移动、复制、删除形状

若需要将形状移动到其他地方，只需将鼠标移动到形状上，当鼠标指针变成"✥"形态时，按下左键将形状拖到目标位置即可；在移动形状时，若按住【Ctrl】键进行操作，则可实现形状的复制；若需要删除形状，选定形状后，按【Delete】键即可。

4. 在形状中添加文字

大多数的形状都允许在其内部添加文字和设置文字格式，操作方法如下：

（1）鼠标右键单击需要添加文字的形状，打开快捷菜单。

（2）在快捷菜单中选择【添加文字】命令，形状中出现闪烁的插入点。

（3）在插入点处输入需要的文字，完成输入后，选定文字设置格式即可。

图 3-4-11　【形状】下拉列表

5. 设置形状预设样式

在 Word 2010 中也为形状对象预设了一组美观漂亮的预设样式，通过应用这些预设样式，可以快速地更改形状的外观效果，操作方法如下：

（1）选择需要设置的形状，激活如图 3-4-12 所示的【绘图工具-格式】选项卡。

图 3-4-12　【绘图工具-格式】选项卡

（2）单击【绘图工具-格式】→【形状样式】组→【其他】 ，在展开的列表中选择需要的形状样式即可。

6. 设置形状填充、轮廓和效果

除了给形状设置预设的样式外，用户还可以通过设置形状填充、轮廓和效果，得到满意的形状效果。

设置形状填充、轮廓和效果的操作方法如下：

（1）选定形状，单击【绘图工具-格式】→【形状样式】组→【形状填充】，打开如图 3-4-13（a）所示的【形状填充】下拉列表，在下拉列表中选择填充颜色、图片、渐变或纹理等选项进行形状填充设置。

（2）选定形状，单击【绘图工具-格式】→【形状样式】组→【形状轮廓】，打开如图 3-4-13（b）所示的【形状轮廓】下拉列表，在下拉列表中对形状轮廓的颜色、粗细和虚实进行设置。

（3）选定形状，单击【绘图工具-格式】→【形状样式】组→【形状效果】，打开如图 3-4-13（c）所示的【形状效果】下拉列表，在下拉列表中对形状的阴影、发光和三维旋转等效果进行设置。

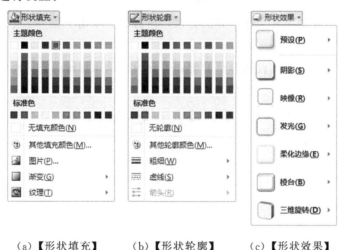

(a)【形状填充】   (b)【形状轮廓】   (c)【形状效果】

图 3-4-13 形状填充、轮廓和效果下拉列表

7. 设置形状的叠放、对齐、组合和旋转

在文档中插入各种形状后，可以设置形状的层叠效果，也可以设置形状之间的对齐方式，还可以对多个形状进行组合操作。

（1）设置形状的叠放效果。设置形状的叠放效果即设置多个形状的叠放顺序。当多个形状层叠在一起时，需要设置形状的层次关系。与设置图片的叠放顺序一样，可以对形状进行"置于顶层""置于底层""上移一层""下移一层""浮于文字上方"和"衬于文字下方"等叠放方式的设置，操作方法可以参照"设置图片的叠放效果"的操作方法。

（2）设置形状的对齐。在文档中插入了多个形状后，若需要对形状按照某种标准进行对齐，可以通过设置形状对齐方式来实现。设置形状对齐方式的操作方法如下：

①选择需要对齐的多个形状。

②单击【绘图工具-格式】→【排列】组→【对齐】 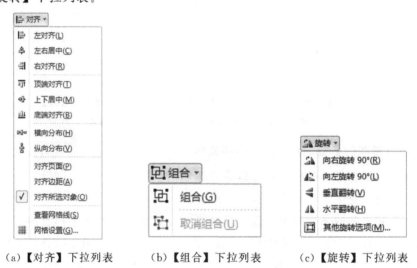 ，打开如图 3-4-14（a）所示的【对齐】下拉列表。

③在下拉列表中选择需要的对齐方式即可。例如，需要将多个形状沿中轴对齐，可以使用"左右居中"方式实现，需要设置多个形状水平间隔相同距离，可以使用"横向分布"方式实现。

（3）设置形状的组合。使用"组合"功能可以将多个形状组合成为一个对象，以便更好地对形状进行整体移动、调整大小等操作，也可以将已经组合的对象"取消组合"，以便对多个形状进行单独处理。组合形状的操作方法如下：

①选择需要组合的多个形状。

②单击【绘图工具-格式】→【排列】组→【组合】 ，打开如图 3-4-14（b）所示的【组合】下拉列表。

③在下拉列表中选择【组合】命令即可。

若需要取消对象的组合，操作方法类似，只需最后单击下拉列表中的【取消组合】命令即可。

（4）设置形状的旋转。设置形状的旋转可分为旋转和翻转两类，操作方法如下：

①选择需要旋转或翻转的形状。

②单击【绘图工具-格式】→【排列】组→【旋转】 ，打开如图 3-4-14（c）所示的【旋转】下拉列表。

（a）【对齐】下拉列表　　　（b）【组合】下拉列表　　　（c）【旋转】下拉列表

图 3-4-14　对齐、组合、旋转下拉列表

③在下拉列表中选择"旋转"或"翻转"的方式即可，还可以单击【其他旋转选项】命令，打开"布局"对话框的【大小】选项卡进行更精确的旋转设置。

此外，还可以对形状进行手动方式的简单旋转，操作方法如下：

①选择需要旋转的形状。

②将鼠标指针指向旋转控制点，当指针变成 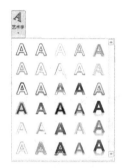 形态时，按下鼠标左键拖动鼠标，将形状顺时针或逆时针旋转到需要角度即可。

3.4.3.2　插入艺术字

艺术字是具有特殊效果的文字，在文档中使用艺术字可以使文档中的文字更加生动活泼、突出文字表达的内容。艺术字可以像普通文字一样设置字体、字形、字号，也可以像图形一样设置旋转、阴影和三维效果。

1. 插入预设样式艺术字

在文档中插入预设样式艺术字的操作方法如下：

（1）单击【插入】→【文本】组→【艺术字】，打开如图 3-4-15 所示的【艺术字样式】下拉列表。

图 3-4-15　艺术字预设样式列表

（2）在列表中选择需要的艺术字样式，文档中出现一个艺术字图文框，将光标定位到框中，输入文字内容即可。

2. 设置艺术字格式

在文档中插入某种预设样式的艺术字后，用户还可以像形状或其他图形对象一样，对艺术字进行进一步的格式化，艺术字的格式化包括艺术字的文本格式和形状格式两方面。

（1）设置艺术字的文本填充、轮廓或效果。设置艺术字的文本填充，就是设置使用纯色或渐变颜色去填充艺术字文本，相当于设置字体颜色；设置艺术字的文本轮廓，就是指定文本轮廓线的颜色、宽度和线型；设置艺术字的文本效果，就是对艺术字文本应用阴影、发光、三维或转换等外观效果。

设置艺术字的文本填充、轮廓或效果的操作方法如下：

①选定艺术字，单击【绘图工具-格式】→【艺术字样式】组→【文本填充】，打开如图 3-4-16（a）所示的【文本填充】下拉列表，在下拉列表中选择文本的填充颜色或填充渐变效果。

②选定艺术字，单击【绘图工具-格式】→【艺术字样式】组→【文本轮廓】，打开

如图 3-4-16（b）所示的【文本轮廓】下拉列表，在下拉列表中选择文本轮廓线的颜色、宽度和线型。

③选定艺术字，单击【绘图工具-格式】→【艺术字样式】组→【文本效果】，打开如图 3-4-16（c）所示的【文本效果】下拉列表，在下拉列表中选择文本需要的阴影、发光、三维或转换等效果。

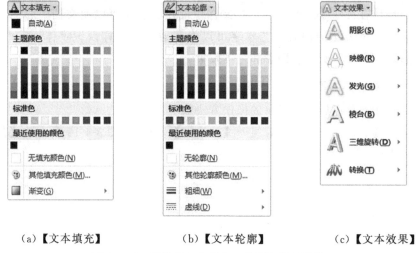

（a）【文本填充】   （b）【文本轮廓】   （c）【文本效果】

图 3-4-16　艺术字文本填充、轮廓和效果列表

（2）设置艺术字形状样式。设置艺术字形状样式，就是设置艺术字图文框的形状样式，包括设置图文框的形状预设样式、形状填充、形状轮廓和形状效果，操作方法与"设置形状填充、轮廓和效果"相同，在此不再详述。

3.4.3.3　插入文本框

文本框是指文档中一种可移动、可调节大小的文字或图形框架。文本框可分为横排文本框和竖排文本框两种，用户可以直接在文本框内输入、编辑文字或插入、设置图形对象。使用文本框，可以在文档一个页面上放置数个文字块，还可使各文字块按照不同的文字方向排列。

1. 使用内置文本框

在 Word 2010 中提供了内置的文本框样式模块，使用这些模块可以快速画出带有样式的文本框，用户只需在文本框内直接输入文本，即可得到需要的格式。使用内置文本框的操作方法如下：

（1）在文档中定位插入点，单击【插入】→【文本】组→【文本框】，打开如图 3-4-17 所示的【文本框】下拉列表。

（2）在列表中选择需要的内置文本框样式，该样式的文本框就被插入到文档中。

（3）删除文本框中的示例文字，输入用户需要的内容，即可完成文本框的创建。

图 3-4-17　【文本框】下拉列表

2. 手动绘制文本框

如果内置的文本框不能满足需要，用户可以自己绘制空白的文本框，操作方法如下：

（1）单击【插入】→【文本】组→【文本框】，打开【文本框】下拉列表。

（2）在列表中选择【绘制文本框】或【绘制竖排文本框】命令，鼠标指针变成"十"形状。

（3）在文档编辑区按住鼠标左键不放，拖动绘制文本框，绘制完成后，在文本框中输入内容即可。

另外，在选定文档内容后，单击【插入】→【文本】组→【文本框】→【绘制文本框】命令，可以直接将选定内容插入到新建文本框中。

3. 设置文本框形状

在默认情况下，绘制的文本框或竖排文本框的形状均为矩形，用户可以根据需要对其形状进行修改，将文本框的形状设置成其他形状，操作方法如下：

（1）选择需要修改形状的文本框。

（2）单击【绘图工具-格式】→【插入形状】组→【编辑形状】，打开【编辑形状】下拉列表。

（3）在下拉列表中选择【更改形状】命令，打开如图 3-4-18 所示的【更改形状】下拉列表，在列表中选择需要的形状即可。

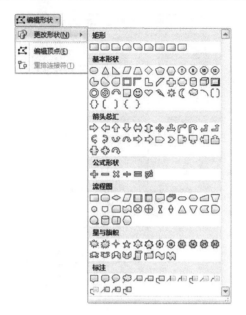

图 3-4-18　文本框【更改形状】列表

4. 设置文本框的文字方向

对于文本框内的文字，用户还可以更改文字方向，操作方法如下：

（1）选定文本框，单击【绘图工具-格式】→【文本】组→【文字方向】，打开如图 3-4-19 所示的【文字方向】下拉列表。

图 3-4-19　【文字方向】下拉列表

（2）在【文字方向】下拉列表中选择需要的文字方向即可。

利用设置文本框文字方向的方法，可以快速地在"文本框"和"竖排文本框"之间进行转换。

此外，用户还可以使用【绘图工具-格式】选项卡，对文本框进行其他方面的设置，包括文本框大小、排列方式、样式、填充、轮廓和效果等，操作方法与设置形状、艺术字等图形对象的操作方法相似，在此不再详述。

3.4.4　插入 SmartArt 图形

由于插图和图形比文字更有助于读者理解和回忆信息，所以，在文档制作编辑时，经常需要在文档中插入一些图形，以增加文档的说服力，如流程图、组织结构图、图形列表等。但是，对于非专业人士来说，利用前面介绍的图形、形状、文本框等对象去创建高水准的、比较复杂的图形是很困难的，在制作中需要花费大量的时间去思考、设计这些图形。例如：如何使各个形状大小相同并且适当对齐；如何使文字能够在形状中正确显示；如何手动设置形状的格式以符合文档的总体样式等。

在 Word 2010 中，提供了 SmartArt 功能（智能图表），SmartArt 图形是信息和观点的视觉表示形式。Word 2010 的 SmartArt 功能提供了多种不同布局的图形模板，用户可以从中进行选择，创建自己需要的 SmartArt 图形，从而快速、轻松、有效地传达信息。利用 SmartArt 功能，只需单击几下鼠标，即可创建具有设计师水准的插图和图形。

3.4.4.1　SmartArt 图形简介

1. SmartArt 图形的类型

SmartArt 图形是 Word 2010 设置的图形、文字及其样式的集合，包括列表（36个）、流程（44 个）、循环（16 个）、层次结构（13 个）、关系（37 个）、矩阵（4 个）、棱锥图（4 个）和图片（31 个）共 8 种类型 185 个图样，如图 3-4-20 所示为"插入 SmartArt 图形"对话框，各类 SmartArt 图形的主要功能如表 3-4-2 所示。

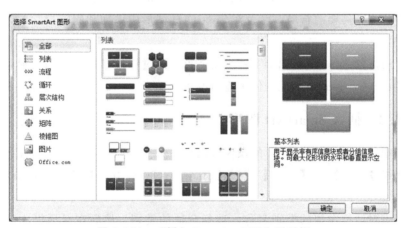

图 3-4-20　"插入 SmartArt 图形"对话框

表 3-4-2　SmartArt 图形类型及用途

图形类型	用途
列表	显示无序信息的图形
流程	显示在流程或时间线中的步骤的图形

续表

图形类型	用途
循环	显示持续循环过程的图形
层次结构	显示决策树、组织结构图等反映各种层次关系的图形
关系	显示存在连接关系的图形
矩阵	显示各部分与整体关联的图形
棱锥图	显示与顶部或底部最大部分的比例关系的图形
图片	显示带文本信息的图片

2. SmartArt 图形的布局

在创建 SmartArt 图形时，用户要考虑需要传达什么信息，以及是否希望信息以某种特定方式显示，根据要传达的内容，考虑最适合显示数据的图形类型和布局。

由于用户可以快速轻松地切换布局，因此可以尝试不同类型的不同布局，直至找到一个最适合对用户的信息进行图解的布局为止。在切换布局时，大部分文字和其他内容、颜色、样式、效果和文本格式会自动带入新布局中。

要选择最佳的外观布局，可以从下面几个方面去考虑：

（1）用户需要传达什么信息，信息之间具有什么关系。

（2）用户需要传达的信息，需要什么样的内容、格式、颜色、样式和效果。

（3）所选的 SmartArt 图形布局能否容纳需要显示的文字量。

（4）所选的 SmartArt 图形布局包含的形状个数能否满足显示需要。

（5）若找不到需要的布局，可否在 SmartArt 图形中添加和删除形状，调整布局结构以满足需要。

（6）若所选的 SmartArt 图形不够生动，可否通过切换布局的不同子形状，或者应用不同的 SmartArt 样式或颜色变体来进行改进。

3.4.4.2 插入 SmartArt 图形

在文档中插入 SmartArt 图形的操作方法如下：

（1）单击【插入】→【插图】组→【SmartArt】，打开"插入 SmartArt 图形"对话框。

（2）单击对话框左侧的类别名称，选择合适的类别，然后在对话框中间选择需要的 SmartArt 图形子形状（在对话框右侧的显示信息中可以察看选定图形的名称和用途）。

（3）单击【确定】将选定的 SmartArt 图形插入到文档中，输入 SmartArt 图形中的文字内容。

3.4.4.3　设置与编辑 SmartArt 图形

在文档中插入 SmartArt 图形后，用户还可以根据需要对图形进行相应的设置和编辑。选择需要设置或编辑的 SmartArt 图形后，会激活【SmartArt 工具-设计】和【SmartArt 工具-格式】选项卡，如图 3-4-21 所示，用户可以用这两个选项卡对 SmartArt 图形进行设置和编辑。

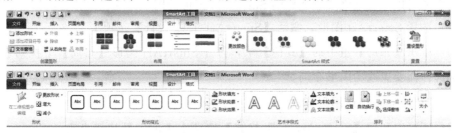

图 3-4-21　【SmartArt 工具-设计】和【SmartArt 工具-格式】选项卡

1. 在 SmartArt 图形中添加形状

若插入的 SmartArt 图形所包含的形状个数不够，用户可以根据需要进行添加，操作方法如下：

（1）选择需要添加形状的图形。

（2）单击【SmartArt 工具-设计】→【创建图形】组→【添加形状】，打开如图 3-4-22 所示的【添加形状】下拉列表。

（3）在下拉列表中选择形状的添加方式即可。

图 3-4-22　【添加形状】下拉列表

若需要删除 SmartArt 图形中多余的形状，可以在选定形状后，按【Delete】键快速删除形状。

2. 设置 SmartArt 图形的样式和颜色

在文档中插入 SmartArt 图形后，图形本身带有一定的样式和颜色，用户可以修改图形样式和图形颜色，操作方法如下：

（1）选择 SmartArt 图形，激活【SmartArt 工具-设计】选项卡。

（2）单击【SmartArt 样式】组中的【其他】 ，打开 SmartArt 图形【预设样式】下拉列表，在列表中选择需要的图形样式。

（3）单击【SmartArt 样式】组中的【更改颜色】按钮，打开【更改颜色】下拉列表，在列表中选择需要的图形颜色。

3. 调整 SmartArt 图形布局

用户还可以方便地修改创建好的 SmartArt 图形的图形布局，操作方法如下：

（1）选择 SmartArt 图形，激活【SmartArt 工具-设计】选项卡。

（2）单击【布局】组中的【其他】 ，打开 SmartArt 图形【布局】下拉列表，在列表中选择需要更改的图形布局。

4. 自定义 SmartArt 图形样式

用户还可以利用【SmartArt 工具-格式】选项卡中的工具按钮自定义 SmartArt 图形样式，设置出自己需要的 SmartArt 图形，例如设置形状的填充、轮廓、效果、大小以及形状中的文字格式等，由于前面已经介绍过形状的设置方法，在此不再详细介绍。

3.4.5 插入公式对象

在编辑学术类文档时，经常需要在文档中插入各类数理公式，在 Word 2010 中提供了插入公式的功能，可以满足用户日常大多数公式和数学符号的输入和编辑需要。

1. 插入内置公式

在 Word 2010 中内置了一些预设的公式样式，用户可以很方便地在文档中插入内置的公式，操作方法如下：

（1）将光标定位到插入公式的位置，单击【插入】→【符号】组→【公式】。

（2）打开【公式】下拉列表，在下拉列表中选择需要的内置公式，如二次公式、三角恒等式等。

2. 插入自定义公式

如果系统的内置公式不能满足用户需求，用户可以插入自己编辑的公式来满足个性化要求。插入自定义公式的操作方法如下：

（1）将光标定位到插入公式的位置，单击【插入】→【符号】组→【公式】，打开【公式】下拉列表，在下拉列表中选择【插入新公式】命令，在光标处插入一个空白的公式框，同时激活如图 3-4-23 所示的【公式工具-设计】选项卡。

图 3-4-23　【公式工具-设计】选项卡

（2）在空白公式框中，选择以下方式输入自定义公式的内容。

①对于公式中的普通字符，通过键盘直接输入，如变量、数字等。

②对于公式中无法直接输入的特殊符号，通过选项卡【符号】组的按钮进行插入，如 α、β、π、×、÷ 等。

③对于公式中的结构，通过选项卡【结构】组的命令按钮进行设定，如分数、上下标、根式等。

如图 3-4-24 为一个自定义公式的建立过程。

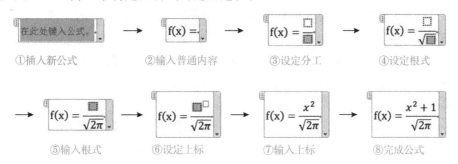

图 3-4-24　一个自定义公式的建立过程

3.4.6　任务实现

【实例 3-4-1】插入剪贴画。

在文档正文第二段处，插入名为"足球"的剪贴画，设置剪贴画的文字环绕方式为"四周型"，自动换行方式为"只在左侧"，并将其适当移至段落右侧。

（1）打开"实例 3-4-1.docx"，将插入点定位到正文第二段处，单击【插入】→【插图】组→【剪贴画】，打开"剪贴画"任务窗格，在任务窗格【搜索文字】框中，输入搜索关键字"足球"，单击【搜索】按钮找到需要的剪贴画，单击剪贴画完成插入。

（2）右键单击剪贴画，在打开的快捷菜单中选择【大小和位置】命令，打开"布局"对话框，在【文字环绕】选项卡的【环绕方式】区域中选择【四周型】，在【自动换行】区域中选择【只在左侧】，单击【确定】完成设置，最后将剪贴画适当移动到段落右侧。

【实例 3-4-2】插入图片文件。

在文档正文第十二段插入图片文件"2018 年俄罗斯世界杯会徽.jpg"，设置图片大小为高度 3 厘米、宽度 4 厘米，文字环绕方式为"四周型"，水平对齐方式为"右对齐，相对栏"。

在正文最末尾处，插入图片文件"2018 年俄罗斯世界杯吉祥物.jpg"，设置图片大小缩放为原图的 50%，文字环绕方式为"嵌入型"，居中对齐，将图片裁剪为"椭圆"形状。

（1）打开"实例 3-4-2.docx"，定位到第十二段，单击【插入】→【插图】组→【图片】，打开"插入图片"对话框，通过浏览找到图片文件"2018 年俄罗斯世界杯会徽.jpg"，选定后单击【插入】。

（2）选定图片，打开"布局"对话框，在【大小】选项卡的【缩放】区域，先将【锁定纵横比】前面的勾选去除，再在【高度】和【宽度】区域将【绝对值】分别设置为 3 厘米和 4 厘米；接着在【文字环绕】选项卡的【环绕方式】区域中选择【四周型】，在【位置】选项卡的【水平】区域中设置水平对齐方式为"右对齐，相对栏"，单击【确定】完成设置。

（3）定位到正文最末尾，单击【插入】→【插图】组→【图片】，打开"插入图片"对话框，通过浏览找到图片文件"2018 年俄罗斯世界杯吉祥物.jpg"，选定后单击【插入】。

（4）选定图片，单击【开始】→【段落】组→【居中对齐】，接着打开"布局"对话框，在【大小】选项卡的【缩放】区域将【高度】和【宽度】设置为 50%，单击【确定】完成设置。

（5）选定图片，单击【图片工具-格式】→【大小】组→【裁剪】按钮的下拉按钮 ，打开【裁剪】下拉列表，在下拉列表中选择【裁剪为形状】，在打开的列表中选择"椭圆"形状，完成图片形状裁剪。

【实例 3-4-3】插入形状。

在文档末尾空白处插入形状"笑脸"，设置"笑脸"大小为高度 3 厘米、宽度 3 厘米，无填充颜色，线条为"2.25 磅、紫色实线"，并为形状"笑脸"添加"映像-映像变体-全映像，4pt 偏移量"与"发光-发光变体-红色，18pt 发光，强调文字颜色 2"形状效果。

在形状"笑脸"旁边插入形状"云形标注"，设置形状"云形标注"大小为高度 2 厘米、宽度 4 厘米，无填充颜色，线条为"2.25 磅、绿色实线"，在形状中添加文字"好精彩!"，并设置字体格式为"隶书、三号、红色"。适当调整形状"笑脸"和形状"云形标注"的位置，并将它们组合为一个图形。

（1）打开"实例 3-4-3.docx"，单击【插入】→【插图】组→【形状】，在打开的下拉列表中选择"笑脸"，这时鼠标指针变成"十"形态，在对应绘图位置按下鼠标左键完成"笑脸"绘制。

（2）选择形状，在【绘图工具-格式】选项卡的【大小】组中，将【高度】和【宽度】设置为"3 厘米"。

（3）选定形状，单击【绘图工具-格式】→【形状样式】组→【形状填充】，在打开的【形状填充】下拉列表中选择【无填充颜色】，接着单击【形状轮廓】，在打开的【形状轮廓】下拉列表中选择【标准色】的"紫色"和【粗细】的"2.25 磅"，最后单击【形状效果】，在打开的【形状效果】下拉列表中选择"映像-映像变体-全映像，4pt

偏移量"（第二行第三列）与"发光-发光变体-红色，18pt 发光，强调文字颜色 2"（第四行第二列）形状效果。

（4）用同样的方法插入形状"云形标注"，设置好形状的大小、填充和线条颜色，在形状内的插入点处输入文字"好精彩！"，并设置好文字的字体格式。

（5）按住【Shift】键同时选定"笑脸"和"云形标注"，单击【绘图工具-格式】→【排列】组→【组合】 【组合 ▾ ，在下拉列表中选择【组合】 【组合(G) 命令，将它们组合为一个图形。

【实例 3-4-4】插入艺术字。

将文档标题文字设置为艺术字样式列表中的"第三行第五列"样式，并设置艺术字的文字环绕方式为"上下型"，水平对齐方式为"居中，相对栏"。

（1）打开"实例 3-4-4.docx"，选定标题文字，单击【插入】→【文本】组→【艺术字】，在打开的艺术字样式列表中选择"第三行第五列"样式。

（2）选定艺术字，打开"布局"对话框，在【文字环绕】选项卡中选择"上下型"环绕方式，在【位置】选项卡中设置水平对齐方式为"居中，相对栏"，按【确定】完成设置。

【实例 3-4-5】插入文本框。

在文档的图片"2018 年俄罗斯世界杯会徽"左侧插入一个竖排文本框，在文本框中输入"小五，楷体，加粗"的文字"俄罗斯世界杯会徽"，设置文本框文字环绕方式为"四周型"，大小为高度 3 厘米、宽度 1 厘米，无填充颜色，无线条。

（1）打开"实例 3-4-5.docx"，单击【插入】→【文本】组→【文本框】→【绘制竖排文本框】，在图片左侧按下鼠标左键绘制文本框，在文本框中输入文字"俄罗斯世界杯会徽"，并设置文字格式。

（2）选定文本框，打开"布局"对话框，在【文字环绕】选项卡中选择"四周型"，在【大小】选项卡中，设置【高度】为"3 厘米"，【宽度】为"1 厘米"，按【确定】完成设置。

（3）单击【绘图工具-格式】→【形状样式】组→【形状填充】，在列表中选择【无填充颜色】命令，再单击【绘图工具-格式】→【形状样式】组→【形状轮廓】，在列表中选择【无轮廓】命令。

任务 3.5 制作与编辑表格

在日常文档编辑中，经常需要在文档中创建和编辑表格。使用表格可以将复杂的内容简明扼要地表达出来，它以行和列的形式组织信息，结构严谨，效果直观，使用一张简单的表格就可以代替大篇的文字叙述，还可以通过设置表格边框和底纹样式来达到更好的视觉效果，所以表格在各类文档编辑中都被广泛应用。

3.5.1　任务描述

小李欣赏完俄罗斯世界杯后，暑假也过得差不多了，开学后就大四了，即将面临毕业实习和找工作等问题，小李决定制作一份表格形式的个人简历，以便在找工作时可以向用人单位更好地介绍自己。制作个人简历表需要掌握表格制作的各方面知识，包括表格的创建、编辑以及格式设置的方法，此外还有表格的其他相关知识。表格制作完成后效果如图 3-5-1 所示，表格制作的工作主要包括：

（1）创建表格并输入内容。

（2）对表格进行编辑。

（3）对表格进行格式设置。

（4）设置表格的边框底纹。

个 人 简 历

姓名		性别		年龄		
民族		籍贯		政治面貌		
出生年月		毕业时间		外语水平		照片
毕业学校			专业学历			
通信地址				邮编		
联系电话		QQ		E-mail		
教育经历						
求职意向						
自我评价						
爱好特长						
获奖情况						
实践经验						

图 3-5-1　个人简历样式

3.5.2　创建表格

Word 2010 为用户提供了强大的制表功能，用户可以随心所欲地编辑出自己需要的表格。创建表格的方式一般有 4 种，下面分别介绍操作的方法。

1. 鼠标移动行列数创建表格

当需要创建的表格行列规整，并且行列数不多时，用户可以通过鼠标移动行列数的方法来创建表格，操作方法如下：

（1）单击要创建表格的位置，定位插入点。

（2）单击【插入】→【表格】组→【表格】，打开如图 3-5-2（a）所示的【表格】下拉列表。

（3）在下拉列表的【插入表格】区域中，移动鼠标选择需要的行数和列数，单击鼠标完成表格创建。

2. 通过"插入表格"对话框创建表格

用户也可以通过"插入表格"对话框来创建行列规整的表格，此时可以设定表格尺寸和【自动调整】操作方式，操作方法如下：

（1）单击要创建表格的位置，定位插入点。

（2）单击【插入】→【表格】组→【表格】，打开如图 3-5-2（a）所示的【表格】下拉列表。

（3）在列表中选择【插入表格】命令，打开如图 3-5-2（b）所示的"插入表格"对话框，在对话框中设置表格尺寸（行列数）及【自动调整】操作方式后，单击【确定】完成表格创建，【自动调整】操作方式的功能作用如表 3-5-1 所示。

（a）【表格】下拉列表　　　　（b）"插入表格"对话框

图 3-5-2　【表格】下拉列表和"插入表格"对话框

表 3-5-1　【自动调整】操作方式功能作用表

方式名称	功能作用
固定列宽	表格中单元格保持当前尺寸，除非用户改变其尺寸
根据内容调整表格	表格中单元格尺寸根据内容多少自动调整高度和宽度
根据窗口调整表格	表格尺寸根据（不同的纸张类型）页面大小自动调整

3. 手动绘制表格

当需要创建的表格行列数不规则或行高、列宽不规则时，用户可以使用手工绘制表格的方法来创建表格。使用手工绘制的方法可以绘制结构复杂的表格，操作方法如下：

（1）单击【插入】→【表格】组→【表格】，打开如图 3-5-2（a）所示的【表格】

下拉列表。

（2）在打开的下拉列表中选择【绘制表格】命令，鼠标指针变成 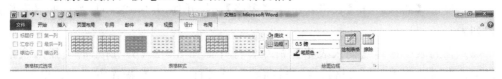 形状，按住鼠标左键在文档编辑区域绘制出一个矩形，作为表格的外边框，然后按需要在矩形内绘制表格的列线和行线即可。

（3）绘制过程中，会激活如图3-5-3所示的【表格工具-设计】选项卡和【表格工具-布局】选项卡，可以利用【表格工具-设计】选项卡中的命令按钮，设置表格边框格式或擦除绘制错误的表格线等。

（4）绘制完成后，按【Esc】键结束绘制表格。

（a）【表格工具-设计】选项卡

（b）【表格工具-布局】选项卡

图3-5-3　【表格工具-设计】选项卡和【表格工具-布局】选项卡

4. 创建快速表格

用户还可以使用表格模板，在文档中直接插入已经预先设好格式的表格。表格模板中包含示例数据，可以帮助用户想象添加数据时表格的外观，操作方法如下：

（1）单击要创建表格的位置，定位插入点。

（2）单击【插入】→【表格】组→【表格】，打开如图3-5-2（a）所示的【表格】下拉列表。

（3）鼠标指向下拉列表中的【快速表格】选项，打开下级列表，在列表中单击需要的模板，即可快速创建需要样式的表格，最后将表格模板中的数据替换成用户需要的数据即可。

5. 在表格中输入数据

创建好表格后，用户就可以按照需要输入表格的数据内容。用鼠标直接单击，或按【Tab】键，或按光标移动键，将插入点定位于某一单元格内，然后即可向该单元格输入需要的数据内容。与在文档中输入、编辑文字内容一样，在表格中输入、编辑文字内容时，可以对单元格的内容进行复制、移动、删除、查找替换和格式设置等操作，在此不再详述。

3.5.3 编辑表格

创建好初始的表格后，往往还需要对表格形态进行编辑，才能得到满足用户需要的表格，如行高/列宽的修改、单元格的合并与拆分、行/列/单元格的插入与删除等。

3.5.3.1 表格对象的选择

在对表格进行编辑前，首先需要掌握对表格对象的选择方法，才能更好、更快地进行后续的相关编辑操作。选择表格对象可以通过鼠标直接操作、选项卡按钮操作或快捷菜单操作三种方式进行，下面以鼠标直接操作方式为例介绍相关操作。

(1) 选定整个表格。将鼠标指针移动到表格上，当表格左上角出现移动图柄"✛"时，单击移动图柄即可选定表格，或直接用鼠标在文档选定栏中选择表格所有行。

(2) 选定一行或多行。将鼠标指针移至需要选择行最左边的选定栏，鼠标指针变为"⬋"形状箭头时，单击可选定对应行，按住左键拖动鼠标则可选定多行。

(3) 选定一列或多列。将鼠标指针移至需要选择列的顶部，鼠标指针变为"⬇"形状时，单击可选定对应列，按住左键拖动鼠标则可选定多列。

(4) 选定单元格或区域。将鼠标指针移至需要选择单元格的左边线内，鼠标指针变为"➤"形状时，单击可选定对应单元格，按住左键拖动鼠标则可选定单元格区域。

3.5.3.2 插入或删除表格对象

对于已经创建好的表格，用户可以通过相应的插入、删除操作，增加或减少表格中的行、列或单元格。

1. 插入行

在表格中插入行的操作方法如下：

(1) 将插入点定位到需要插入行的下方或上方单元格中（也可选定需要插入行的下一行或上一行，若需要插入多行，需要先选定多行）。

(2) 单击【表格工具-布局】→【行和列】组→【在上方插入】或【在下方插入】。

(3) 另外，若将光标定位在表格某行表线外侧，按【Enter】键可以在该行下面插入一个新行；或将光标定位在表格最后一个单元格内，按【Tab】键可以在表格下方插入一个新行。

2. 插入列

在表格中插入列的操作方法如下：

(1) 将插入点定位到需要插入列的右侧或左侧单元格中（也可选定需要插入列的右侧一列或左侧一列，若需要插入多列，需要先选定多列）。

（2）单击【表格工具-布局】→【行和列】组→【在左侧插入】或【在右侧插入】。

3. 插入单元格

在表格中插入单元格的操作方法如下：

（1）将插入点定位到需要插入单元格的位置。

（2）单击【表格工具-布局】→【行和列】组→【开启对话框】 ⬛ ，打开如图 3-5-4
（a）所示的"插入单元格"对话框。

（3）在对话框中选择单元格插入方式后，单击【确定】即可。

4. 删除行、列

在表格中删除行、列的操作方法如下：

（1）将插入点定位到需要删除的行或列的任一单元格内，或者选定需要删除的若
干行或若干列。

（2）单击【表格工具-布局】→【行和列】组→【删除】，在打开的如图 3-5-4（b）
所示的【删除】下拉列表中，选择【删除行】或【删除列】命令即可。

5. 删除单元格

在表格中删除单元格的操作方法如下：

（1）将插入点定位到需要删除的单元格，或者选定需要删除的单元格区域。

（2）单击【表格工具-布局】选项卡→【行和列】组→【删除】，在打开的如图 3-5-4
（b）所示的【删除】下拉列表中，选择【删除单元格】命令。

（3）在打开的如图 3-5-4（c）所示的"删除单元格"对话框，选择删除方式后，单
击【确定】即可。

（a）"插入单元格"对话框 　　（b）"删除单元格"对话框 　　（c）"删除"下拉列表

图 3-5-4　"插入单元格""删除单元格"对话框及【删除】下拉列表

6. 删除表格

删除整个表格的操作方法如下：

（1）将插入点定位到需要删除的表格内（任一单元格），或者选定整个表格。

（2）单击【表格工具-布局】→【行和列】组→【删除】，在打开的如图 3-5-4（b）
所示的【删除】下拉列表中，选择【删除表格】命令即可。

另外，用户也可以使用【Backspace】键快速删除表格对象。选定需要删除的表格、

行、列或单元格后，按【Backspace】键即可（若是按【Delete】键，则只删除对应表格对象中的文字信息）。

3.5.3.3　复制或移动表格对象

用户可以对表格对象进行复制或移动操作，操作方法与复制或移动文档的其他对象相似，可以使用选项卡命令按钮，或使用快捷键，或使用鼠标拖曳等方式进行操作。

1. 复制或移动表格

若需要将表格复制或移动到文档的其他位置，以使用快捷键方式为例，操作方法如下：

（1）选定需要复制或移动的表格。

（2）执行下列操作之一：

①若要复制表格，按组合键【Ctrl】＋【C】进行复制。

②若要移动表格，按组合键【Ctrl】＋【X】进行剪切。

（3）将插入点定位到放置表格的新位置，按组合键【Ctrl】＋【V】将表格粘贴到新的位置。

2. 复制或移动表格的行、列

若需要复制或移动表格的行、列，以使用鼠标拖曳的方式为例，操作方法如下：

（1）选定需要复制或移动的表格行或列。

（2）若是移动表格行或列，则按下鼠标左键将选定内容拖动到目标位置（需要移动到的行的最前面，或列的最上面），放开鼠标即可。

（3）若是复制表格行或列，则在拖动鼠标时，需要同时按住【Ctrl】键。

如图 3-5-5 各图所示，（a）是将表格中最后两行复制到表格第二行之前，（b）是复制后的结果；（c）是将表格中最后一列移动到表格第三列之前，（d）是移动后的结果。

学号	姓名	语文	数学
1001	赵一	60	65
1002	钱二	70	75
1003	孙三	80	85
1004	李四	90	95

（a）复制前

学号	姓名	语文	数学
1003	孙三	80	85
1004	李四	90	95
1001	赵一	60	65
1002	钱二	70	75
1003	孙三	80	85
1004	李四	90	95

（b）复制后

学号	姓名	语文	数学
1001	赵一	60	65
1002	钱二	70	75
1003	孙三	80	85
1004	李四	90	95

（c）移动前

学号	姓名	数学	语文
1001	赵一	65	60
1002	钱二	75	70
1003	孙三	85	80
1004	李四	95	90

（d）移动后

图 3-5-5　复制、移动表格行或列

3.5.3.4 调整表格对象

对于已经创建好的表格，用户可以对表格进行调整，以满足需求。表格调整主要包括对表格进行缩放、对表格行高和列宽进行调整以及对单元格大小进行设置等。

1. 缩放表格

使用鼠标拖动的方式，可以对表格进行缩放，调整表格大小，操作方法是：移动鼠标指向表格右下角的缩放标记"□"，鼠标指针变成"↘"时，按下左键将表格拖动到需要的大小，然后放开鼠标左键即可。

2. 鼠标拖动调整行高、列宽或单元格大小

使用鼠标拖动的方式，可以对表格的行高、列宽或单元格大小进行调整，操作方法是：将鼠标指向需要调整行高、列宽的行列边框线，或单元格边框线（若是调整单元格大小，需要先选定单元格），鼠标指针变成"⬍"或"⬌"形状时，按下鼠标左键将边框线上、下或左、右拖动到合适的位置即可（按住【Alt】键拖动可以微调）。

3. 指定行高、列宽或单元格大小

使用鼠标拖动的方法，只能粗略调整表格的行高、列宽或单元格大小。若需要对表格的行高、列宽或单元格大小进行精确设置，可以通过直接设定行高、列宽或单元格大小的具体数值的方法来进行操作，操作方法如下：

（1）选定需要设置的行、列或单元格（可以是多行、多列或多个单元格）。

（2）单击【表格工具-布局】→【单元格大小】组，在【行高】或【列宽】数值框中设置具体数值即可。

4. 平均分布各行各列

在编辑表格时，使用设置表格平均分布各行各列的方法，可以将行高列宽不规则的表格调整为规则的行高列宽。此功能可以对整个表格进行操作，也可以只对选定的多行或多列进行操作，操作方法如下：

（1）选定需要平均分布的表格或多行多列（可以是不相邻的多行或多列）。

（2）单击【表格工具-布局】→【单元格大小】组→【分布行】或【分布列】即可完成设置。

5. 使用"表格属性"对话框进行设置

用户可以使用"表格属性"对话框对表格对象进行设置，操作方法是：单击【表格工具-布局】→【表】组→【属性】，打开如图 3-5-6 所示的"表格属性"对话框，再根据需要选择对应选项卡进行调整即可。

说明：

选定多个不连续的行或列进行行高列宽调整时，【单元格大小】组中全部按钮都会变成不可用（变灰），此时只能使用"表格属性"对话框进行调整。

图 3-5-6 "表格属性"对话框

3.5.3.5 合并、拆分单元格或表格

1. 合并与拆分单元格

合并单元格是将相邻几个单元格合并成为一个单元格，拆分单元格是将一个单元格分解成多个单元格，在编辑不规则表格时经常需要合并、拆分单元格。

合并单元格的操作方法是：选择需要合并的单元格，单击【表格工具-布局】→【合并】组→【合并单元格】。

拆分单元格的操作方法是：选定需要拆分的单元格，单击【表格工具-布局】→【合并】组→【拆分单元格】，打开如图 3-5-7 所示的"拆分单元格"对话框，在对话框中设置要拆分的行列数，单击【确定】按钮。

图 3-5-7 "拆分单元格"对话框

2. 拆分与合并表格

拆分表格就是将一个表格拆分成上、下两个表格（不能拆分成左、右两个表格），操作方法如下：

（1）选定需要拆分表格的行（或将插入点光标定位在表格该行任一单元格中）。

（2）单击【表格工具-布局】→【合并】组→【拆分表格】，即可将选定行（或插入点所在行）之后的内容拆分到下面一个表格，拆分表格效果如图 3-5-8（a）所示。

合并表格与拆分表格相反，是将上、下两个表格合并成一个表格，操作方法是将上、下两个表格之间的内容全部删除（包括段落标记），合并表格效果如图 3-5-8（b）所示。

学号	姓名	数学	语文
1001	赵一	65	60
1002	钱二	钱二	70
1003	孙三	孙三	80
1004	李四	95	90

⇓ 拆分

学号	姓名	数学	语文
1001	赵一	65	60
1002	钱二	钱二	70

1003	孙三	孙三	80
1004	李四	95	90

（a）拆分表格

学号	姓名	数学	语文
1001	赵一	65	60
1002	钱二	钱二	70

1003	孙三	孙三	80
1004	李四	95	90

⇓ 合并

学号	姓名	数学	语文
1001	赵一	65	60
1002	钱二	钱二	70
1003	孙三	孙三	80
1004	李四	95	90

（b）合并表格

图 3-5-8 拆分与合并表格效果

3.5.4 设置表格格式

表格制作中，用户需要对表格格式进行设置，才能得到满意的表格效果。表格格式设置包括表格样式设置、表格文字方向及对齐方式的设置、表格的边框和底纹格式设置、表格斜线表头及标题行重复的设置等内容。

3.5.4.1 快速设置表格格式

在 Word 2010 中内置了 100 多种表格预设样式，用户可根据需要为表格选择合适的预设样式，快速完成表格格式的设置操作。

为表格应用预设样式的操作方法如下：

（1）选定表格或将插入点定位到表格任意单元格中。

（2）单击【表格工具-设计】→【表格样式】组→【其他】▾。

（3）在展开的表格样式库列表中浏览，单击选择满意的预设样式。

3.5.4.2 设置单元格文字方向

表格单元格的文字方向包括水平和垂直两种，默认情况下是水平方向，用户可以根据需要设置文字的方向。

设置单元格文字方向的操作方法如下：

（1）选择需要设置文字方向的单元格。

（2）单击【表格工具-布局】→【对齐方式】组→【文字方向】，将文字方向设置为水平或垂直。

3.5.4.3 设置单元格文字的对齐方式

Word 为表格中单元格的文字提供了如图 3-5-9 所示的 9 种对齐方式，用户可以按照需要进行对应设置，操作方法如下：

（1）选定需要设置文字对齐方式的单元格。

（2）在【表格工具-布局】→【对齐方式】组中，单击选择 9 种对齐方式按钮之一。

图 3-5-9　表格文字的 9 种对齐方式按钮

3.5.4.4　设置表格对齐方式及文字环绕方式

表格对齐方式是指表格相对文档页面来说，是水平靠左、居中还是靠右等对齐方式，表格的文字环绕方式是指表格是否需要有文字环绕着。

1. 设置表格页面对齐方式

设置表格页面对齐方式的操作方法如下：

（1）选定整个表格。

（2）单击【表格工具-布局】→【表】组→【属性】，打开"表格属性"对话框。

（3）在对话框【表格】选项卡的【对齐方式】选项区域中，选择【左对齐】、【居中】或【右对齐】选项。

用户也可以在选定表格后，直接单击【开始】→【段落】组→【水平左对齐】、【水平居中】或【水平右对齐】等对齐方式按钮，设置表格的页面对齐方式。

2. 设置表格文字环绕方式

在 Word 2010 中默认表格的文字环绕方式为"无"，即表格只能在上方、下方有文字环绕，左、右是没有文字环绕的。

若需要设置表格左、右有文字环绕，操作方法是：将鼠标指针指向表格上面，当表格左上角出现移动图柄"✥"时，用鼠标左键按住表格移动图并把表格拖曳到环绕它的文字中间。

3.5.4.5　设置表格边框、底纹

表格可以像文字、段落一样设置边框和底纹，使其更加美观。设置边框和底纹时，既可以对整个表格进行设置，又可以对部分单元格进行设置。

1. 设置表格边框

用户可以根据需要设置表格的边框样式，操作方法如下：

（1）选定表格或单元格区域。

（2）单击【表格工具-设计】→【表格样式】组→【边框】按钮 边框 的下拉按钮 ，打开如图 3-5-10（b）所示的【边框】下拉列表。

計算機应用基础

（3）在【边框】下拉列表中单击【边框和底纹】命令，打开如图 3-5-10（b）所示的"边框和底纹"对话框。

（4）在"边框和底纹"对话框的【边框】选项卡中，先单击【设置】区域下的【自定义】选项，再根据需要设定边框的样式、颜色和宽度，然后在【预览】区域单击画线按钮（），确定框线应用的位置。

用户也可以直接在【表格工具-设计】选项卡中设置表格的边框，操作方法如下：

（1）选定表格或单元格区域，在打开的【表格工具-设计】选项卡的【绘图边框】组中，确定边框线的样式、宽度和颜色。

（2）单击【表格工具-设计】选项卡→【表格样式】组→【边框】按钮 的下拉按钮，在图 3-5-10（a）所示的【边框】下拉列表中选择需要的画线命令。

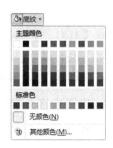

（a）【边框】下拉列表　　　（b）"边框和底纹"对话框　　　（c）【底纹】下拉列表

图 3-5-10　【边框】、【底纹】下拉列表和"边框和底纹"对话框

2. 设置表格底纹

Word 2010 的表格默认是无底纹颜色的，用户可以给表格设置底纹效果来美化表格，操作方法如下：

（1）选定表格或单元格区域。

（2）单击【表格工具-设计】→【表格样式】组→【底纹】 ，打开如图 3-5-10（c）所示的【底纹】下拉列表。

（3）在打开的【底纹】下拉列表中，单击选择需要的底纹颜色。

以上操作只能给表格设置【填充】底纹，若用户需要给表格设置【图案】底纹，则需要打开"边框和底纹"对话框，在【底纹】选项卡中进行表格【图案】底纹的设置。

3.5.4.6　设置表格斜线表头

在表格编辑时，为了清楚地表明表格的内容，常常需要绘制斜线表头，以便将表格中的内容区分开。

（1）设置一条斜线的斜线表头。在 Word 2010 中，允许用户在任一单元格中添加一条斜线，利用该功能可以简单地完成包含一条斜线的表头制作，操作方法如下：

①将光标定位于添加斜线的单元格（表格左上角单元格）。

②单击【表格工具-设计】→【表格样式】组→【边框】按钮的下拉按钮▼，在【边框】下拉列表中选择【斜下框线】 ╲ 斜下框线(W) 。

③在添加了斜线的单元格中分两行输入类别名称，上一行设置右对齐，下一行设置左对齐，设置完成效果如图 3-5-11（a）所示；或者分三行输入类别名称（注意文字顺序）并居中对齐，设置完成效果如图 3-5-11（b）所示。

（2）设置多条斜线的斜线表头。由于在 Word 2010 中，没有以前版本中绘制斜线表头的功能，而每个单元格中又只能添加一条斜线，如果需要制作如图 3-5-11（c）所示包含两（多）条斜线的复杂斜线表头，只能通过绘制自选图形的方式来完成，操作方法如下：

①将需要添加多条斜线的单元格调整到合适大小。

②在表头中，通过单击【插入】→【插图】组→【形状】，绘制需要的两条直线（斜线），调整两条直线的位置、长度和格式（直线的宽度、颜色），使其适合表头单元格大小，并将其组合。

③在表头由两条直线分隔的三个区域分别插入文本框，将文本框格式设置为"无填充、无线条"，在三个文本框中分别输入类别名称，适当旋转文本框到合适的角度。

科目 姓名	语文	数学	英语
赵一	90	95	90
钱二	85	94	87
孙三	88	93	88
李四	87	96	89

（a）单斜线 1

科 目 姓 名	语文	数学	英语
赵一	90	95	90
钱二	85	94	87
孙三	88	93	88
李四	87	96	89

（b）单斜线 2

成绩 科目 姓名	语文	数学	英语
赵一	90	95	90
钱二	85	94	87
孙三	88	93	88
李四	87	96	89

（c）双斜线

图 3-5-11　设置斜线表头的表格效果

3.5.4.7　设置表格的跨页标题行重复

表格一般都有标题行，用于标明表格各列的名称。当用户编辑大型表格或多页表格时，表格会在页面分页处自动分割，分页后的表格从第二页起就没有标题行，这对于查看或打印都会很不方便。Word 2010 允许通过设置使分页后的表格每一页都具有相同的标题行，操作方法如下：

在表格中选择需要重复的标题行，单击【表格工具-布局】→【数据】组→【重复标题行】，完成设置。

3.5.5 表格的计算、排序和转换

在 Word 2010 中，可以对表格中存放的数据内容进行分析处理，利用计算和排序等操作，可以使表格中的内容更有条理、更清晰。此外，还可以进行表格和文本之间的转换，以便更好地满足用户对文档编辑的需求。

3.5.5.1 表格中数据的计算

Word 2010 提供了对表格数据进行简单运算的功能，以满足用户对表格计算的基本需求。

1. 插入函数进行表格计算

在表格中能够通过插入函数，进行求和、求平均值、求最大/最小值、取整和乘积等基本函数运算。在单元格中插入相应的计算函数并设置其参数，就可以计算出需要的结果，操作方法如下：

（1）将光标定位到需要插入函数的单元格。

（2）单击【表格工具-布局】→【数据】组→【公式】，打开如图 3-5-12（a）所示的"公式"对话框。

（3）在"公式"对话框的【公式】框中输入相应函数，或在【粘贴函数】下拉列表中选择需要的函数，并设置好参数，最后单击【确定】按钮完成函数计算。

在【公式】框中默认显示求和函数 SUM（LEFT）或 SUM（ABOVE），用户可以根据需要修改其中的函数。括号内的参数"LEFT"表示左侧所有单元格，"ABOVE"表示上方所有单元格。例如，"SUM（LEFT）"表示计算函数所在单元格左侧所有单元格的数值之和，"AVERAGE（ABOVE）"则表示计算函数所在单元格上方所有单元格的平均值。

2. 输入公式进行表格计算

在上面介绍的"公式"对话框的【公式】框中，除了可以设置函数进行计算外，用户还可以输入公式进行其他运算。

在表格中约定，每个表格的第 1、2、3、……行分别称为 1、2、3、……行，第 1、2、3、……列分别称为 A、B、C、……列，在公式中用"列号"加"行号"的方式表示参与运算的单元格名称。

例如，在【公式】框中输入"=（B2＋B3）＊B4"，则表示计算表格第 2 列第 2、3 行单元格数值之和与第 2 列第 4 行单元格数值的乘积。这种表示方式同样可以用在函数参数中，若【公式】框内的函数是"=SUM（B2：D9）"，则表示计算表格第 2 列第 2 行到第 4 列第 9 行范围内所有单元格的数值之和。

3.5.5.2   表格中数据的排序

Word 2010 为表格提供了简单的数据排序功能，对于表格中的数据内容可以进行"升序"或"降序"排列，以便用户更好地对表格数据进行查看。

表格排序的操作方法如下：

（1）选定需要排序的表格或将光标定位到该表格。

（2）单击【表格工具-布局】→【数据】组→【排序】按钮，打开如图 3-5-12（b）所示的"排序"对话框。

（3）在打开的"排序"对话框中，分别确定作为排序依据的关键字、关键字类型和排序方式，单击【确定】按钮完成排序。

（a）"公式"对话框   （b）"排序"对话框

图 3-5-12   "公式"对话框和"排序"对话框

3.5.5.3   表格与文本的转换

在 Word 2010 中，可以方便地实现表格和文本之间的转换，这对于用户将现成的数据转换成需要的形式来说非常方便。

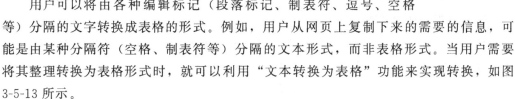

1. 将文本转换为表格

用户可以将由各种编辑标记（段落标记、制表符、逗号、空格等）分隔的文字转换成表格的形式。例如，用户从网页上复制下来的需要的信息，可能是由某种分隔符（空格、制表符等）分隔的文本形式，而非表格形式。当用户需要将其整理转换为表格形式时，就可以利用"文本转换为表格"功能来实现转换，如图 3-5-13 所示。

（a）从网页复制内容　　　　　（b）粘贴到文档后进行转换操作

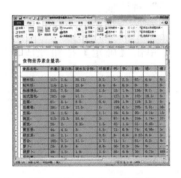

（c）"将文本转换成表格"对话框　　　　（d）转换成表格后的效果

图 3-5-13　文本转换为表格

将文本转换为表格的操作方法如下：

（1）选择需要转换为表格的文本。

（2）单击【插入】→【表格】组→【表格】按钮，在打开的下拉列表中选择【文本转换成表格】命令，打开如图 3-5-13（c）所示的"将文本转换成表格"对话框。

（3）在对话框的【文字分隔位置】区域中，选择当前文本所用的分隔符（空格、制表符等），或在【其他字符】后的文本框中输入分隔字符，此时系统会自动识别出转换后表格的行列数，最后单击【确定】按钮完成转换。

2. 将表格转换为文本

"将表格转换为文本"与"将文本转换为表格"是互逆的过程，若用户需要将表格转换为文本形式，可以使用"将表格转换为文本"功能实现操作，操作方法如下：

（1）选定需要转换的表格或将光标定位到表格中。

（2）单击【表格工具-布局】→【数据】组→【转换为文本】按钮，打开如图 3-5-14 所示的"表格转换成文本"对话框。

（3）在"表格转换成文本"对话框中，选择一种转换为文本后的文字分隔符（默认为"制表符"），或在【其他字符】框输入需要的其他文字分隔符（例如"空格"），最后单击【确定】按钮完成转换。

图 3-5-14　"表格转换成文本"对话框

3.5.6　任务实现

【实例 3-5-1】创建表格。

在文档第二行处创建一个 12 行 7 列的表格，表格中每列的宽度为 1.9 厘米；在新建表格中插入表格标题，并在对应单元格中输入内容，表格样式效果如图 3-5-15 所示。

图 3-5-15　创建表格效果图

（1）打开"实例 3-5-1.docx"，定位到文档第二行，单击【插入】→【表格】组→【表格】→【插入表格】，打开"插入表格"对话框。

（2）在"插入表格"对话框中，按要求设定表格的行列数及列宽，单击【确定】按钮完成表格创建。

（3）依次在表格其他单元格中输入对应内容。

【实例 3-5-2】编辑表格。

将文档表格各行的行高设置为 0.7 厘米，第 2、4、6、7 列的列宽设置为 2.5 厘米，将表格中对应单元格进行合并和拆分，文档操作效果如图 3-5-16 所示。

（1）打开"实例 3-5-2.docx"，选定整个表格，在【表格工具-布局】→【单元格大小】组→【高度】中，设置数值 0.7 厘米。

（2）选定表格第 2、4、6、7 列（按【Ctrl】键同时选定），单击【表格工具-布局】

→【表】组→【属性】，打开“表格属性”对话框，在对话框的【列】选项卡中勾选【指定列宽】，再设定列宽为 2.5 厘米。

个人简历

姓名		性别		年龄		照片
民族		籍贯		政治面貌		
出生年月		毕业时间		外语水平		
毕业学校			专业学历			
通信地址				邮编		
联系电话		QQ		E-mail		
教育经历						
求职意向						
自我评价						
爱好特长						
获奖情况						
实践经验						

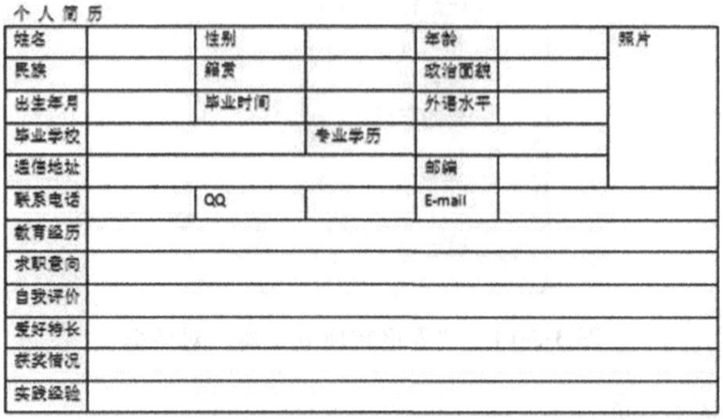

图 3-5-16　编辑表格效果图

（3）选定表格第 7 列的第 1～5 行，单击【表格工具-布局】→【合并】组→【合并单元格】按钮，完成单元格的合并，使用同样的方法分别合并其他需要合并的单元格。

（4）选定表格第 7～12 行中，第 2～7 列所有单元格，将其合并为一个单元格，再单击【拆分单元格】按钮，在【拆分单元格】对话框中将该单元格拆分为 1 列 6 行，单击【确定】按钮。

【实例 3-5-3】格式化表格。

将文档标题格式设置为“黑体、二号、深蓝、水平居中”；将表格内文字的字体格式设置为“楷体、五号、加粗”；设置整个表格在页面中居中对齐；将表格第 7～12 行第 1 列的单元格文字方向设置为“垂直”；设置表格中所有单元格文字的对齐方式为“中部居中”，表格格式设置后效果如图 3-5-17 所示。

个人简历

姓名		性别		年龄		照片
民族		籍贯		政治面貌		
出生年月		毕业时间		外语水平		
毕业学校			专业学历			
通信地址				邮编		
联系电话		QQ		E-mail		
教育经历						
求职意向						
自我评价						
爱好特长						
获奖情况						
实践经验						

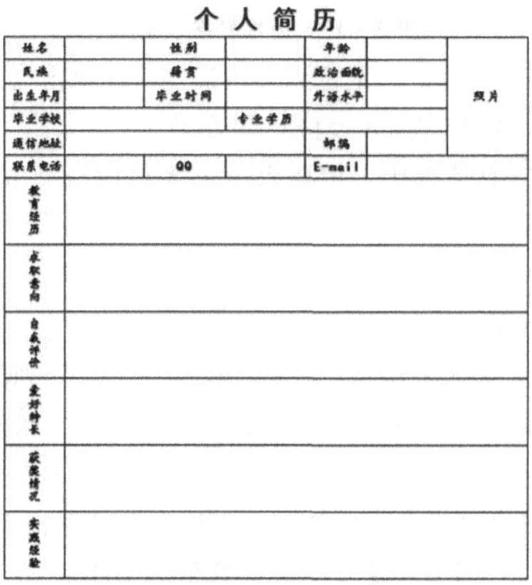

图 3-5-17　格式化表格效果图

（1）打开"实例 3-5-3.docx"，选定标题内容"个 人 简 历"，设置格式为"黑体、二号、深蓝、居中"。

（2）选定整个表格，设置字体格式为"楷体、五号、加粗"。

（3）选定表格第 7～12 行的第 1 列，单击【表格工具-布局】→【对齐方式】组→【文字方向】按钮，设置文字方向为"垂直"。

（4）选定表格，单击【表格工具-布局】→【对齐方式】组→【中部居中】按钮 ▤ 。

（5）选定表格，单击【开始】→【段落】组→【水平居中】按钮。

【实例 3-5-4】设置表格的边框底纹。

将文档表格的外边框线设置为"双实线、3 磅、蓝色"，内框线设置为"单实线、1 磅、蓝色"；将表格第 6 行的下框线设置为"双实线、1.5 磅、蓝色"；将表格第 1、3、5、7、9、11 行的底纹设置为"红色，强调文字颜色 2，淡色 80％"填充颜色，表格完成边框底纹设置后效果如图 3-5-18 所示。

图 3-5-18 设置表格边框底纹效果图

（1）打开"实例 3-5-4.docx"，选定整个表格，在【表格工具-设计】→【绘图边框】组中，设置边框线的样式为"双实线、3 磅、蓝色"，单击【表格样式】组→【边框】按钮的下拉按钮 ▾，在【边框】下拉列表中选择【外部框线】 ⊞ 外侧框线(S) 。

（2）设定边框线的样式为"单实线、1 磅、蓝色"，在【边框】下拉列表中选择【内部框线】 ⊞ 内部框线(I) 。

（3）选定表格第 6 行，设定边框线的样式为"双实线、1.5 磅、蓝色"，在【边框】

下拉列表中选择【下框线】 。

（4）同时选定表格第1、3、5、7、9、11行（按住【Ctrl】键），单击【表格样式】组→【底纹】按钮，打开【底纹】下拉列表，在列表中选择"红色，强调文字颜色2，淡色80％"的填充颜色。

任务 3.6　编排和打印文档

在 Word 2010 中还可以进行邮件合并、插入目录、文档审阅和文档打印等操作。

3.6.1　任务描述

大四的小李进入了一所中学去进行毕业实习，需要协助实习班级的班主任老师完成学生成绩通知书的制作和打印工作，同时自己也要完成毕业论文的撰写、修改、定稿和打印等工作。这些工作需要用到 Word 2010 中的文档编排打印的相关知识，小李的工作主要包括：

（1）邮件合并；

（2）插入目录；

（3）文档审阅；

（4）文档打印。

3.6.2　邮件合并

在日常文档编辑中，用户经常需要发送和制作大量模板化的文档，如邀请函、通知书、工资条、成绩单、毕业证书等。这类文档共同的特点是数量多，内容和格式编排基本相同，只是具体数据对象有区别。利用 Word 的邮件合并功能，用户能够快速地批量生成这类文档，将文档中相同的内容创建为主文档，不同的数据信息创建为数据源文件，通过邮件合并，将数据源中每条记录的数据提取、合并到主文档中，自动生成一系列的合并文档。

邮件合并的操作思路及步骤如下：

（1）准备数据源文件。数据源一般以表格形式组织，由相关的字段和记录内容组成，可以是 Word 表格、Excel 工作表或其他类型的数据文件。

（2）创建编辑主文档。主文档是一个设计好的模板文档，其中包含需要批量制作的文档中共同拥有固定不变的内容和格式编排等信息。主文档按用途可以分为信函、信封、标签和电子邮件等几类。

（3）在主文档中插入合并域。邮件合并需要将数据源中的信息动态地提取、合并到主文档中。数据源中的每条记录都是不一样的，或者说是动态的，这些动态内容对应的就是"合并域"。通过在主文档中插入合并域，可以指示提取数据源的哪些信息，以及它们合并到主文档的位置。

（4）完成合并生成新文档。利用邮件合并工具，将数据源中的数据逐条合并到主文档中，形成批量的合并文档。

此外，还可以利用邮件合并制作中文信封、标签和电子邮件等。

3.6.3　建立目录

Word 提供了自动生成目录的功能，通过设置目录项和插入目录两个步骤实现。

1. 设置目录项

设置目录项的操作方法如下：

（1）单击【视图】→【文档视图】组→【大纲视图】 大纲视图 ，将文档视图改为大纲视图，此时【大纲】选项卡被激活，如图 3-6-1 所示。

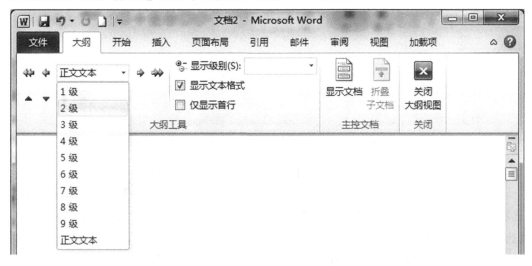

图 3-6-1　【大纲】选项卡

（2）选定要作为目录项的内容，单击【大纲】→【大纲工具】组→【大纲级别】 正文文本 ，在打开的下拉列表中给目录项设置对应的大纲级别，如将一级目录项设置大纲级别为"1 级"，……

（3）重复以上操作，给所有目录项设置大纲级别。

另外，设置目录项也可以通过给目录项应用"标题样式"来实现。使用前面介绍的给文本应用样式的方法，给各级目录项应用对应等级的标题样式即可。

2. 插入目录

在文档中设置好目录项后，就可以进行插入目录的操作，常用的操作方式有插入自动目录和插入自定义目录两种。

（1）插入自动目录。插入自动目录的操作方法如下：

①将插入点定位到插入目录的位置，如文档首页。

②单击【引用】→【目录】组→【目录】，在打开的如图 3-6-2（a）所示下拉列表中选择【自动目录 1】或【自动目录 2】命令，即可在插入点位置插入目录。

（2）插入自定义目录。若自动目录的样式不能满足需要，用户可以打开"插入目录"对话框，自定义目录的样式，自定义目录样式的操作方法如下：

①将插入点定位到插入目录的位置，如文档首页。

②单击【引用】→【目录】组→【目录】，在打开的下拉列表中选择【插入目录】命令，打开如图 3-6-2（b）所示的"目录"对话框。

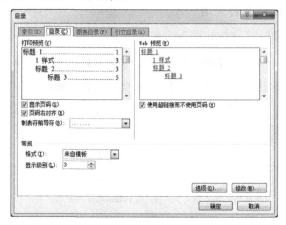

（a）"目录"下拉列表　　　　　　　　　（b）"目录"对话框

图 3-6-2　【目录】下拉列表和【目录】对话框

（3）在对话框的【目录】选项卡中，根据需要勾选【显示页码】和【页码右对齐】选项，设置【制表符前导符】样式、目录【格式】和【显示级别】等选项，还可单击【选项】和【修改】按钮，打开如图 3-6-3（a）和 3-6-3（b）所示的"目录选项"和"样式"对话框，对目录的格式和样式进行进一步的设置、修改。

（4）完成各种设置操作后，单击【确定】，即可在插入点位置插入自定义目录。

3. 更新目录

文档插入目录后，用户对文档进行插入、删除内容或更改目录项大纲级别等操作时，可能会使目录的页码和级别发生变化，用户需要对目录进行及时更新，操作方法如下：

（1）在目录上右键单击鼠标，在打开的快捷菜单中选择【更新域】命令，打开如图 3-6-3（c）所示的"更新目录"对话框。

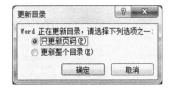

（a）"目录选项"对话框　　　　（b）"样式"对话框　　　　（c）"更新目录"对话框

图 3-6-3　"目录选项"对话框、"样式"对话框及"更新目录"对话框

（2）在对话框中根据用户所做修改的情况，选择【只更新页码】或【更新整个目录】单选项（若没有增加、删除目录项或更改目录项级别，则可以选择【只更新页码】），单击【确定】完成目录更新。

3.6.4　脚注、尾注和批注

1. 脚注和尾注

用户可以在文档中插入脚注和尾注，用于对文档进行补充说明，起注释作用。一般来说，脚注放在当前页面的底部，用于解释本页中的内容，如背景说明或术语解释；尾注放在文档末尾，用来标明文档所引用的参考文献来源。脚注和尾注都由两个关联的部分组成，包括注释引用标记和对应的注释内容。

插入脚注和尾注的方法类似，操作方法如下：

（1）将插入点定位到需要插入脚注或尾注的位置。

（2）单击【引用】→【脚注】组→【插入脚注】或【插入尾注】按钮。

（3）此时插入点位置会插入一个上标形式的标记序号（默认脚注序号为阿拉伯数字，尾注序号为罗马数字），在文档对应位置（页面底端或文档末尾）出现一条横线及相同的标记序号，在标记序号后输入脚注或尾注的注释内容即可。插入脚注和尾注的效果如图 3-6-4（a）所示。

用户也可以通过单击【脚注】组中的右下角按钮 ，打开如图 3-6-4（b）所示的"脚注和尾注"对话框来插入脚注和尾注；若对脚注和尾注做进一步设置，还可以对脚注和尾注进行互换，在此不再详述。

（a）脚注和尾注效果　　　　（b）"脚注和尾注"对话框

图 3-6-4　脚注和尾注效果及"脚注和尾注"对话框

2. 批注

批注是文档编写者或审阅者为文档添加的注释或批语，在对文档进行审阅时，若审阅者只是对文档进行评论或提供意见，而不直接修改文档内容，则可以在文档中插入批注来说明意见和建议，以方便与作者进行交流。

若需要插入批注，可以在选定要插入批注的文本后，单击【审阅】→【批注】组→【新建批注】，在出现的批注文本框中输入批注内容。

若需要在文档中查看多个批注，可以单击【审阅】→【批注】组→【上一条】上一条或【下一条】下一条，依次定位和查看批注。

若需要删除批注，可在选定批注后，单击【批注】组的【删除】删除。若要删除文档中的所有批注，可以单击【删除】按钮的下拉按钮，在打开的下拉列表中选择【删除文档中的所有批注】命令，文档插入批注效果如图 3-6-5 所示。

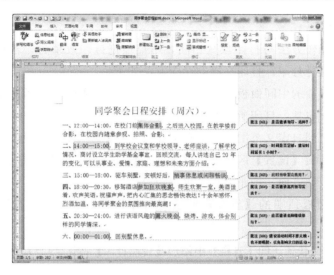

图 3-6-5　文档插入批注效果

3.6.5　打印文档

1. 打印预览

用户经常需要将编辑好的文档进行打印，一般在打印前应先在屏幕上预览文档的打印效果，看看是否符合设计的要求，避免盲目打印，节约纸张。如果预览效果满意，就可以马上打印，否则可对其进行修改，然后再进行打印。预览文档打印效果的操作方法如下：

（1）单击【快速访问工具栏】右侧的【下拉列表】按钮，在下拉列表中选择【打印预览和打印】命令，将【打印预览和打印】按钮添加到快速访问工具栏。

（2）单击【打印预览和打印】按钮，预览打印效果。

（3）也可直接单击【文件】菜单→【打印】命令预览打印效果，打印预览界面如图 3-6-6 所示。

图 3-6-6　打印预览界面

2. 打印文档

打印文档的操作方法与打印预览相同，用户预览打印效果时，若对效果满意，即可在预览界面中进行打印。打印文档的操作方法如下：

（1）在预览界面的中间面板【设置】区域下，单击【打印全部页面】按钮，对打印范围进行设置，包括：打印所有面、打印所选内容（需要在打印前选定打印内容）、打印当前页面和打印自定义范围（需要在下面【页数】框中设置页码范围）。

（2）在中间面板【设置】区域下，设置其他打印选项，包括：是否手动双面打印，调整打印顺序、页面方向、纸张大小、页边距等。

（3）在中间面板顶端的【份数】框设定打印份数，最后单击【打印】按钮打印文档。

用户也可以在【快速访问工具栏】中添加【快速打印】按钮，对文档进行快速打印。

3.6.6 任务实现

【实例 3-6-1】邮件合并创建批量文档。

利用邮件合并功能，制作一批信函形式的成绩通知书，发送给学生家长，学生成绩通知书样式如图 3-6-7（a）所示。

（1）准备数据源文件，新建一个 Word 文档，将学生姓名和成绩等信息输入，制作成如图 3-6-7（b）所示的 Word 表格，完成后以"实例 3-6-1 数据源.docx"为文件名保存数据源文件。

（2）创建主文档，新建一个 Word 文档，按图 3-6-7（a）的样式输入内容，并设置字符、段落等格式，完成后以文件名"实例 3-6-1 主文档.docx"保存主文档。

（a）成绩通知书样式

序号	姓名	语文	数学	英语	政治	物理	化学	生物	总分	平均分	名次
1	李京文	74	81	86	71	71	78	84	545	78	28
2	朱德训	85	72	88	86	70	75	87	563	80	19
3	苏广博	75	81	78	82	71	64	75	526	75	36
4	陈志辉	78	70	87	82	82	62	79	540	77	30
5	李永琪	77	74	85	89	83	73	84	565	81	11
6	蔡龙辉	87	91	87	85	81	83	85	599	86	5
7	叶美鑫	77	75	86	82	70	84	79	546	78	27
8	赖光富	92	96	84	90	92	34	81	599	86	5
9	关敬仪	73	69	90	82	82	66	73	536	77	32
10	谢丽雯	84	29	81	89	75	80	65	563	80	19
11	曾丽花	76	72	91	89	70	82	80	566	81	17
12	林金锋	84	84	93	80	69	74	84	568	81	15
13	李冬梅	90	94	95	93	92	89	78	625	89	1
14	杨宏宇	83	80	90	91	72	75	79	560	80	23
15	曹睿升	74	62	84	83	84	73	70	530	76	34
16	彭启安	87	75	84	71	78	79	73	547	78	26
17	张立强	82	72	85	80	71	75	73	538	77	31
18	曾郑镇	83	64	81	80	71	76	63	515	74	40
19	黄雄生	91	77	90	85	73	71	71	571	82	13
20	叶铜聪	85	67	86	93	71	83	77	562	80	21
21	陈禹诚	77	84	96	82	93	86	80	598	85	7
22	李凯飞	94	80	98	89	85	90	82	606	87	4
23	黄晶涛	80	86	91	93	71	82	84	593	85	10
24	卢兴行	85	95	86	85	95	94	79	619	87	2
25	魔巧盛	75	67	83	86	79	61	69	520	74	38
26	饶庆龙	85	76	91	95	85	80	84	594	85	9
27	陈伟强	93	96	90	85	80	88	87	609	87	3

（b）数据源样式

图 3-6-7　学生成绩通知书及数据源文件样式

（3）进行邮件合并，单击【邮件】选项卡→【开始邮件合并】组→【开始邮件合并】按钮，在打开的如图 3-6-8（a）所示的列表中选择【信函】命令。

（4）单击【选择收件人】按钮，在打开如图 3-6-8（b）所示的下拉列表中选择【使用现有列表】命令，打开如图 3-6-8（c）所示的【选取数据源】对话框，在对话框中浏览找到数据源文件"实例 3-6-1 数据源.docx"，单击【打开】返回主文档。

（5）将插入点定位到主文档中需要插入数据源信息的位置，单击【编写和插入域】组→【插入合并域】[插入 合并域▼]，打开如图 3-6-8（d）所示的下拉列表，在列表中选择需要插入的标签名称，如"姓名""语文""数学"等，重复操作将各个"合并域"插入到主文档相应位置。此时，主文档效果如图 3-6-8（e）所示。

（6）完成合并生成新文档，在主文档中完成插入"合并域"后，可以单击【预览结果】组的【预览结果】按钮，对文档合并效果进行预览。若文档效果没有问题，单击【完成】组的【完成并合并】按钮，打开如图 3-6-8（f）所示的下拉列表，选择【编辑单个文档】命令，接着在打开的如图 3-6-8（g）所示"合并到新文档"对话框中设置【合并记录】选项，确定合并的记录范围后，单击【确定】生成合并后的批量文档，最后以文件名"实例 3-6-1 合并文档.docx"保存合并后的文档即可。

（a）设置邮件类型　　　　　　（b）选择数据源类型

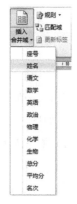

（c）选择数据源　　　　　　　（d）插入合并域

（e）主文档效果　　　　　　　（f）完成并合并

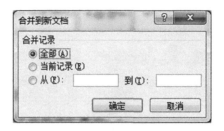

（g）合并到新文档

图 3-6-8　邮件合并制作学生成绩通知书操作步骤

【实例 3-6-2】创建目录。

在文档开头处创建显示级别为三级的目录，其中各级标题设置如下：

（1）将文档中形如"1 绪论、2 多媒体技术、……"的标题设置为一级目录。

（2）将文档中形如"1.1、2.1、……"的标题设置为二级目录。

（3）将文档中形如"2.1.1、2.1.2、……"的标题设置为三级目录。

（4）设置目录文字格式为"宋体、小四"，文档生成的目录如图 3-6-9 所示。

①打开"实例 3-6-2.docx"，单击【视图】→【文档视图】组→【大纲视图】 [大纲视图]，将文档视图改为大纲视图，激活【大纲】选项卡。

②依次选定文档目录项"1 绪论、2 多媒体技术、……"等，单击【大纲】→【大纲工具】组→【大纲级别】 [正文文本 ▾]，在打开的下拉列表中设置"1 级"大纲级别，重复以上操作，分别给文档中其他各级目录项设置相应大纲级别。

③将光标定位到文档标题"多媒体技术在现代教学中的应用"前，单击【页面布局】→【页面设置】组→【分隔符】→【下一节】，插入一个分节符。

图 3-6-9   创建目录效果

④将光标定位到文档标题前一节第一行处，单击【引用】→【目录】组→【目录】→【自动目录 1】命令，完成目录的插入。

项目4　电子表格软件 Excel 2010

Excel 2010 是 Microsoft Office 2010 套装软件中的重要一员，它具有强大的制表和绘图功能，并提供多种数据管理与分析的方法和工具。它不仅能够制作整齐、美观的表格，还可以将表格中的数据以图形、图表的形式表现出来，方便更好地分析和管理数据。

本章将以项目驱动方式，完成如图 4-1-1 所示的"学生成绩统计表"以及其他与学生成绩处理相关的管理、分析工作，并将该项目分解成若干个任务，通过实现每一个任务，由浅入深、循序渐进地介绍 Excel 2010 的基本操作、表格编辑、数据分析、图表制作等各项应用技能。

序号	学号	姓名	性别	出生日期	获奖次数	语文	数学	英语	总分	平均分	名次	获奖	标兵	等级
1	201809001	邓俊磊	男	2001年5月8日	3	77	80	95	252	84.0	2	有		优
2	201809002	黄昌旺	男	2000年8月14日	5	69	41	50	160	53.3	9	有		中
3	201809003	王锦贤	男	2002年1月25日	2		62	80	142	47.3	10	有		差
4	201809004	莫奇志	男	2001年12月14日	1	77	55		132	44.0	12	有		差
5	201809005	俞永鹏	男	2000年6月5日	6	53	51	38	142	47.3	10	有		差
6	201809006	黄珂超	女	2002年12月1日	0	87	74	74	235	78.3	4	无		良
7	201809007	曾灿杰	男	2000年9月23日	8	72	78	91	241	80.3	3	有	是	良
8	201809008	郑洪冰	女	2001年7月8日	10		53	70	123	41.0	13	有		差
9	201809009	李杰	男	2001年3月21日	0	74	59	58	191	63.7	7	无		中
10	201809010	陈恒立	男	2003年1月6日	4	21		83	104	34.7	14	有		差
11	201809011	江鑫	男	2002年4月28日	8	87	79	64	230	76.7	5	有	是	良
12	201809012	李琳	女	2003年3月4日	2	85		84	169	56.3	8	有		中
13	201809013	林忠杰	女	2000年7月27日	7	86	99	90	275	91.7	1	有		优
14	201809014	陈国锦	女	2000年3月15日	9	86	91	42	219	73.0	6	有	是	良

分数段	人数			获奖总人次	65		
	149	5		各科平均分	72.8		
	199	3		各科最高分	87	99	95
	249	4		各科最低分	21	41	38
		2		各科考试人数	12	12	13
				全班人数	14		
				女生获奖次数	28		
				各科及格人数	10	7	9

图 4-1-1　学生成绩统计表

任务 4.1　录入"学生成绩统计表"基础数据

4.1.1　任务描述

要对成绩进行各种统计分析，首先需要建立成绩表结构，并录入学生信息、成绩等基础数据，如图 4-1-2 所示。

	A	B	C	D	E	F	G	H	I	J	K	L	M	N	O
1	学生成绩统计表														
2	序号	学号	姓名	性别	出生日期	获奖次数	语文	数学	英语	总分	平均分	名次	获奖	标兵	等级
3	1	201809001	邓俊磊	男	2001年5月8日	3	77	80	95						
4	2	201809002	黄昌旺	男	2000年8月14日	5	69	41	50						
5	3	201809003	王锦贤	男	2002年1月25日	2		62	80						
6	4	201809004	莫奇志	男	2001年12月14日	1	77	55							
7	5	201809005	俞永鹏	男	2000年6月5日	6	53	51	38						
8	6	201809006	黄珂娟	女	2002年12月1日	0	87	74	74						
9	7	201809007	曾灿杰	男	2000年9月23日	8	72	78	91						
10	8	201809008	郑洪冰	女	2001年7月8日	10		53	70						
11	9	201809009	李杰	男	2001年3月21日	0	74	59	58						
12	10	201809010	陈恒立	男	2003年1月6日	4	21		83						
13	11	201809011	江鑫	男	2002年4月28日	8	87	79	64						
14	12	201809012	李琳	女	2003年3月4日	2	85		84						
15	13	201809013	林忠杰	女	2000年7月27日	7	86	99	90						
16	14	201809014	陈国锦	女	2000年3月15日	9	86	91	42						

图 4-1-2　任务一效果

其任务要求如下：

（1）新建一个空白工作簿，并以文件名"实例 4-1-1 新建、保存工作簿 .xlsx"保存。

（2）输入表格标题、表格各列的列名。

（3）输入序号，以及每个学生的学号、姓名、性别、出生日期、获奖次数，其中序号、学号、性别要求使用快速输入，日期使用长日期格式。

（4）输入各科成绩，要求成绩必须在 0 至 100 之间，否则提示出错。

4.1.2　认识 Excel 2010 工作界面

4.1.2.1　启动、退出 Excel 2010

1. 启动 Excel 2010

启动 Excel 2010 主要有三种方法：

（1）单击【开始】→【所有程序】→【Microsoft Office】→"Microsoft Excel 2010"命令。

（2）双击桌面上的"Microsoft Excel 2010"快捷图标。

（3）打开 Excel 2010 工作簿文件所在的文件夹窗口，双击该工作簿文件。

如果是安装后第一次启动 Excel，系统将出现可用模板界面，单击选择主页上的空白工作簿，然后单击右下角的【确定】按钮，即可进入 Excel 的编辑界面。此时，窗口标题栏将显示工作簿名称为"工作簿 1"。

2. 退出 Excel 2010

退出 Excel 2010 主要有三种方法：

（1）单击 Excel 主界面窗口最右上角的【关闭】按钮。

（2）单击 Excel 主界面窗口的控制菜单按钮 ▣ →单击【关闭】命令。

（3）单击【文件】菜单→单击【退出】命令。

（4）按组合键【Alt】+【F4】。

4.1.2.2 Excel 2010 工作界面组成

成功启动 Excel 2010 后就进入到其工作界面，如图 4-1-3 所示。

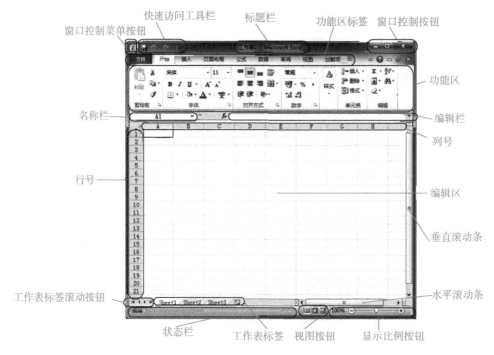

图 4-1-3　Excel 2010 工作界面

图中显示了 Excel 2010 工作界面的各个组成部分，其主要功能见表 4-1-1。

表 4-1-1　Excel 2010 工作界面组成部分功能表

名称	功能
窗口控制菜单图标	单击可打开工作界面的窗口控制菜单
快速访问工具栏	用户根据需要将功能区中常用的功能按钮设置在这里，以便快速操作
标题栏	显示当前正在编辑的工作簿的文件名
功能区标签	显示功能区标签下方的功能区名称
窗口控制按钮	窗口控制菜单中最小化、最大化/还原、关闭窗口 3 个命令的快捷访问按钮
功能区	显示功能按钮，单击不同的功能区标签就有不同的功能区按钮
名称栏	显示当前单元格或区域的地址或名称
编辑栏	显示和编辑单元格的内容，或显示单元格中公式运算的结果
行号	和列号一起，表示编辑区中每个单元格处在哪一行、哪一列，即单元格的地址

名称	功能
列号	和行号一起，表示编辑区中每个单元格处在哪一行、哪一列，即单元格的地址
编辑区	工作区域，由许多类似小方块的单元格组成，用户可在单元格内编辑数据
水平滚动条	浏览工作表在水平方向上未显示的内容
垂直滚动条	浏览工作表在垂直方向上未显示的内容
工作表标签滚动按钮	当存在多个工作表时，单击可实现工作表标签的滚动
工作表标签	显示当前工作表标签的名称，默认有 3 个工作表，名称分别是 Sheet1、Sheet2、Sheet3
状态栏	显示当前工作表的信息
视图按钮	切换工作表的视图类型
显示比例按钮	用于放大或缩小工作表显示的内容

4.1.3　工作簿、工作表、单元格的操作基础

4.1.3.1　工作簿、工作表、单元格、区域的概念

1. 工作簿

一个工作簿通常就是在磁盘上的以 ".xlsx" 为扩展名的文件，也称 Excel 文件，是用于处理和存储数据的文件。启动了 Excel，就是打开了一个工作簿，一个工作簿可以包含多张工作表。

2. 工作表

显示在工作簿窗口中的表格，也称工作表，在工作簿中输入和编辑的数据都存放在工作表里，是 Excel 管理和分析数据的工作场所。默认情况下，新建的工作簿只包含 3 张工作表，分别命名为 "Sheet1" "Sheet2" "Sheet3"。工作表由行、列组成，行号由上到下为 1～1044857，列号由左到右为 A～XFD，一共 16384 列。

3. 单元格

工作表中行列交叉形成的长方形为单元格，输入的数据都保存在单元格中。为标识、引用不同的单元格，由单元格所在的行和列的位置构成单元格地址，即 "行号＋列号"。例如，第 D 列和第 3 行交叉构成的单元格称之为 D3 单元格，D3 也称为该单元格的地址和默认名称。

当前选择的单元格成为当前单元格，若该单元格有内容，则会将该单元格中的内容显示在 "编辑栏" 中。在 Excel 中，单击选择某个单元格后，在窗口 "编辑栏" 左边的 "名称" 框中，将会显示该单元格的名称。

4. 区域

区域是由多个单元格组成的，也称为单元格区域。组成区域的单元格可以是连续的，也可以是不连续的。连续的单元格区域通常用区域左上角、右下角的单元格地址，中间加冒号"："表示，如 H3 单元格与 C5 单元格之间构成的单元格区域表示为 H3：C5。定义完区域后，可以在名称框中给单元格区域命名。

4.1.3.2 工作簿的基本操作

1. 创建新工作簿

要使用电子表格 Excel 进行数据管理和计算，首先需要创建一个工作簿，然后把数据输入到工作簿里的工作表中。

创建工作簿有多种方式，最常见的就是创建一个还没有任何数据的空白工作簿。创建空白工作簿的方法有以下三种：

（1）在启动 Excel 时，会自动创建一个新的空白工作簿。启动后的界面如图 4-1-3 的 Excel 工作界面，其中标题栏显示"工作簿 1-Mcrosoft Excel"表示 Excel 创建了一个新工作簿，并暂时命名为"工作簿 1"。

（2）如果已经启动了 Excel，还想再新建一个新的空白工作簿，则单击【文件】选项卡→单击【新建】命令→双击【空白工作簿】模板。

（3）按组合键【Ctrl】+【N】。

2. 保存工作簿

（1）首次保存。在新创建的工作簿中输入并编辑了数据后，一般都需要将该工作簿保存到磁盘中。首次保存工作簿可以使用以下方法：

①单击快捷工具栏上的保存按钮。

②单击【文件】选项卡→单击【保存】命令。

③按组合键【Ctrl+S】。

无论哪一种方法，都会打开"另存为"对话框，在对话框中选择工作簿存放的文件夹、输入工作簿的名称，然后按【Enter】键，或单击【保存】按钮。

（2）另存为新工作簿。若要将修改后的工作簿存到其他文件夹或更改工作簿名称，则可执行操作：单击【文件】选项卡→单击【另存为】命令，打开"另存为"对话框，设置方法同单击快捷工具栏的保存按钮一样。

（3）直接保存。如果只是将当前工作簿简单地保存，既不改变原来的位置，也不更改名称，则可单击快捷工具栏上的保存按钮或者按组合键【Ctrl】+【S】。

4.1.3.3 工作表的基本操作

1. 选取工作表

工作簿由多个工作表组成，想对某个工作表进行操作，首先要选取该工作表。选取后，该工作表的内容就出现在工作簿的工作窗口中，此时，该工作表就成为当前工作表。

用鼠标单击要选取的工作表的标签，即可选取工作表。

2. 重命名工作表

双击要重命名的工作表的标签→输入新的工作表名称→按【Enter】键。

3. 删除工作表

右键单击所要删除的工作表的标签→选择【删除】命令。

4. 移动工作表

通过移动工作表可以改变工作表的显示顺序，操作方法如下：

（1）鼠标左键单击要移动的工作表标签，按住鼠标不放，然后拖动，此时标签栏上方会出现一个倒三角符号。

（2）继续拖动直到倒三角符号到达放置工作表的位置，松开鼠标。

5. 复制工作表

按住【Ctrl】键，用鼠标拖动工作表标签，直到倒三角符号移动到需要放置的位置，然后松开鼠标。

6. 拆分工作表

拆分工作表是指将工作表从水平方向分成上下两个窗口，或者从垂直方向拆分成左右两个窗口，或者拆分成上下左右四个窗口，每个窗口都可以显示同一个工作表的不同部分，以方便浏览和编辑数据。

如图 4-1-4 所示，可以通过拖动水平拆分线、垂直拆分线到适当位置来拆分工作表。

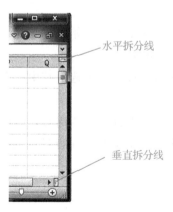

图 4-1-4 拆分工作表

7. 冻结窗口

当滚动工作表浏览大量数据时，数据列表的标题栏或左侧的数据列会滚动出编辑区。此时，可以定位光标，然后冻结光标所在单元格上面的行和左边的列，使其保持不变，然后再滚动浏览数据，操作方法如下：

（1）定位光标在需要冻结的行的下方单元格，或者需要冻结的列的右侧单元格。

（2）单击【视图】选项卡→【窗口】→单击【冻结窗格】，打开如图 4-1-5 所示的下拉列表。

图 4-1-5　【冻结窗格】下拉列表

（3）根据需要单击下拉列表中的命令。

4.1.3.4　单元格的基本操作

1. 选择单元格

单元格的选取操作中，可以选择一个单元格，也可以选择多个相邻或不相邻的单元格等，甚至可以选择整个工作表。选择单元格的操作方法如下：

（1）选择一个单元格。用鼠标单击该单元格，或在名称框中输入单元格的地址后按【Enter】键。

（2）选择所有单元格。单击编辑区左上角的全选按钮 　　　 或按组合键【Ctrl】＋【A】。

（3）选择单元格区域。单击区域左上角起始单元格后，按住鼠标左键不放，拖曳鼠标到右下角的单元格，然后松开鼠标。

（4）选择不相邻的多个单元格。首先单击选中其中一个单元格，然后按住【Ctrl】键不放，依次单击选取其他单元格。

（5）选择整行、整列。用鼠标单击行号或者列号，即可选取行或列。按住【Ctrl】键单击行列号可以选取多行和多列；单击并按住行号或列号然后拖动，可以选取连续的多行或多列。

2. 插入单元格、行、列

插入单元格、行、列的操作方法如下：

（1）单击选择单元格→单击【开始】→【单元格】组→单击【插入】按钮 下方的下拉按钮，在下拉列表中选择【插入工作表行】或【插入工作表列】，即可在当前单元格上方插入一行或在左边插入一列，此处选择"插入单元格"选项。

（2）在打开的"插入"对话框中，单击选中对应的单选项后，单击【确定】按钮。

3. 删除单元格、行、列

删除单元格、行、列的操作方法如下：

（1）单击选择单元格→【开始】→【单元格】组→单击【删除】按钮 下方的下拉按钮，在下拉列表中选择【删除工作表行】或【删除工作表列】，即可删除当前单元格所在的行或列，此处在下拉菜单中选择【删除单元格】选项。

（2）在打开的"删除"对话框中，单击选中对应的单选项后，单击【确定】按钮。

4.1.4　输入数据

创建了工作表后，就可以在工作表的单元格中输入数据。

4.1.4.1　Excel 数据的输入方式

输入数据前，首先要选择需要输入数据的单元格或区域。在单元格中输入数据通常有两种方式：

1. 直接输入

单击选择单元格，直接从键盘上输入数据，然后按【Enter】键确认。

2. 编辑栏输入

单击选择单元格，单击编辑栏，然后输入数据，再按【Enter】键确认。输入公式、函数时，建议采用这种方式。

4.1.4.2　在单元格中输入数据

1. 文本型数据的输入

文本类型的数据有两类：字符型文本和数值型文本。此类型数据在单元格中默认是靠左对齐。

（1）字符型文本是指英文字母、汉字、各种符号等，如图 4-1-2 中表头的各列名称、表格内容中学生的姓名等。

（2）数值型文本是指表面上看上去是数值，但其实是文本的数据。例如电话的区号"020"，如果直接输入，Excel 会将它当成整数数值，自动去掉前面的"0"，变成"20"。这类文本在输入时需在前面添加英文的单引号"'"，如输入区号"020"时，需要输入"'020"，如图 4-1-2 中学号列下的各个学号也是数值型文本数据。

如果在一个区域内输入大量的数值型文本，可以先将该区域的单元格格式设置为文本类型，然后再直接输入，这样就不用在数据前面添加"'"。其操作方法如下：

①选择区域。

②【开始】→【数字】组→单击【数字格式】的下拉按钮 →单击 ABC 文本 选项，如图 4-1-6 所示。

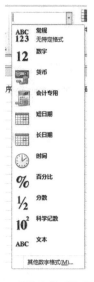

③ 在各个单元格输入数值型文本。

2. 数值型数据的输入

数值类型的数据有三类：整数、小数和分数。数值数据在单元格中默认靠右对齐。

需要注意的是，当输入的小数超过了单元格的列宽时，Excel 会按照四舍五入的规则舍去单元格无法显示的小数位数。

若在单元格中输入分数，需要按照"整数＋空格＋分数"的格式输入。若是真分数，则整数部分不能省略，必须输入"0"，即按照"0＋空格＋分数"格式输入。

数值数据的输入方法就是单击选择单元格后直接从键盘上数据数据，然后按【Enter】键确认。

图 4-1-6 【数字格式】下拉菜单

3. 日期和时间型数据的输入

输入日期数据时，可以使用斜线"/"或连字符"-"分隔日期中的"年、月、日"。而输入时间数据时，则使用冒号"："分隔时间中的"时、分、秒"。

如果要在一个区域内输入大量的日期或时间型数据，可以先将该区域的单元格格式设置为所需的日期或时间格式，然后再直接输入。其操作方法如下：

（1）选择输入区域。

（2）【开始】→【数字】组→单击【数字格式】的下拉按钮▼→在下拉列表中单击【短日期】或【长日期】或【时间】，菜单界面如图 4-1-6 所示。

（3）输入数据。更具体的格式设置可以选择图 4-1-6 所示菜单中的【其他数字格式】选项；或者【开始】→【数字】组→右下角按钮▣，在弹出的"设置单元格格式"对话框中进行具体的设置。

4. 添加、修改批注

所谓批注，就是给单元格加上的说明性文字。添加批注的操作方法如下：

（1）单击要添加批注的单元格。

（2）【审阅】→【批注】组→【新建批注】。

（3）输入批注的内容。

（4）在文本框外单击一下鼠标。

添加批注后，单元格右上方会出现一个红色的小三角形，每当鼠标指针指着这个小三角时就会显示批注的内容。

若要修改批注，则单击批注所在单元格→【审阅】→【批注】组→【编辑批注】，或者右键单击该单元格→在打开的快捷菜单中选择【编辑批注】命令。

4.1.4.3　快速输入相同或序列数据

在某个区域内输入大量相同或有规律的序列数据时，可以使用 Excel 提供的快速输入方法，以达到迅速输入批量数据的目的。

1. 快速输入相同数据

（1）向下、向右、向左、向上填充相同数据。操作思路及步骤如下：

①在第一个单元格输入需要填充的数据。

②选择第一个单元格及需要填充的区域。根据需要向下或向右、向左、向上选择同一行或一列。

③【开始】→【编辑】组→单击【填充】右侧的下拉按钮→根据需要选择向下、向右、向左、向上命令。

（2）使用填充柄向下、向右输入相同数据。如果需在连续的单元格区域内向下方的单元格输入相同数据，还可使用双击填充柄实现快速输入。如果向右方填充，则需要拖曳填充柄覆盖需填充区域。

向下填充的操作思路及步骤如下：

①在区域的第一个单元格内输入第一个数据。

②选择第一个单元格，双击填充柄。

双击填充柄后，数据会自动地一直向下填充，直到遇到该区域左侧的列出现空白为止。注意：如果区域填充后显示为不同的数据，则单击区域右下角的【自动填充选项】的下拉按钮，在展开的列表中选中【复制单元格】单选按钮。

填充时可以选择一列上的多个单元格向右填充，也可以选择一行上的多个单元格向下填充。

（3）利用组合键【Ctrl】＋【Enter】输入相同数据。此方法可在多个不连续或连续的单元格内快速输入相同的数据。操作思路及步骤如下：

①选择需要输入相同数据的单元格区域。如图 4-1-7（a）所示，按住【Ctrl】键用鼠标选择 D1：D3、D5：D6、D11 单元格，然后松开【Ctrl】键。

②单击编辑栏，在编辑栏中输入数据，如图 4-1-7（b）所示。

（a）　　　　　　　　　　　　　　　　（b）

图 4-1-7　在区域内快速输入相同数据

③按组合键【Ctrl】＋【Enter】确认。

2. 快速输入序列数据

序列是指具有一定规律的数据，如等差数列、等比数列、呈递增序列的日期等。使用填充柄、序列对话框均能实现在区域内快速填充序列。

（1）使用填充柄。使用填充柄可以在单元格区域内快速输入有规律的序列数据。操作思路及步骤如下：

①在第一、二个单元格中分别输入序列的第一、二个数据，然后选择这两个单元格，如图 4-1-8（a）所示。

②双击填充柄，结果如图 4-1-8（b）所示。

	A	B
2	序号	学号
3	1	091005101
4	2	091005102
5		091005103
6		091005104
7		091005105
8		091005106
9		091005107
10		091005108
11		091005109

（a）

	A	B	
1			
2	序号	学号	姓
3	1	091005101	谢
4	2	091005102	冯
5	3	091005103	林
6	4	091005104	罗
7	5	091005105	陈
8	6	091005106	王
9	7	091005107	肖
10	8	091005108	莫
11	9	091005109	陈
12		图··	

（b）

图 4-1-8　使用填充柄实现区域内快速输入序列数据

如果需要向右填充，可将步骤②改为向右拖曳填充柄覆盖需要填充的区域。

填充时可以选择一列上的多个单元格向右填充，也可以选择一行上的多个单元格向下填充。

（2）使用序列对话框。若要在区域内进行复杂一点的序列，可以在序列对话框中进行设置，然后自动填充。操作思路及步骤如下：

①在序列所在区域的第一个单元格输入数据。

②选择需要填充序列的区域。

③【开始】→【编辑】组→单击【填充】右侧的下拉按钮→选择【序列】命令，打开图 4-1-9 所示的"序列"对话框中。

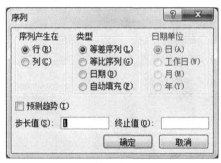

图 4-1-9　"序列"对话框

④在对话框中进行相应的设置，然后按【确定】按钮。

在序列对话框中，如果序列是向右填充，则"序列产生在"选项组应该选择"行"；如果序列是向下填充，则选择"列"。

在自动填充时，自动填充值的范围不能超出②中选择的填充区域。如果填充值还没有超出填充区域就已经达到终止值，则自动填充也会截止。

（3）自定义填充序列。除了常见的等差序列、等比序列、日期和时间序列外，Excel 2010 内部还提供了其他一些常见的规律性数据序列，如"一月、二月、……、十二月"等，如图 4-1-10 所示。

图 4-1-10　"自定义序列"对话框

对于这些内部提供的序列，只要在单元格中输入该序列的一个值，拖动填充柄，就会自动填充该序列的数据项。

用户还可以利用"自定义序列"对话框来自由定义序列。打开"自定义序列"对话框的操作方法如下：

①【文件】→【选项】，打开"Excel 选项"对话框。

②单击【高级】命令→向下拖动滚动条→【常规】→【编辑自定义列表】，如图 4-1-11 所示。

图 4-1-11　打开编辑自定义列表

如果系统没有提供需要的序列，那么还可以自定义序列。操作方法如下：

①按照上面的方法打开如图 4-1-10 所示的"自定义序列"对话框。

②单击左边的【新序列】选项。

③在右边的【输入序列】下的文本框中依次输入序列的各个数据项，每输完一个数据项就敲回车键或用英文逗号分隔各数据项。

④单击【添加】按钮，然后单击【确定】按钮。

⑤在"Excel 选项"对话框中单击【确定】按钮。

4.1.4.4 使用数据有效性限制数据输入内容

数据有效性是指设置单元格可以输入的有效的数据值范围以及类型等，同时还可以设置对应的提示信息和警告信息。

要使用数据有效性，整体上需分 5 个步骤：

（1）选择需要限制数据输入的单元格区域。

（2）打开"数据有效性"对话框：【数据】→【数据选项】组→【数据有效性】→"数据有效性"对话框，如图 4-1-12 所示。

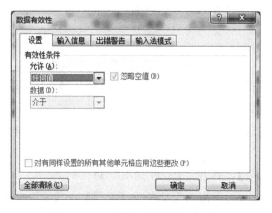

图 4-1-12 "数据有效性"对话框

（3）设置数据的限制条件。

（4）设置输入的提示信息。

（5）设置输入超出限制时的出错警告信息。

其中，对第（3）步骤，根据数据的限制条件不同，有不同的设置方法。单击【允许】选项的下拉按钮，可以看到 Excel 提供了"整数""小数""序列""日期""时间""文本长度"和"自定义"等 7 种限制。下面的图 4-1-13、4-1-14 分别表示限制输入是"整数""序列"的设置界面。

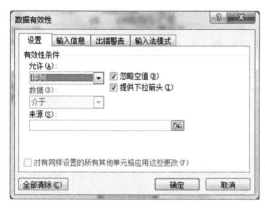

图 4-1-13   限制输入为整数

图 4-1-14   限制输入为序列

对于图 4-1-13，分别在"最小值"和"最大值"文本框输入数据的上下限整数值即可；也可以单击【数据】选项的下拉列表，限制输入的整数范围为"介于""等于""小于或等于"等限制。

对于图 4-1-14，要输入允许的序列值，有两种方式：

①直接输入。在"来源"下的文本框中输入限制输入的具体序列值，序列值之间要用英文逗号分隔，例如要限制学生的专业则输入"计算机应用，网络工程，软件工程"。

②选取工作表中已经输入序列值的区域。这就要求在设置"数据有效性"之前先在工作表的空白区域输入序列值，再进入到图 4-1-14 的界面，单击"来源"右侧的选择数据区域按钮，选取序列值所在的单元格区域。

设置了限制输入序列值的数据有效性后，单击该单元格，其右侧会出现一个下拉按钮。通过单击该下拉按钮可以选择某一序列值作为输入值，而且该单元格只能输入序列值中的一个。

4.1.5   修改单元格内容

其实，我们可以把 Excel 单元格内存储的数据分为三部分：

（1）内容：就是输入到单元格内的文本、数值、符号和公式函数的结果等。

（2）格式：就是单元格的内容以什么样的形式呈现出来，比如单元格背景色、字体及颜色、字号、数值显示的形式（如小数点位数、日期格式、货币格式等）。

（3）其他：如批注、超级链接等。除非特殊说明，后文中的数据一般是指内容。对单元格数据的编辑其实就是编辑这三部分数据。

当单元格的内容出现错误时，可以进行修改。

1. 全部修改

当单元格的内容全部错误时，单击选中单元格，然后直接输入正确的内容，再按【Enter】键。

2. 部分修改

当单元格的内容只是部分错误时，双击单元格进入到单元格里面，选中错误内容，然后直接输入正确的内容，再按【Enter】键确认。

当然，也可在选中单元格后，在编辑栏中修改。这种方式一般适用于单元格的数据长度比较长或是用公式、函数计算的结果的情况。

3. 取消修改

如果在修改的过程中想取消本次修改，恢复原来的数据，则可按【Esc】键。

4.1.6　删除单元格数据

1. 删除单元格区域的内容

单击选中单元格区域，按【Delete】键。也可在选中单元格区域后，单击【开始】→【编辑】组→【清除】→【清除内容】。

2. 删除单元格格式

单击选中单元格，选择【开始】选项卡→【编辑】组→【清除】→【清除格式】。

3. 删除批注

单击选中单元格，选择【开始】选项卡→【编辑】组→【清除】→【清除超批注】。

4. 删除超链接

单击选中单元格，选择【开始】选项卡→【编辑】组→【清除】→【清除超链接】，该功能用于取消网址链接。

5. 删除全部数据

单击选中单元格，选择【开始】选项卡→【编辑】组→【清除】→【全部清除】。

这里所说的"全部数据"，是指前文提及的 Excel 单元格内存储的三部分数据：内容、格式及批注超链接等其他数据。删除全部数据就是将这三部分数据全部删除。

4.1.7　复制、移动数据

4.1.7.1　复制数据

复制数据是指将源单元格或区域中的数据复制到目标位置。复制数据可以复制单元格或区域的全部数据，称为全部复制，通常没有特殊说明，复制就是全部复制。但是，一个单元格里的数据可能含有内容、格式、批注、公式等，因此在复制数据时可能只需复制其中的一部分，甚至可以在复制的同时还可以进行算术运算、行列转置等，这些复制部分数据的操作叫作选择性粘贴。

1. 全部复制

（1）利用剪贴板。操作方法如下：

①选择要复制的单元格或区域。

②按组合键【Ctrl】＋【C】，将数据复制到剪贴板。

③单击选择目标单元格或区域左上角的单元格。

④按组合键【Ctrl】＋【V】，将数据从剪贴板粘贴下来。

（2）鼠标拖动。操作方法如下：

①选择要复制的单元格或区域。

②将鼠标移动到所选择单元格的边框上，当鼠标变成可移动状时，按下鼠标左键，同时按住【Ctrl】键。

③拖动鼠标，直到出现的虚框移动到目标位置，然后释放鼠标，并释放【Ctrl】键。

这种方式适合于目标区域与原区域同在一个屏幕时使用。

2. 选择性粘贴

操作方法如下：

（1）选择需要复制的单元格或区域。

（2）按组合键【Ctrl】＋【C】，将数据复制到剪贴板。

（3）单击选择目标单元格或目标区域左上角的单元格。

（4）【开始】→【剪贴板】组→单击【粘贴】按钮右侧的下拉按钮→【选择性粘贴】，打开如图 4-1-15 所示的"选择性粘贴"对话框。

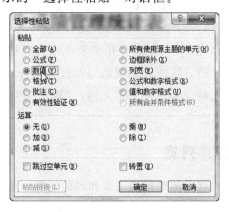

图 4-1-15 "选择性粘贴"对话框

（5）在打开的"选择性粘贴"对话框中选择需要粘贴的选项。

（6）单击【确定】按钮。

4.1.7.2 移动数据

移动数据是指将源单元格或区域中的数据移动到目标位置。要移动单元格数据有以下几种不同的方式。

1. 利用剪贴板

操作方法如下：

（1）选择要移动的单元格或区域；

（2）按组合键【Ctrl】＋【X】，将数据复制到剪贴板；

（3）单击目标单元格或目标区域的左上角单元格；

（4）按组合键【Ctrl】＋【V】，将数据从剪贴板粘贴下来。

2. 鼠标拖动

操作方法如下：

（1）选择要移动的单元格或区域；

（2）将鼠标移动到所选单元格或区域的边框线上，当鼠标变成可移动状时，按下鼠标左键；

（3）拖动鼠标，直到出现的虚框移动到目标单元格或区域，然后释放鼠标。

4.1.8　合并、拆分单元格

合并单元格是指将同行或同列的多个单元格合并成为一个单元格。如果合并前同行或同列有两个或两个以上单元格含有数据，则合并后只保留该行或该列左上角单元格的数据。操作方法如下：

（1）选择需要合并的行或列；

（2）【开始】→【对齐方式】组→【合并后居中】或其下拉按钮并在其下拉列表中选择命令。

在下拉列表中，"合并后居中"是指合并多个单元格后将数据居中显示；"跨越合并"是指选取多行进行合并时，将所选区域的每一行分别合并成一个单元格；"合并单元格"是将所选的多个单元格合并成一个单元格；"取消单元格合并"是指将已经合并的单元格恢复到合并前的状态。

4.1.9　调整行高、列宽

所谓调整行高和列宽，就是调整行的高度和列的宽度，相当于调整单元格的大小。

4.1.9.1　调整行高

1. 拖动调整行高

可以通过拖动鼠标的方式来直观地调整行高。其操作方法如下：将鼠标移到行号范围，并指向要改变行高的行下方的行分割线，此时鼠标指针会变成形状，按住鼠标左键不放，上下拖动到合适的位置时释放鼠标。

2. 精确调整行高

操作方法如下：

（1）选择准备调整行高的一行或多行；

（2）单击【开始】选项卡→【单元格】组→单击【格式】按钮→单击【行高】命令；

（3）在打开的"行高"对话框中输入行高值，单击【确定】按钮。

3. 自动调整行高

操作方法如下：

（1）选择准备调整行高的一行或多行；

（2）【开始】→【单元格】组→【格式】→【自动调整行高】。

4.1.9.2 调整列宽

1. 拖动列宽

可以通过拖动鼠标的方式来直观地调整列宽。其操作方法如下：将鼠标移动到列号范围，并将鼠标指向要改变列宽的列右侧的列分割线，此时鼠标会变成 ╂ 形状，按住鼠标左键不放，左右拖动到合适的位置时释放鼠标。

选择多列后拖动调整分割线的位置，可以一次性改变多列的列宽。

2. 精确调整列宽

操作方法如下：

（1）选择准备调整列宽的一列或多列；

（2）【开始】→【单元格】组→【格式】→【列宽】；

（3）在打开的"列宽"对话框中输入列宽值，单击【确定】按钮。

3. 自动调整列宽

操作方法如下：

（1）选择准备调整列宽的一列或多列；

（2）【开始】→【单元格】组→【格式】→【自动调整列宽】。

4.1.10 调换数据区域

调换数据区域是指将选中的数据区域移动到指定的位置后，其后的数据自动填充到数据移动后留下的空白区域，实现数据区域的调换要结合【Shift】键。调换数据区域的操作方法如下：

（1）选择要调换的其中一个数据区域，如图 4-1-16（a）所示。

（2）将鼠标指针指向所选区域的边框，当鼠标变成可移动状，按下鼠标左键，同时按下【Shift】键，如图 4-1-16（b）所示。

（3）拖动鼠标，移动到目标位置，如图 4-1-16（c）所示。

（4）释放鼠标和【Shift】键，其结果如图 4-1-16（d）所示。

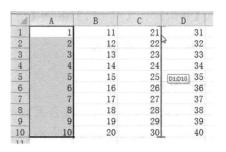

（a）选取区域　　　　　　　　　　　（b）按【Shift】键

（c）鼠标拖动　　　　　　　　　　　（d）调换结果

图 4-1-16　调换数据区域

4.1.11　查找/替换数据

在进行查找/替换前，首先要选择查找/替换的范围，这个范围可以是单元格区域、单个工作表或多张工作表、工作簿。查找/替换的大致操作方法如下：

（1）选择范围；

（2）【开始】→【编辑】组→【查找和选择】→【查找】/【替换】；

（3）在打开的"查找和替换"对话框中进行相应的设置和操作。

4.1.12　撤消和恢复操作

Excel 中提供了撤消和恢复操作，能够将数据和编辑结果恢复到指定的编辑步骤后重新编辑，以快速改正编辑过程中出现的错误。大致的操作方法是：单击快速访问工具栏的【撤消】 或【恢复】按钮 ；如果要恢复到之前的若干步编辑结果可以连续单击，也可以单击按钮旁边的下拉按钮打开下拉列表选择需要恢复的步骤。

4.1.13　任务实现

【实例 4-1-1】新建与保存工作簿。

启动 Excel 2010，新建一个空白工作簿，并以文件名"实例 4-1-1.xlsx"保存文档。

（1）【开始】→【所有程序】→【Microsoft Ofice】→【Microsoft Excel 2010】命令，启动 Excel 2010。

（2）选择【文件】→【保存】。

（3）在打开的"另存为"对话框的地址栏下拉列表框中选择文件保存路径，在文件名下拉列表框中输入"实例 4-1-1"，在保存类型下拉列表框中选择"Excel 工作簿（＊.xlsx）"。

（4）单击【保存】按钮。

【实例 4-1-2】输入标题与表头。

打开"实例 4-1-2.xlsx"，在 A1 单元格输入成绩表标题"学生成绩统计表"，在 B2：O2 区域输入表头字段。

（1）单击选择 A1 单元格。

（2）单击编辑栏，输入"学生成绩统计表"，按【Enter】键。

（3）单击 A2 单元格，输入"序号"。

（4）按【Tab】键切换到 B2 单元格，输入"学号"。

（5）使用相同方法，依次在 C2：O2 区域，输入各个表头字段。

【实例 4-1-3】输入序号与学号。

打开"实例 4-1-3.xlsx"，使用填充功能在 A3：A16 区域输入序号，在 B3：B16 区域输入学号。

（1）单击 A3 单元格，输入"1"，按【Enter】键。

（2）在 A4 单元格输入"2"，按【Enter】键。

（3）选择 A3：A4 区域，拖曳填充柄到 A16 单元格，然后松开鼠标左键。

（4）选择 B3：B16 区域，【开始】→【数字】组→单击【数字格式】的下拉按钮 ▾ →【文本】。

（5）单击 B3 单元格，输入"201809001"，按【Enter】键，单击 B4 单元格，输入"201809002"，按【Enter】键。

（6）选择 B3：B4 区域，双击区域右下角的填充柄。

（7）将鼠标移动到 B 列列名"B"与 C 列列名"C"之间，当鼠标变成 ┿ 状时，按下鼠标左键，并向右拖动鼠标调整 B 列的宽度，直到 B3：B16 的学号能够显示完整。

【实例 4-1-4】输入学生信息与获奖次数。

打开"实例 4-1-4.xlsx"，在 C4：C16 区域输入学生姓名；使用快速输入法在 D3：D7 区域输入性别；在 E4：E16 区域输入出生日期，要求使用长日期格式；在 F4：F16 区域输入获奖次数。

（1）单击 C3 单元格，输入"邓俊磊"，然后按【Enter】键。

（2）使用相同方法，在 C4：C16 区域输入各位学生的姓名。

（3）选择 D3：D7 区域，然后按住【Ctrl】键不放，单击 D9 单元格，选择 D11：

D13 区域，然后松开【Ctrl】键。单击编辑栏，输入"男"，然后按组合键【Ctrl＋En-ter】。

（4）单击 D8 单元格，然后按住【Ctrl】键不放，单击 D10 单元格，选择 D12：D16 区域，然后松开【Ctrl】键。单击编辑栏，输入"女"，然后按组合键【Ctrl＋En-ter】。

（5）选择 E3：E16 区域，【开始】→【数字】组→单击【数字格式】的下拉按钮 ▼ →【长日期】。

（6）单击 E3 单元格，输入"2001-5-8"，按【Enter】键。用相同方法，在 E4：E16 区域里依次输入各学生的出生日期。

（7）单击 F3 单元格，输入"3"，然后按【Enter】键。使用相同方法，在 F4：F16 区域输入各位学生的获奖次数。

【实例 4-1-5】输入各科成绩。

打开"实例 4-1-5.xlsx"，在 G3：I16 区域输入各科成绩。要求使用数据有效性，控制只能输入 0～100 的整数；输入时只要鼠标移动到成绩单元格，则显示提示"0～100 的整数"；如果输错则弹出提示信息"成绩超出范围！"。

（1）选择 G3：I16 区域，【数据】→【数据工具】组→【数据有效性】→【数据有效性】，打开"数据有效性"对话框。

（2）【设置】→【有效性条件】→单击【允许】栏下拉按钮 ▼ →选择【整数】。

（3）单击【数据】栏下拉按钮 ▼ →【介于】。

（4）在【最小值】栏的文本框中输入"0"，在【最大值】栏的文本框中输入"100"。

（5）【输入信息】→在【标题】栏输入"考试成绩"→在【输入信息】栏输入提示"0～100 的整数"。

（6）【出错警告】→在【标题】栏输入"输入错误"→在【错误信息】栏输入提示"成绩超出范围！"。

（7）单击【确定】按钮。

（8）在 G3：I16 单元格依次输入各科成绩。

任务 4.2　设置工作表格式

4.2.1　任务描述

输入成绩后需要对表格进行格式设置，其效果如图 4-2-1 所示。任务描述如下：

（1）设置标题、表头及其他单元格的字体格式和颜色。

（2）调整表格各部分行高、列宽，使其能够完整显示内容。

（3）设置标题跨列居中及各单元格的对齐方式。

（4）使用条件格式将不及格的成绩标识出来。

（5）给表格添加网格线。

序号	学号	姓名	性别	出生日期	获奖次数	语文	数学	英语	总分	平均分	名次	获奖	标兵	等级
1	201809001	邓俊磊	男	2001年5月8日	3	77	80	95						
2	201809002	黄昌旺	男	2000年8月14日	5	69	41	50						
3	201809003	王锦贤	男	2002年1月25日	2		62	80						
4	201809004	莫奇志	男	2001年12月14日	1	77	55							
5	201809005	俞永鹏	男	2000年6月5日	6	53	51	38						
6	201809006	黄珂娟	女	2002年12月1日	0	87	74	74						
7	201809007	曾灿杰	男	2000年9月23日	8	72	78	91						
8	201809008	郑洪冰	女	2001年7月8日	10		53	70						
9	201809009	李杰	男	2001年3月21日	0	74	59	58						
10	201809010	陈恒立	男	2003年1月6日	4	21		83						
11	201809011	江鑫	男	2002年4月28日	8	87	79	64						
12	201809012	李琳	女	2003年3月4日	2	85		84						
13	201809013	林忠杰	女	2000年7月27日	7	86	99	90						
14	201809014	陈国锦	女	2000年3月15日	9	86	91	42						

学生成绩统计表

图 4-2-1　任务二效果

4.2.2　设置字体格式

Excel 的字体格式设置是指设置单元格中数据的显示格式，如字体、字型、字号、颜色等。要设置字体格式，有以下三种方式：

1. 设置单元格格式对话框方式

操作方法如下：

（1）选择单元格区域。

（2）【开始】选项卡→【字体】组→右下角按钮 ，打开如图 4-2-2 所示的"字体"对话框。

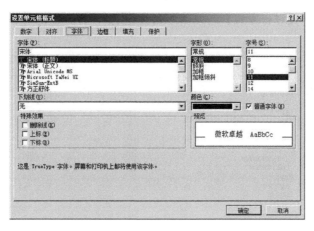

图 4-2-2　"设置单元格格式"对话框

（3）在对话框中根据需要设置字体、字形、字号等。

（4）单击【确定】按钮。

2. 功能区按钮方式

操作方法如下：

（1）选择单元格区域。

（2）【开始】→【字体】组→单击功能组上的字体格式按钮（如图 4-2-3 所示）。

3. 浮动工具栏方式

操作方法如下：

（1）选择单元格区域。

（2）右键单击所选择的单元格区域。

（3）单击字体格式浮动工具栏中的相应按钮，如图 4-2-4 所示。

图 4-2-3　【字体】功能组　　　　　　图 4-2-4　字体格式浮动工具栏

4.2.3　设置单元格对齐方式

Excel 提供两种方式可以设置文字在单元格内的对齐方式。

1. 对话框方式

操作方法如下：

（1）选择需要设置对齐方式的单元格。如果选择整行/列，则是准备设置该行/列所有单元格的对齐方式，也可以是多行或多列。

（2）【开始】→【对齐方式】组→右下角按钮 ，打开如图 4-2-5 所示的"设置单元格格式"对话框。

图 4-2-5　"设置单元格"格式对话框

（3）在对话框中的【对齐→文本对齐方式】下进行水平对齐、垂直对齐的设置。

（4）设置完毕后，单击对话框下方的【确定】按钮。

在对话框中，还可以进行文本在单元格中自动换行、缩小字体填充、合并单元格、设置文字方向与倾斜角度等的详细设置。

2. 功能区方式

Excel 在功能区提供了文本对齐的常用设置的功能按钮，如图 4-2-6 所示，可以进行快速设置。

图 4-2-6　对齐方式功能按钮

上图左侧所示 6 个功能按钮中，上方的 3 个按钮属于垂直对齐方式，从左向右分别表示垂直方向的顶端对齐、垂直居中、底端对齐；下方的 3 个属于水平对齐方式，从左向右分别表示水平方向的左对齐、居中和右对齐。

操作方法如下：

（1）选择需要设置对齐方式的单元格。

（2）【开始】→【对齐方式】组→根据需要单击图 4-2-6 所示的对齐功能按钮。

4.2.4　绘制边框和网格

Excel 中绘制边框是指给单元格区域的四周绘制线条作为边框，即指绘制外框，区域内部没有线条；绘制网格是指同时绘制区域的外框和内部线条。

4.2.4.1　使用功能按钮设置

1. 使用预设样式设置边框

该方式一次只能绘制一条框线，并且绘制的框线统一采用 Excel 默认的线条大小和颜色，无法设置不同大小、颜色的框线。操作方法如下：

（1）选择需要设置边框的单元格或区域。

（2）【开始】→【字体】组→单击 ⊞▾ 的下拉按钮。

（3）在如图 4-2-7 所示的【边框】栏中选择框线类型。

2. 手工绘制边框或网格

该方式可以设置框线的颜色和线型，并且是一次

图 4-2-7　【边框】下拉菜单

性绘制整个边框或整个网格，但无法分别设置和绘制各条框线和网格线。操作方法如下：

（1）【开始】→【字体】组→单击【其他边框】 田 ▼ 的下拉按钮。

（2）在如图 4-2-8 所示的【绘制边框】栏中设置边框的线条颜色、线型。提示：在选择颜色时，将鼠标在某个主题颜色上停留一会儿，系统会提示该主题颜色的类型。

（3）选择如图 4-2-8 所示的【绘图边框】/【绘图边框网格】，此时鼠标变成画笔形状。

图 4-2-8　【绘制边框】下拉菜单

（4）按下鼠标左键，拉框覆盖要绘制边框/网格的区域。

4.2.4.2　使用对话框绘制边框和网格

该方式可以将外框线和内部框线分别设置成统一的线条样式和颜色，也可以将各条内框线设置成不同的样式和颜色。操作方法如下：

（1）选择需要设置边框的单元格或区域。

（2）【开始】→【字体】组→单击【其他边框】 田 ▼ 的下拉按钮→ 田　其他边框(M)…，打开如图 4-2-9 所示的"设置单元格格式"对话框。

图 4-2-9　"设置单元格格式"对话框

（3）在"线条"栏、"颜色"栏设置分别设置线条的样式和颜色。

（4）在"预设"栏、"边框"栏中单击步骤（2）的设置所使用的框线对应的按钮。

（5）重复步骤（3）（4），设置各条框线。

（6）单击【确定】按钮。

重复单击"边框"栏的各类型框线，可以取消或重新绘制框线。利用该功能可以将各条外框线、内框线设置成不同的样式和颜色。

4.2.5　填充颜色

填充颜色是指给单元格或区域设置背景色。其操作方法如下：

（1）选择单元格区域。

（2）【开始】→【字体】组→单击【填充颜色】 ◇· 的下拉按钮。

（3）在"主题颜色"或"标准色"中单击所需的颜色。若要填充其他颜色则单击"其他颜色"进行选择。

若要为区域填充背景色、设置填充效果、图案等，可打开图 4-2-5 所示的"设置单元格格式"对话框，在【填充】选项卡中进行设置。

4.2.6　套用表格格式

如果用户不想浪费太多的时间设置工作表格式，可以利用套用工作表格式功能直接使用系统已经设置好的表格格式。这样不仅可提高工作效率，还可保证表格格式美观。其操作方法如下：

（1）选择表格所在的单元格区域。

（2）【开始】→【样式】组→【套用表格格式】→单击其中一种表样式。

（3）如果所选择的单元格区域包含了表格的标题，则勾选【表包含标题】选项。

（4）单击【确定】按钮。

4.2.7　设置条件格式

条件格式指通过改变满足条件的单元格的外观格式，以便更直观地显示、分析数据。其操作方法如下：

（1）选择需要使用条件格式的单元格区域。

（2）【开始】→【样式】组→【条件格式】，打开如图 4-2-10 所示的下拉列表。

（3）选择列表中的一个规则并进行设置。

4.2.8　任务实现

【实例 4-2-1】设置字体格式。

打开"实例 4-2-1.xlsx"，设置表标题格式：华文隶书，字号 24，加粗，红色；设置表格栏头字段格式：宋体，字

图 4-2-10　【条件格式】下拉列表

号 17，加粗，浅绿色；设置数据区域 A3：O16 格式：宋体，字号 17。

（1）用对话框设置：选择 A1 单元格，【开始】→【字体】组→单击右下角的 ，打开"设置单元格格式"对话框，【字体】→在【字体】栏选择"华文隶书"，在【字形】栏选择"加粗"，在【字号】栏选择"24"，在【颜色】栏的下拉列表中选择"标准色-红色"，单击【确定】按钮。

（2）用功能按钮设置：选择 A2：O2 区域，【开始】→【字体】组→在【字体】栏下拉列表中选择"宋体"，【开始】→【字体】组→单击【字号】文本框→输入"17"，按【Enter】键；【开始】→【字体】组→单击 **B** 按钮；【开始】→【字体】组→在【颜色】栏的下拉列表中选择"标准色-浅绿色"。

（3）选择 A3：O16 区域，【开始】→【字体】组→在【字体】栏下拉列表中选择"宋体"，【开始】→【字体】组→单击【字号】文本框→输入"17"，按【Enter】键。

【实例 4-2-2】调整行高列宽。

打开"实例 4-2-2.xlsx"，使用多种方法调整学号、姓名、出生日期、获奖次数等列的列宽，使其能够完整显示；设置表格各行的行高为 20。

（1）将鼠标移动到 B 列列名"B"与 C 列列名"C"之间，当鼠标变成 时按下鼠标向右拖动，直到 B 列能够完整显示学号为止。

（2）单击 C 列任一单元格，如单击 C5 单元格，【开始】→【单元格】组→【格式】→【列宽】，在弹出来的对话框中输入"11"，单击【确定】按钮。

（3）单击 E 列列名"E"选择 E 列，【开始】→【单元格】组→【格式】→【自动调整列宽】。

（4）使用步骤（1）～（3）的任一种方法，调整 F 列的列宽，使其完整显示栏头"获奖次数"。

（5）选择第 2～16 行，【开始】→【单元格】组→【格式】→【行高】，在弹出来的对话框中输入"20"，单击【确定】按钮。

【实例 4-2-3】设置单元格对齐格式。

打开"实例 4-2-3.xlsx"，设置对齐格式，其中标题栏"学生成绩统计表"在 A1：O1 区域跨列居中，表头栏居中，除学号、姓名、出生日期四列外，其他列的数据全部水平居中对齐。

（1）选择 A1：O1 区域，【开始】→【对齐方式】组→【合并后居中】。

（2）选择 A2：O2 区域，【开始】→【对齐方式】组→单击居中按钮 。

（3）选择 A3：A16 区域，【开始】→【对齐方式】组→单击居中按钮 。

（4）选择 D3：D16 区域，【开始】→【对齐方式】组→单击居中按钮 。

（5）选择 F3：O16 区域，【开始】→【对齐方式】组→单击居中按钮 。

【实例 4-2-4】设置条件格式。

打开"实例 4-2-4. xlsx",将成绩小于 60 分的单元格突出显示:填充浅红色底纹,字体颜色设为深红色。

(1) 选择 G3:I16 区域。

(2)【开始】→【样式】组→【条件格式】→【突出显示单元格规则】→【小于】。

(3) 在弹出来的"小于"对话框左边的文本框中输入"60",在右边的列表中选择"浅红填充色深红色文本"。

(4) 单击【确定】按钮。

【实例 4-2-5】设置边框及底纹。

打开"实例 4-2-5. xlsx",给整个表格加上内外框线,将表头栏填充颜色"茶色,背景 2,深色 10%"。

(1) 选择 A2:O16 区域。

(2)【开始】→【字体】组→单击【边框】 右侧的下拉按钮→单击【所有边框】 。

(3) 选择 A2:O2 区域。

(4)【开始】→【字体】组→单击【填充颜色】 右侧的下拉按钮→选择【主题颜色】下的"茶色,背景 2,深色 10%"(第 2 行第 3 列)。

任务 4.3 　成绩统计

4.3.1 　任务描述

考完试录入成绩后,需要进行各项统计分析,任务简要描述如下:

(1) 使用公式计算各人的总分、平均分。

(2) 使用函数求各人名次、获奖的总人次、各科平均分、各科最高分、各科最低分、各科参加考试人数、全班人数、女生获奖总次数、各科及格人数。

(3) 使用频度函数 FREQUENCY 计算指定的各分数段的人数。

(4) 使用 IF 函数判断学生是否获过奖、是否标兵、并根据总分判断其级别。

(5) 使用数据库函数统计女生总分的平均分、总分的最高分。

4.3.2 　公式

4.3.2.1 　公式的概念与引入

公式是 Excel 工作表中对数据进行计算和分析的等式。公式是以"="号开始的,

Excel 会自动对"＝"后面的数学表达式进行计算。

例如，要在 A1 单元格中计算"2＋3"的结果，可按如下步骤操作：

（1）单击 A1 单元格。

（2）单击编辑栏，输入"＝2＋3"。

（3）按【Enter】键。

这时，A1 单元格就会显示出 2 加 3 的结果"5"，而编辑栏显示的依然是公式"＝2＋3"。

4.3.2.2　公式的组成要素

公式的组成要素为等号、运算符、常量、单元格地址、函数、名称等，见表4-3-1。

表 4-3-1　公式的组成要素

公式	说明	作用
＝2＋3	包含常量的公式，2 和 3 为常量	求 2 加 3 的结果
＝A1 * 0.6	包含单元格引用的公式	将单元格 A1 的数据乘以 0.6
＝SUM（A1：A6）	包含函数的公式	用求和函数 SUM（），对 A1 到 A6 单元格的数据求和
＝考试成绩 * 60％＋平时成绩 * 40％	包含名称的公式	按比例求总评成绩

4.3.2.3　Excel 中的运算符

Excel 公式就是用各种运算符对表达式中的各种元素进行算术运算和逻辑运算。Excel 包含四种类型的运算符：算术运算符、比较运算符、文本连接符和引用运算符。

1. 算术运算符

算术运算符进行基本的数学运算，如加法、减法、乘法或除法等，见表4-3-2。

表 4-3-2　算术运算符

算术运算符	含义	示例	结果
＋（加号）	加法	＝4＋5	9
－（减号）	减法	＝6-3	3
*（星号）	乘法	＝2 * 3	6
/（正斜杠）	除法	＝7/7	1
％（百分号）	百分比	＝20％	0.2
^（脱字号）	乘方	＝3^2	9

2. 比较运算符

比较运算符用于比较两个值，结果为逻辑值 TRUE 或 FALSE，见表 4-3-3。

表 4-3-3　比较运算符

比较运算符	含义	示例	结果
＝（等号）	等于	＝3＝4	FALSE
＜＞（不等号）	不等于	＝3＜＞4	TRUE
＞（大于号）	大于	＝5＞6	FALSE
＜（小于号）	小于	＝5＜6	TRUE
＞＝（大于等于号）	大于或等于	＝7＞＝8	FALSE
＜＝（小于等于号）	小于或等于	＝7＜＝8	TRUE

3. 文本连接符

文本连接符即与号（&）用于连接一个或多个文本字符串，以生成连续的文本，见表 4-3-4。

表 4-3-4　文本连接符

文本连接符	含义	示例	结果
&（与号）	文本连接	＝"A" & "D"	AD

4. 引用运算符

引用运算符可以对单元格区域进行合并计算，见表 4-3-5。

表 4-3-5　引用运算符

引用运算符	含义	示例
：（冒号）	区域运算符，生成一个对两个引用之间所有单元格的引用（包括这两个引用）	A1：C10
，（逗号）	联合运算符，将多个引用合并为一个引用	（A1，B5：B15）

4.3.2.4　运算符的计算次序

如果公式中同时用到多个运算符，那么 Excel 将会按照运算符的优先级由高到低的次序进行运算。运算符的优先级由高到低见表 4-3-6。

表 4-3-6　运算符的优先级

优先级（由高到低）	运算符	说明
1	：（冒号）和，（逗号）	引用运算符
2	-	负号

续表

优先级（由高到低）	运算符	说明
3	％	百分比
4	^	乘方
5	＊ 和 /	乘和除
6	＋ 和 －	加和减
7	＆	文本连接
8	＝，＜，＞，＜＝，＞＝，＜＞	比较运算符

如果公式中含有相同级别的运算符，则按照公式中运算符出现的先后，从左到右地进行运算。如果要改变运算的顺序，可以加括号，括号必须成对出现。

4.3.2.5 编辑公式

1. 输入公式

在单元格输入公式并按【Enter】键确认后，单元格将显示公式的计算结果，编辑栏显示公式。公式的输入方式有以下两种：

（1）在单元格中直接输入公式。

操作方法：单击或双击单元格→输入公式→按【Enter】键。

（2）在编辑栏输入公式。

操作方法：单击单元格→单击编辑栏→输入公式→按【Enter】键。

对表达式比较长的公式建议采用这种方式输入，便于输入和修改。

2. 修改公式

对已有的公式进行修改，可以单击公式所在单元格，然后单击编辑栏进行编辑，或者双击公式所在单元格，然后在单元格里直接编辑，编辑完毕按【Enter】键确认。

3. 删除公式

选中包含公式的单元格区域，按【Delete】键。

4.3.2.6 单元格地址及引用

在 Excel 中，数据都存放在单元格里。如果要使用单元格里的数据进行计算，在公式或函数中通常不是直接输入数据，而是输入数据所在单元格的地址，通过地址来引用该数据。这样做的好处就是，当被公式或函数引用的单元格里的数据发生变化时，不用改动公式（或函数）也能得到正确的结果，同时可以利用填充柄的复制功能达到快速计算多个结果的目的。

单元格的引用可以分为相对地址引用、绝对地址引用、混合地址引用、跨工作表的地址引用。

1. 相对地址引用

相对地址是指用行号、列号表示一个单元格地址，如 C 列、第 4 行的单元格地址可以表示为 C4。当要使用单元格中的数据进行计算时，直接用该单元格的相对地址来表示该数据，这种方式称为相对地址引用。

在 Excel 中，当在某单元格使用公式或函数进行计算时，如果公式函数中使用了其他单元格的相对地址，那么，当把该单元格（称源单元格）复制到另一个单元格（称目标单元格）时，其公式函数中引用的单元格的地址也会相对地改变，即从源单元格到目标单元格时，行号增加（或减少）了多少行，其公式函数中引用的单元格相对地址的行号也相应地增加（或减少）多少行；同时，从源单元格到目标单元格的列号增加（或减少）了多少列，其公式函数中引用的单元格相对地址的列号也相应地增加（或减少）多少列。

例如，假设在 F4 单元格中已有公式"＝A1＋C3"。当把公式从 F4 复制到 G6 时，G6 里的公式将变为"＝B3＋D5"。原因就是单元格 F4 中公式引用的单元格 A1、C3 采用了相对地址引用，因此当将公式从源单元格 F4 复制到目标单元格 G6 时，行号增加了 2 行，列号从 F 变为 G 增加了 1 列，相应地，公式引用的单元格 A1、C3 的地址行列号也分别增加 2 行和 1 列，即 A1 变为 B3、C3 变为 D5。

2. 绝对地址引用

如果希望在公式复制过程中不允许公式引用的单元格地址发生变化，则可以在行号、列号前面都加符号"＄"，如 ＄B＄10。

3. 混合地址引用

混合地址是指公式或函数中引用的单元格地址中的行号或列号中的其中一个采用相对地址，另一个采用绝对地址，如 ＄A5 或 A＄5。地址引用 ＄A5 在复制时列号 A 不会变动，而行号会相对变动；地址引用 A＄5 在复制时列号会相对变动，而行号 5 不会变动。九九乘法表的制作就是典型的例子。

4. 混合地址引用

跨工作表地址引用是指计算时需要用到另外一个工作表的单元格中的数据，引用方式为：工作表名称！单元格地址。如"sheet1！B5"表示工作表 sheet1 的 B5 单元格。

4.3.2.7　公式的复制与填充

在公式中引用了单元格地址的最大好处就是，当其他多个单元格也需要使用同样的公式进行计算时，可以将公式复制或填充过去，以达到快速计算的目的，而不用每一个公式都要输入。

无论是公式的复制还是填充，首先要在第一个存放结果的单元格（后文简称结果单元格）中输入公式并计算结果。

1. 公式的复制

操作思路如下：

（1）在第一个结果单元格中输入公式，按【Enter】键，求出结果。

（2）复制公式：单击第一个结果单元格，按组合键【Ctrl】＋【C】。

（3）选择目标单元格或区域。

（4）粘贴公式：按组合键【Ctrl】＋【V】。

2. 使用填充柄复制公式

操作思路如下：

（1）在第一个结果单元格中输入公式，按【Enter】键，求出结果。

（2）单击第一个结果单元格，根据需要，向下或向右拖动填充柄，直到覆盖需要计算结果的区域。

在步骤（2）中，如果是向下填充，可以改为双击填充柄（无需拖动），速度更快；如果既要向下填充又要向右填充，可在步骤中向右下角方向拖动填充柄，直到覆盖需要计算结果的区域。

4.3.3　函数

4.3.3.1　函数的概念

Excel 工作表函数是 Excel 内部预先定义的、具有数据处理功能的特殊公式，函数不但可以完成公式所能达到的功能，并且可以简化、缩短公式，还能实现一般公式没法完成的功能。

函数的格式：函数名称（参数）。

函数名称：通常表示该函数的功能，如 SUM 表示求和，AVERAGE 表示求平均值，MAX 表示求最大值，MIN 表示求最小值等。在 Excel 中每个函数都有唯一的函数名称。

参数：用来指出函数进行计算时要用到的数据。如果函数有多个参数，则参数之间必须用英文的逗号隔开，如 SUM（67，45）表示对数值 67、45 进行求和。有些函数不需要参数，如随机数函数 RAND（）。

当一个函数的参数里面又包含一个函数时，称为函数嵌套。

4.3.3.2　函数的输入

函数也必须以"="开始，或包含在公式中。函数名称的书写不区分大小写。函数的输入，有以下几种方式：

1. 使用自动求和功能按钮

【自动求和】按钮包含了 Excel 中最常用的五个命令：求和、平均值、计数、最大值、最小值，如图 4-3-1 所示。

图 4-3-1　【自动求和】下拉按钮的命令菜单

Excel 2010 提供了两种方法可以打开【自动求和】按钮命令：

（1）【公式】→【函数库】组→单击【自动求和】按钮的下拉按钮 ▾ 。

（2）【开始】→【编辑】组→单击【自动求和】按钮的下拉按钮 ▾ 。

若要使用【自动求和】按钮下的函数进行计算，其操作方法如下：

①单击结果单元格。

②打开【自动求和】按钮，并选择下拉菜单的一个命令。

③输入参数。

④按【Enter】键确认，或单击编辑栏的按钮 ✓ 。

如果只是单击【自动求和】按钮，将直接插入"求和"函数，不再出现下拉菜单。如果要找其他函数，可以选择菜单中的【其他函数】命令。

2. 使用函数库

Excel 中函数众多，如果知道函数的类别，那么使用【公式】→【函数库】组上的函数分类按钮，能够迅速找到需要的函数，其操作方法与使用【自动求和】按钮类似。

3. 使用"插入函数"向导

如果对函数及其所属类别不太熟悉，则可以使用"插入函数"向导来搜索函数。

以下 4 种方法都可以打开如图 4-3-2 所示的"插入函数"对话框。

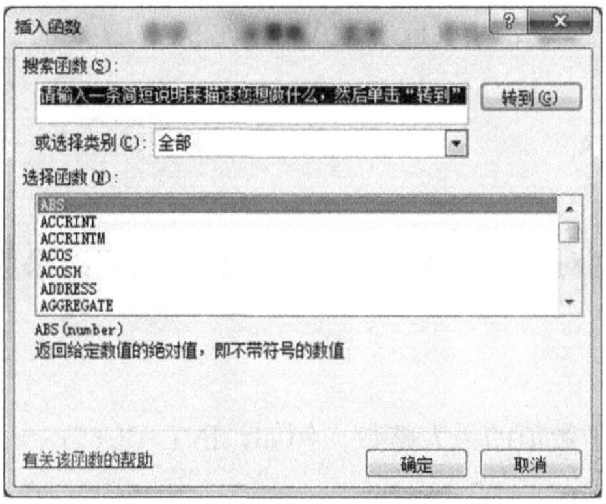

图 4-3-2　"插入函数"对话框

（1）单击编辑栏左侧的【插入函数】按钮 fx 。

（2）【开始】→【编辑】组→单击 Σ 自动求和 ▾ 按钮的下拉按钮 ▾ →单击【其他函数】选项。

（3）【公式】→【函数库】组→单击 fx 插入函数 按钮。

（4）【公式】→【函数库】组→单击下拉按钮 ▾ →单击【其他函数】选项。

4. 手工输入函数

如果对函数比较熟悉，可以在单元格或编辑栏中手工输入函数。其操作方法如下：

（1）单击结果单元格。

（2）单击编辑栏，输入"＝"。

（3）输入函数及参数。

（4）按【Enter】键确认，或单击编辑栏的按钮 ✓ 。

4.3.3.3　函数的复制与填充

函数也可以通过复制、填充的方式来达到快速计算的目的，原理与方法与公式的复制、填充相似。

4.3.3.4　函数的类别

Excel 2010 提供了 400 多个内置函数，可分为 12 个类别，其中常见类别有文本函数、逻辑函数、查找和引用函数、日期和时间函数、统计函数、数学和三角函数、数据库函数、财务函数等。

1. 数学函数

（1）求和函数 SUM。

语法：SUM（值1，值2，……）

功能：对参数值1，值2，……中的所有数值进行相加。如果有多个参数，则参数之间要用英文逗号分隔。参数可以是数值、单元格、区域、表达式和名称。例如，SUM（3，A1，C5：D7）就是对数值3、A1 单元格中的数值、区域 C5：D7 中的数值求和。

（2）绝对值函数 ABS。

语法：ABS（数值）

功能：返回数值的绝对值。例如，ABS（－4），返回结果为4。

（3）取整函数 INT。

语法：INT（数值）

功能：返回小于或等于数值的最大整数。例如，INT（3.67）＝3，INT（－3.67）＝－4。

（4）截尾函数 TRUNC。

语法：TRUNC（数值［，小数点位数］）

功能：将数值的尾部数字截去，只保留由"小数点位数"指定的若干位小数位，不考虑四舍五入。如果没有"小数点位数"参数，则只保留数值的整数部分。例如，TRUNC（3.59）＝3，TRUNC（3.597，2）＝3.59。

（5）四舍五入函数 ROUND。

语法：ROUND（数值，小数点位数）

功能：将数值四舍五入，保留由"小数点位数"指定的小数点位数。例如，ROUND（7.76，1）＝7.8。

（6）随机函数 RAND。

语法：RAND（）

功能：返回一个大于等于 0 并且小于 1 的随机数，此函数无需参数。

（7）条件求和函数 SUMIF。

语法 1：SUMIF（求和范围，条件）

功能：对"求和范围"内满足"条件"的数值求和。

语法 2：SUMIF（判断范围，条件，求和区域）

功能：如果"判断范围"内的数据满足"条件"，则对"求和区域"内相应的数据进行累加。

2. 统计函数

（1）平均值函数 AVERAGE。

语法：AVERAGE（数值 1，数值 2，……）

功能：求数值 1，数值 2，……的平均值。参数之间要用英文逗号分隔，参数可以是数值、单元格、区域、表达式和名称。

（2）最大值函数 MAX。

语法：MAX（数值 1，数值 2，……）

功能：求数值 1，数值 2，……中的最大值。参数之间要用英文逗号分隔，参数可以是数值、单元格、区域、表达式和名称。

（3）最小值函数 MIN。

语法：MIN（数值 1，数值 2，……）

功能：求数值 1，数值 2，……中的最小值。参数之间要用英文逗号分隔，参数可以是数值、单元格、区域、表达式和名称。

（4）计数函数 COUNT。

语法：COUNT（值 1，值 2，……）

功能：统计值 1，值 2，……中数值的个数。参数之间要用英文逗号分隔，参数可以是数值、字符串、单元格、区域、表达式和名称。

（5）计数函数 COUNTA。

语法：COUNTA（区域 1，区域 2，……）

功能：统计区域1，区域2，……中非空单元格的个数。只要区域中的单元格中有数据，不管单元格是数值还是非数值，都统计，各区域之间用英文逗号分隔。

(6) 排名函数 RANK. EQ 和 RANK。

Excel 2010 将以前版本的 RANK（）函数更新为 RANK. EQ（）函数，两者功能是一样的。虽然在 Excel 2010 的统计函数类别中找不到 RANK（）函数，但是可以在 Excel 2010 中同时使用。

语法：RANK. EQ（数值，区间，排名方式）

功能：求指定的数值在区间中的大小排名。其中，数值通常采用该数据所在的单元格地址引用，一般采用相对地址；区间是指进行排名比较的范围，通常用范围所属的数据区域表示，一般采用绝对地址；order 表示排名的方式，忽略或 0 表示降序，非零值表示升序。

(7) 条件计数函数 COUNTIF。

语法：COUNTIF（范围，条件）

功能：计算指定的范围区域中满足条件的单元格个数。如果"条件"不是数值或地址引用，则必须用英文双引号括起来。

(8) 频度分析函数 FREQUENCY。

语法：FREQUENCY（数据区域，分段区间）

功能：所谓频度，可以理解为出现的次数，即统计数据区域中的数据在分段区间指定的各个区间中出现的次数。通常情况下，数据区域和分段区间都是以区域引用的形式表示，并且分段区间由小到大只给出各区间的最大值。

使用函数 FREQUENCY（）必须先建立分段区间，并且输入函数后，必须按组合键【Ctrl】＋【Shift】＋【Enter】才能得到全部区间统计的结果。

3. 逻辑函数

(1) 逻辑类型数据 TRUE、FALSE。

Excel 中还有逻辑类型数据。这类数据只有两个值：逻辑真 TRUE 和逻辑假 FALSE。逻辑真 TRUE 表示真、正确，逻辑假 FALSE 表示假、错误。

逻辑型数据的输入方法同一般字符的输入一样，直接在单元格中输入就行；也可以通过比较运算得到逻辑结果，如在某单元格输入"＝3＜5"结果就是 TRUE，输入"＝3＞5"结果就是 FALSE。

在 Excel 中，用来判断真假值，或者进行复合检验的 Excel 函数，称为逻辑函数。

(2) 逻辑运算与、或、非函数——AND、OR、NOT 函数。

逻辑运算与，也称"与运算"，表示并且关系，只有所有条件都为"真"时结果才为"真"，否则就为"假"。在 Excel 中用 AND（）函数实现。比如公式"＝AND（A2＞5，A3＞100）"，只有单元格 A2 的数据大于 5，并且 A3 的数据大于 100 时，该函数的结果才为"真"。

逻辑运算或，也称"或运算"，表示或者关系，只要有一个条件为"真"那么结果就为

"真"。在 Excel 中用 OR（）函数实现。比如公式"＝OR（A2＞5，A3＞100）"，只要单元格 A2 的数据大于 5，或者 A3 的数据大于 100，那么该函数的结果就为"真"。

逻辑非，也称"非运算"，表示相反关系，非"真"就是"假"，非"假"就是"真"。Excel 中用 NOT（）函数实现。比如公式"＝NOT（A2＞5）"，如果单元格 A2 的数据大于 5，则结果就为"假"，否则结果就为"真"。

在 Excel 中，AND（）、OR（）、NOT（）三个函数通常用在条件函数 IF（）的参数中，以增强 IF（）函数的逻辑判断能力。

（3）条件函数 IF。

语法：IF（判断条件，值1，值2）

功能：它表达的是"如果……那么……，否则……"的判断关系，即如果判断条件的值为"真"，那么结果为值1，否则结果就为值2。

4. 日期函数

（1）日期函数 DATE。

语法：DATE（年，月，日）

功能：返回由年、月、日指定日期的日期序列数。

所谓序列数是指从 1990 年 1 月 1 日到指定日期所经历的总天数。如公式"＝DATE（1900，1，8）"将返回 8。如果在输入该函数之前单元格格式为"常规"，则结果将使用日期格式，而不是数字格式。

（2）日函数 DAY。

语法：DAY（日期序列数）

功能：返回日期序列数表示的日期在当月中是第几天，用整数 1 到 31 表示。例如公式"DAY（2014/9/1）"将返回 1。

（3）月函数 MONTH。

语法：MONTH（日期序列数）

功能：返回日期序列数表示的日期在当年中是第几个月，用整数 1 到 12 表示。例如公式"MONTH（2014/9/1）"将返回 9。

（4）年函数 YEAR。

语法：YEAR（日期序列数）

功能：返回日期序列数表示的日期是哪一年。返回值为 1900 到 9999 之间的整数。

例如公式"DAY（2014/9/1）"将返回 2014。

（5）当前日期时间函数 NOW。

语法：NOW（）

功能：返回计算机系统当前的日期、时间，此函数不需要参数。

（6）当前日期函数 TODAY。

语法：TODAY（）

功能：返回计算机系统当前的日期，此函数不需要参数。

（7）时间函数 TIME。

语法：TIME（小时，分钟，秒）

功能：以小数形式返回由小时、分钟、秒指定的时间在 24 小时中所处的位置，小数值范围为 0（零）到 0.99999999 之间的数值，代表从 0：00：00（12：00：00 A.M.）到 23：59：59（11：59：59 P.M.）之间的时间。如果在输入函数前，单元格的格式为"常规"，则结果将设为日期格式。例如公式"＝TIME（12，0，0）"将返回 0.5。

5. 财务函数

（1）分期支付函数 PMT。

语法：PMT（rate，nper，pv，fv，type）

功能：返回贷款 pv 资金后，在固定利率为 rate、等额分 nper 期偿还的条件下，每期所需偿还的额度，即通常所说的"分期付款"的每期付款额度。

其中：rate：每期的固定利率；nper：分期偿还总次数；pv：贷款或投资本金；fv：最后一次付款完成后，所能获得的现金余额。如果此参数被省略，其默认值为 0。type：其值为 0 或 1，表示何时付款，0 或省略表示期末付款，1 表示期初付款。

例如，某建筑公司在银行贷款 200 万元，年利率为 5.5%，贷款年限为 5 年。若采用月支付的方式，每个月应向银行支付多少？由于求每月支付额，因此用 PMT（）函数，并且 nper＝12；年利率为 5.5%，则月利率 rate 是 5.5%/12；所贷款项是现在取得的，则 pv＝2000000；未来值 fv 为空；默认期末付款则 type 为 0。因此，结果为"＝PMT（5.5%/12，5＊12，2000000,，0）"。

（2）现值函数 PV。

语法：PV（rate，nper，pmt，fv，type）

功能：返回一个现在必须投资的额度，目的是在利率为 rate，以后还会分 nper 期，每期继续增加投资 pmt 的情况下，最后能够达到 fv 的总额度。

其中：pmt 为各期所应支付的金额，其数值在整个年金期间保持不变，通常 pmt 包括本金和利息，但不包括其他费用及税款。

例如，投资某项工程，欲在 5 年后获得 10000 元的资金，假设投资年报酬率为 10%，那么现在应该投入多少钱？计算投资的现值，使用 PV（）函数。因为投资后不再投入，所以 pmt＝0；因此，结果为"＝PV（10%，5，0，10000）"。

（3）未来值函数 FV。

语法：FV（rate，nper，pmt，pv，type）

功能：在每期利率为 rate，首期投资 pv，以后继续分 nper 期，每期增加投资 pmt 的情况下，返回该项投资的最后回报额。

各参数的含义同 PMT、PV 两个函数。

例如，每月月末存 800 元，当前银行年利率为 6%，求 5 年后有多少钱？要计算未来的回报资金，所以使用 FV（）函数。因为每月要拿出 800 元，所以 pmt 为负值即－

800，因此，结果为"＝FV（6％/12，5＊12，－800）"。

6. 竖直查找函数

语法：VLOOKUP（查找值，数据表区域，列号，[range_lookup]）

功能：在指定的数据表区域的第一列中查找等于"查找值"的行，然后返回该行中"列号"指定列（第几列）的数据。

其中，range_lookup 是可选参数，其值可以是 TRUE 或 FALSE。

如果 range_lookup 为 TRUE 或忽略，则首先要求数据表区域必须已经按第一列从小到大排序，否则无法返回正确的值。如果没有找到匹配的行，则返回小于并最接近查找值的行的由"列号"指定的列的数据。

如果 range_lookup 为 FALSE，称为精确匹配，它不要求对数据表区域第一列中的值进行排序，并且返回第一个等于查找值的行的"列号"指定列的数据；如果找不到匹配的行，则将返回错误值♯N/A。

7. 文本函数

（1）左截取函数 LEFT。

语法：LEFT（被截取文本，截取字符数）

功能：截取"被截取文本"左边的若干个字符，截取的字符数由"截取字符数"指出。

（2）右截取函数 RIGHT

语法：RIGHT（被截取文本，截取字符数）。

功能：截取"被截取文本"右边的若干个字符，截取的字符数由"截取字符数"指出。

（3）任意截取函数 MID。

语法：MID（被截取文本，开始位置，截取字符数）

功能：从"被截取文本"的左边某个位置（由"开始位置"指出）开始，截取由"截取字符数"规定的若干字符。

（4）文本长度函数 LEN。

语法：LEN（文本）

功能：返回文本的长度，即文本包含的字符数。

8. 数据库函数

Excel 中提供了 12 个数据库函数，这些函数名称的第一个字母都是 D，每个函数具有三个参数：d（database，数据列表区域）、f（field，要统计的数据列）、c（criteria，条件区域），表示首先从 d 中筛选出满足区域 c 给定的条件的记录，然后对这些记录的 f 列进行统计，至于具体的统计则由不同的数据库函数来确定。下面介绍常见的 6 个数据库函数，见表 4-3-7。

表 4-3-7　常见的 6 个数据库函数

函数	功能	说明
数据库求和函数 DSUM (d, f, c)	对 d 区域中满足条件 c 的记录的 f 列求和	d 参数和 c 参数均以单元格区域的形式表示；f 参数的表示形式可以是两端带双引号的 f 列的列标签，或 f 列的列标签所在单元格的地址，也可以是 f 列在 d 区域的列编号：1 表示第一列，2 表示第二列，依此类推
数据库平均值函数 DAVERAGE (d, f, c)	求 d 区域中满足条件 c 的记录的 f 列的平均值	
数据库最大值函数 DMAX (d, f, c)	求 d 区域中满足条件 c 的记录的 f 列的最大值	
数据库最小值函数 DMIN (d, f, c)	求 d 区域中满足条件 c 的记录的 f 列的最小值	
数据库计数函数 DCOUNT (d, f, c)	统计 d 区域中满足条件 c 的记录的 f 列中数值单元格个数	
数据库计数函数 DCOUNTA (d, f, c)	统计 d 区域的 f 列中满足条件 c 的非空单元格个数	

使用数据库函数前，必须先建立统计的条件区域。统计的条件区域的建立和高级筛选的条件区的建立完全一样。

应用数据库函数的操作方法如下：

（1）建立统计条件区域。

（2）选定存放统计结果的单元格。

（3）输入数据库函数，按【Enter】键。

4.3.4　Excel 中常见错误值列表

使用公式进行计算时，可能会因为某种原因而无法得到或显示正确结果，在单元格中返回错误信息。常见的错误信息及其含义表 4-3-8。

表 4-3-8　常见错误值列表

错误值类型	错误原因
＃＃＃＃＃	列宽不足以完全显示单元格的内容
＃VALUE!	使用了错误的参数或操作类型
＃DIV/0!	公式中出现除数为零的现象
＃NAME?	公式使用了无法识别的文本
＃N/A	当数值对函数或公式不可用时出现错误
＃REF?	单元格引用无效
＃NUM!	公式或函数中使用了无效数字值
＃NULL!	当使用空格符作为两个区域的相交运算符，而两区域没有交点时出现错误

4.3.5 任务实现

【实例 4-3-1】公式的使用。

打开"实例 4-3-1.xlsx",在 J3:J16 区域使用公式计算各人三科
成绩的总分,在 K3:K16 区域使用公式计算各人三科成绩的平均分,
保留 1 位小数。

(1) 单击 J3 单元格,然后单击编辑栏,输入"=G3+H3+I3",
按【Enter】键。

(2) 单击 K3 单元格,然后单击编辑栏,输入"=J3/3",单击函数栏的 ✔ 按钮。

(3) 选择 J3:K3 单元格区域,双击填充柄。

(4) 选择 K3:K16 单元格区域。

(5)【开始】→【数字】组→单击右下角的 ▫ →【设置单元格格式-数字】→【数
值】→将【小数位数】栏设为 1,单击【确定】按钮。

【实例 4-3-2】常用函数的使用 1。

打开"实例 4-3-2.xlsx",完成以下计算:

(1) 在 L3:L16 单元格求各人的名次,按总分从高到低排,要求
使用排名函数 RANK.EQ()。

(2) 在 G18 单元格计算全班获奖的总人次,要求使用求和函数
SUM()。

(3) 在 G19:I19 单元格计算各科平均分,保留 1 位小数,要求使用平均值函数
AVERAGE()。

(4) 在 G20:I20 单元格计算各科最高分,要求使用最大值函数 MAX()。

(5) 在 G21:I21 单元格计算各科最低分,要求使用最小值函数 MIN()。

①单击 L3 单元格,选择【公式】→【函数】组→【其他函数】→【统计】→
【RANK.EQ】,在弹出的"函数参数"对话框中按下图 4-3-3 所示设置,然后单击【确
定】按钮,最后双击 L2 单元格的填充柄。注意 Ref 栏需使用绝对地址或混合地址。

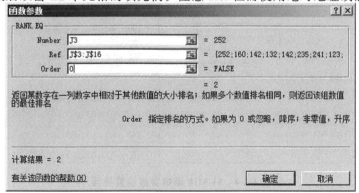

图 4-3-3 RANK.EQ 函数参数设置界面

②单击 G18 单元格,【公式】→【函数库】组→【自动求和】→【求和】,然后选择 F3:F16 区域,单击函数栏的 ✔ 按钮。

③单击 G19 单元格,【公式】→【函数库】组→【自动求和】→【平均值】→选择 G3:G16 区域,单击函数栏的 ✔ 按钮,然后点击【开始】→【数字】组的按钮 🔏 若干次,直到 G19 单元格只保留 1 位小数。

④单击 G20 单元格,【公式】→【函数库】组→【自动求和】→【最大值】→选择 G3:G16 区域→单击函数栏的 ✔ 按钮,拖曳填充柄到 I20 单元格。

⑤单击 G21 单元格,【公式】→【函数库】组→【自动求和】→【最小值】→选择 G3:G16 区域→单击函数栏的 ✔ 按钮,拖曳填充柄到 I21 单元格。

【实例 4-3-3】常用函数的使用 2。

打开"实例 4-3-3.xlsx",完成以下计算:

(1) 在 G22:I22 单元格计算各科参加考试人数,要求使用计数函数 COUNT (),成绩表中空白单元格表示没参加考试。

(2) 在 G23 单元格统计全班人数,要求使用计数函数 COUNTA ()。

(3) 在 G24 单元格统计女生获奖总次数,要求使用条件求和函数 SUMIF ()。

(4) 在 G25:I25 单元格统计各科及格人数,要求使用条件计数函数 COUNTIF ()。

①单击 G22 单元格,【开始】→【编辑】组→单击【自动求和】旁的下拉按钮→【计数】→选择 G3:G16 区域→单击函数栏的 ✔ 按钮,将 G22 单元格的填充柄拖曳到 I22 单元格。

②单击 G23 单元格,【公式】→【函数库】组→【其他函数】→【统计】→【COUNTA】,在弹出来的"函数参数"对话框的【Value1】栏选择 C3:C16 区域,然后单击【确定】按钮。

③单击 G24 单元格,【公式】→【函数库】组→【数学和三角函数】→【SUMIF】,在弹出的"函数参数"对话框中按下图 4-3-4 所示设置,然后单击【确定】按钮。

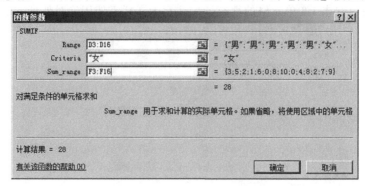

图 4-3-4 SUMIF 函数参数设置界面

④单击 G25 单元格,【公式】→【函数库】组→【其他函数】→【统计】→【COUNTIF】,在弹出的"函数参数"对话框中按下图 4-3-5 所示设置,然后单击【确定】按钮,将 G22 单元格的填充柄拖曳到 I22 单元格。

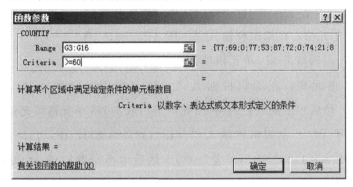

图 4-3-5　COUNTIF 函数参数设置界面

【实例 4-3-4】频度分析函数 FREQUENCY。

打开"实例 4-3-4.xlsx",统计总分在以下 4 个分数段的人数:小于 150,150 至 199,200 至 249,250 及以上。结果存放在 C19:C22 区域,各分数段的上限值放在 B19:B21 区域。

(1) 在 B19:B21 中输入各区间的上限值 149、199、249,在 B22 单元格输入">=250"。

(2) 选择 C19:C22 区域,【公式】→【函数库】组→【其他函数】→【统计】→【FREQUENCY】,在弹出的"函数参数"对话框中按下图 4-3-6 所示设置,然后单击【确定】按钮。

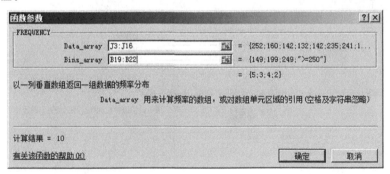

图 4-3-6　FREQUENCY 函数参数设置界面

(3) 单击编辑栏,按组合键【Ctrl】+【Shift】+【Enter】键。注意:输完公式后不能按【Enter】键。

【实例 4-3-5】IF 函数的使用。

打开"实例 4-3-5.xlsx",完成以下任务:

(1) 在 M3:M16 区域判断每人是否获奖:如果获奖次数大于 0 则填写"有",否则填写"无"。

（2）在 N3：N16 区域判断每人是否是标兵：如果总分成绩大于等于 200 分并且获奖次数大于等于 8 次，则填写"是"，否则为空。

（3）在 O3：O16 区域评定等级：总分大于等于 250 则等级为"优"，总分在 200 至 249 则为"良"，总分在 150 至 199 则为"中"，总分小于 150 则为"差"。

①单击 M3 单元格，在编辑栏输入"＝IF（F3＞0,"有","无"）"，然后单击函数栏的 ✔ 按钮，最后双击 M3 单元格填充柄。

②单击 N3 单元格，在编辑栏输入"＝IF（AND（J3＞＝200，F3＞＝8），"是","" ）"，然后单击函数栏的 ✔ 按钮，最后双击 N3 单元格填充柄。

③单击 O3 单元格，在编辑栏输入"＝IF（J3＞＝200，IF（J3＞＝250,"优","良"），IF（J3＞＝150,"中","差"））"，然后单击函数栏的 ✔ 按钮，最后双击 O3 单元格填充柄。

【实例 4-3-6】数据库函数的使用。

打开"实例 4-3-6.xlsx"，在 F20、F21 单元格分别统计出女生总分的平均分（保留 1 位小数）和总分的最高分。

（1）分别在 J19、J20 单元格输入"性别""女"。

（2）单击 F20 单元格，【公式】→【函数库】组→【插入函数】，在"插入函数"对话框中【或选择函数】栏选择【数据库】，然后在【选择函数】栏中选择【DAVERAGE】，单击【确定】按钮。

（3）在弹出的"函数参数"对话框中按下图 4-3-7 所示设置，然后单击【确定】按钮。

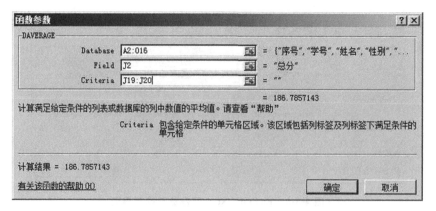

图 4-3-7　数据库函数 DAVERAGE 参数设置界面

（4）单击 F21 单元格，【公式】→【函数库】组→【插入函数】，在"插入函数"对话框中【或选择函数】栏选择【数据库】，然后在【选择函数】栏中选择【DMAX】，单击【确定】按钮。

（5）在弹出的"函数参数"对话框中按下图 4-3-8 所示设置，然后单击【确定】按钮。

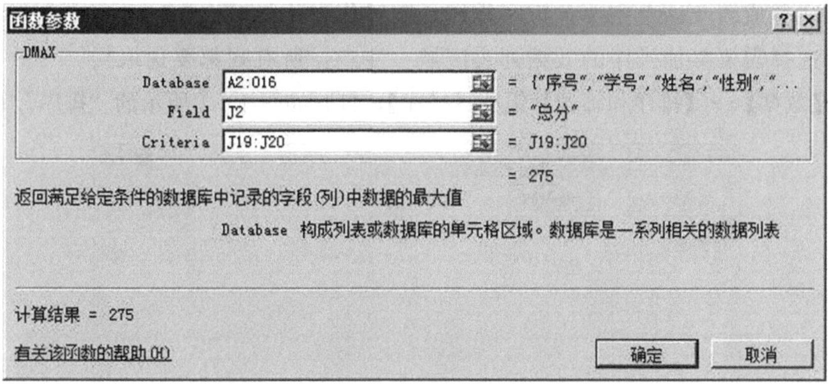

图 4-3-8　数据库函数 DMAX 参数设置界面

任务 4.4　数据分析

4.4.1　任务描述

成绩表制作完成后，还需要对成绩进行各种分析，相关要求如下：

（1）按照总成绩、考试成绩等不同的顺序进行排序，以查看成绩表排列情况。

（2）使用分类汇总显示各学院总分的最高分，然后进一步显示各学院各专业总成绩的最高分。

（3）工作表 Sheet1 和 Sheet2 分别存放第一学期和第二学期部分学员参加社团的人数情况，现要求用合并计算在 Sheet3 中统计全学年两学期各学院参加社团的人数总和。

（4）使用自动筛选，先筛选出生物学院的记录，然后再筛选出生物学院总成绩小于 140 或者大于等于 180 以上的学生。

（5）使用高级筛选的比较条件筛选以下 3 类学生：生物学院总成绩大于等于 180 分；音乐学院音乐学专业的学生；生物学院姓陈的学生。

（6）使用高级筛选的计算条件筛选出总成绩小于等于 130 分或大于等于 180 分的学生。

4.4.2　排序

数据排序，就是把数据列表中的记录按照指定的数据列的值进行升序或降序排列。要进行排序，必须确定三个要素：数据列表区域、排序依据的列、排列的次序（升序还是降序）。排序依据的列通常称为排序的关键字。

4.4.2.1　单一排序

所谓单一排序，就是对将整个数据列表根据一列数据的值进行排序，这一列的列名（也称字段名）称为主要关键字。如要求把全部学生记录按总成绩从高到低排列，就是按照"总成绩"这个主要关键字排序。其操作方法如下：

（1）选择需要参加排序的数据列表区域（注意：所有列都要选取）。

（2）【数据】→【排序和筛选】组→【排序】，打开如图 4-4-1 所示的"排序"对话框。

图 4-4-1　"排序"对话框

（3）勾选【数据包含标题】选项。

（4）将【主要关键字】设置为要按照该字段排序的字段，如"总成绩"。

（5）将【排序依据】设置为排序的类型，如"数值"。

（6）将【次序】根据需要设置为【降序】或【升序】。

（7）按【Enter】键。

4.4.2.2　快速排序

快速排序是指利用功能区的升序按钮【↓↑】或降序按钮【↑↓】直接排序。排序的数据列表范围由计算机从所选的活动单元格开始自动向四周扩展确定。排序的主要关键字就是活动单元格所在的列。因为快速排序的范围默认是活动单元格所在的列表，而这一步是由计算机自动确认的，所以在实际操作中一定要注意其列表范围是否正确选取。快速排序是快速的单一排序，快速排序的操作方法如下：

（1）单击数据列表中主要关键字所在列的任意单元。

（2）根据需要，单击【数据】→【排序和筛选】→【↓↑】或【↑↓】。

4.4.2.3　多重排序

排序时，首先按主要关键字来排序，如果主要关键字的值相同就按第二个关键字来排序，如果再相同，则按第三个关键字来排序，依次类推，这种按多个条件进行排序的排序称为多重排序。如要求按"总成绩"从高到低排序，如果"总成绩"相同则再按照"考试成绩"从高到低排序。

其操作方法与"按单一关键字排序"类似，只是增加了添加多个关键字的步骤，单击图 4-4-1 所示对话框的【添加条件】按钮就可进行详细的设置。

4.4.3　分类汇总

分类汇总就是以指定的字段进行排序，使同类记录在顺序上连续排列，然后对每一个分类进行各种统计，如求和、计数、求最大值、最小值等，所以分类汇总就是"先分类（排序）再汇总"。

4.4.3.1　简单分类汇总

图 4-4-2　"分类汇总"对话框

所谓简单分类汇总，就是按单一字段进行排序分类，然后汇总。其操作方法如下：

（1）对数据列表按指定的主要关键字进行排序。

（2）选取数据列表区域→【数据】→【分级显示】组→【分类汇总】，打开如图 4-4-2 所示的"分类汇总"对话框。

（3）在【分类字段】栏选取步骤（1）中的主要关键字。

（4）在【汇总方式】栏选取所需的汇总方式。

（5）在【选定汇总项】栏勾选需要汇总的字段。

（6）勾选【替换当前分类汇总】、【汇总结果显示在数据下方】。

（7）单击【Enter】键。

4.4.3.2　多重分类汇总

所谓多重分类汇总，即在保留前一次汇总结果的基础上再做一次甚至多次汇总。其操作方法如下：

（1）排序。根据需要先通过排序进行分类。如果汇总时只需按一个字段进行分类，则以该字段作为主要关键字进行单一排序；如果汇总时需按多个字段进行分类，则根据汇总的先后次序，以分类所对应的字段分别作为主要关键字、第二关键字……进行多重排序。

（2）选取数据列表区域→【数据】→【分级显示】组→【分类汇总】，打开如图 4-4-2 所示的"分类汇总"对话框。

（3）在【分类字段】栏选取本次汇总所对应的分类字段。

（4）在【汇总方式】栏选取所需的汇总方式。

（5）在【选定汇总项】栏勾选需要汇总的字段。

（6）取消【替换当前分类汇总】复选框的选择。

（7）单击【Enter】键。

（8）重复步骤（2）～（7），直到所有汇总完成。

4.4.3.3　删除分类汇总

操作方法如下：

（1）单击包含分类汇总的区域中的任意一个单元格。

（2）【数据】→【分级显示】组→【分类汇总】，打开"分类汇总"对话框。

（3）【全部删除】→【确定】。

4.4.3.4　分级显示汇总行、显示/隐藏分类汇总的明细数据

若要只显示分类汇总和总计的汇总，则单击行编号左边的分级显示符号 1 2 3 。
单击 + 和 − 符号来显示或隐藏各个分类的明细数据行。

4.4.4　合并计算

合并计算就是把多个数据列表合并成为一个新数据列表并进行计算汇总。需要合并的数据列表所在的数据区域称为"引用位置"。"引用位置"既可以是同一个工作表的多个数据列表，也可以是位于工作薄中的不同工作表中的数据列表，还可以是不同的工作簿。

合并计算的操作方法如下：

（1）单击准备存放合并计算结果的区域的左上角单元格。

（2）【数据】→【数据工具】→【合并计算】，打开如图 4-4-3 所示的"合并计算"对话框。

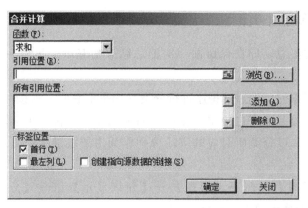

图 4-4-3　"合并计算"对话框

（3）单击【函数】栏的下拉按钮，选择计算的函数。

（4）单击【引用位置】栏下的文本框，将光标定位在文本框内。

（5）选择需要合并的一个数据列表区域，然后单击【添加】按钮。

（6）重复步骤（5），直到所有需要合并的数据列表添加完毕。

（7）根据情况勾选【标签位置】栏下的"首行""最左列"。如果所选的数据列表的首行有标题栏，则勾选"首行"；如果所选的数据列表的第一列为项目名称，则勾选"最左列"。

（8）单击【确定】按钮。合并计算的结果只会对合并数据列表区域中的数值单元

格进行合并计算，非数值单元格将会设置为空。

4.4.5　筛选

Excel 的筛选功能可以根据一个或多个筛选条件显示满足要求的记录行，而隐藏其他数据。

4.4.5.1　自动筛选

自动筛选是在数据区域中设置条件筛选记录。其操作方法如下：

（1）选择包括标题行在内的整个数据列表，或者单击数据列表中的任意单元格。

（2）【数据】→【排序和筛选】组→【筛选】。此时，数据列表标题栏的每一个字段右侧都会出现一个下拉按钮 ▼ 。

（3）单击需要进行筛选的字段右侧的下拉按钮，打开下拉菜单。

（4）在列表中勾选某一个值，计算机就会筛选出该字段等于这个值的记录，当然也可以勾选多个值。

（5）单击【确定】按钮。设置了筛选条件后的字段的下拉按钮都会变成 ▼ 形状，表示曾经在该字段做过筛选。

4.4.5.2　自定义筛选

自定义筛选就是在自动筛选的下拉菜单中设置条件进行筛选。其操作方法如下：

（1）选择包括标题行在内的整个数据列表，或者单击数据列表中的任意单元格。

（2）【数据】→【排序和筛选】组→【筛选】。此时，数据列表标题栏的每一个字段右侧都会出现一个下拉按钮 ▼ 。

（3）单击要进行筛选条件设置字段右侧的下拉按钮 ▼ 。

（4）在下拉菜当中选择【按颜色排序】或【数字筛选】，在弹出的菜单中定义筛选条件。

（5）单击【确定】按钮。

4.4.5.3　高级筛选

无论是自动筛选还是自定义筛选，都是在前一次筛选出来的记录中再筛选，它实现的是设置在多字段的条件之间的"并且"关系。而高级筛选是不仅包含了自动筛选和自定义筛选的全部功能，而且可以实现多个字段的条件之间的"或"运算，可以把筛选结果放置到指定位置，还可以过滤筛选结果中重复的记录。

1. 条件区域

高级筛选要求筛选前必须单独设置筛选条件。放置筛选条件的单元格区域称为条件区域。条件区域必须在数据列表之外的区域中设置，即条件区域应该与数据列表至少间隔一行或一列，一般建立在数据列表的右方或下方。

高级筛选条件有两种形式：比较条件和计算条件。

2. 比较条件

在条件区域的第一行根据筛选条件放置相关的数据列表的列标题（即字段名），从第二行开始设置对第一行中的各个字段的具体要求条件。

各个条件使用比较条件表达式表示，表达式中可以包含数字、字符、比较运算符、表达式或函数。比较运算符有等号"="、大于号">"、小于号"<"、大于或等于号">="、小于或等于号"<="和不等号"< >"。如果筛选条件是字段值等于某个固定值，则表达式无需等于号"="。在对文本数据类型的字段设置筛选条件时，还可以使用通配符。星号"*"表示可以与任意多的字符相匹配；问号"?"表示只能与单个的字符相匹配。

通常，在很多情况下会存在多个筛选条件。如果各字段的条件之间是"并且"的关系，即要求各字段要同时满足多个条件，那么就在同一行中相应字段位置设置条件；如果各条件之间是"或者"的关系，即只要满足其中的一个条件就会被选中，那么每个条件就占用一行，有多少个条件就占用多少行，然后在各行中对应字段位置分别设置条件。换一个角度来讲，如果各条件在同一行中，那么它们之间是"与""并且"的关系；如果各条件在不同行中，那么它们之间是"或""或者"的关系。如图4-4-4（a）表示的条件表示筛选生物学院的记录；图4-4-4（b）表示筛选总成绩小于等于130或者大于等于180的记录；图4-4-4（c）表示生物学院园林设计专业并且总成绩大于180的记录；图4-4-4（d）表示筛选生物学院总成绩大于等于180或者音乐学院总成绩大于等于170的记录。

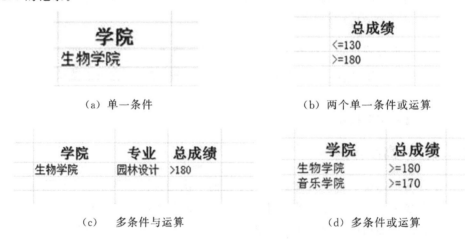

（a）单一条件　　　　　　　　　（b）两个单一条件或运算

（c）多条件与运算　　　　　　　　（d）多条件或运算

图4-4-4　筛选条件

由第一行的标题行及从第二行开始的一个或多个条件行共同构成条件区域。

3. 计算条件

所谓计算条件就是直接使用公式表达式来表示筛选条件。计算条件式也要有条件区域，条件区域同样由字段名和条件行组成。但不同的是，字段名可以取任意名称，也可以为空，但不可以为真实的字段名。无论有多少个条件，均用一个表达式表示。所以计算条件式只占有两个单元格，一个是名义上的字段名，一个是条件表达式。条件表达式中引用的地址一律为该字段的第一个记录的单元格地址。如果输入的计算条件表达式正确，按【Enter】键后会返回"TRUE"或"FALSE"。如表达式"＝OR（H3<＝130，H3>＝180）"表示筛选 H3 字段小于等于 130 或者大于 180 的记录。

多个条件为"与"的关系时，一般要使用与函数（AND）；多个条件为"或"的关系时，一般使用或函数（OR）；多个条件中既有"与"的关系又有"或"的关系时，与函数（AND）和或函数（OR）都要用到。

高级筛选的操作方法如下：

（1）创建条件区域。

（2）选择筛选范围。

（3）进行高级筛选设置：【数据】→【排序和筛选】组→【高级】，打开如图 4-4-5 所示的"高级筛选"对话框。

图 4-4-5　"高级筛选"对话框

（4）设置筛选结果显示的位置：单击选择【方式】栏下选项。

如果在原数据列表处显示筛选结果则选择【在原有区域显示筛选结果】；如果想保持原有数据列表不变，而在其他区域显示筛选结果，则选择【将筛选结果复制到其他位置】，然后在下面的【复制到】栏中指出存放结果区域的左上角单元格。

（5）输入筛选范围。如果在步骤（2）中选取了筛选范围，则在对话框中的【列表区域】中会自动显示该范围。

（6）鼠标单击【条件区域】右边的文本框，然后用鼠标选取步骤（1）中设置的条件区域。单击【复制到】右边的文本框，然后单击准备存放筛选结果区域的左上角第一个单元格。

（7）如果只想保留筛选结果中重复记录的第一条记录，则勾选【选择不重复记录】选项。

（8）单击【确定】按钮。

4.4.6 任务实现

【实例 4-4-1】单一排序。

打开"实例 4-4-1.xlsx"，按总成绩从高到低进行排序。

（1）选择 A2：H66 单元格，【数据】→【排序和筛选】组→【排序】，打开排序"对话框"。

（2）勾选【数据包含标题】选项。

（3）单击【主要关键字】下拉按钮选择"总成绩"，【排序依据】中选择"数值"，【次序】中选择"降序"。

（4）单击【确定】按钮。

【实例 4-4-2】快速排序。

打开"实例 4-4-2.xlsx"，使用快速排序法按总成绩从高到低进行排序。

（1）单击数据表中任意一个学生的总成绩所在的单元格。

（2）【数据】→【排序和筛选】组→单击降序按钮 Z↓。

【实例 4-4-3】多重排序。

打开"实例 4-4-3.xlsx"，先按总成绩从高到低进行排序。如果总成绩相同，再按考试成绩从高到低进行排序。

（1）单击数据列表内任一单元格，选择【数据】→【排序和筛选】组→【排序】，打开"排序"对话框。

（2）勾选【数据包含标题】选项。

（3）【主要关键字】选择"总成绩"，【排序依据】选择"数值"，【次序】选择"降序"。

（4）单击【添加条件】按钮。

（5）【次要关键字】选择"考试成绩"，【排序依据】选择"数值"，【次序】选择"降序"。

（6）单击【确定】按钮。

【实例 4-4-4】分类汇总。

打开"实例 4-4-4.xlsx"，对成绩表进行分类汇总，查看每个学院的最高总成绩，同时查看每个学院里各专业的最高总成绩。

（1）选择 A2：H66 单元格，【数据】→【排序和筛选】组→【排序】，打开"排序"对话框。

（2）勾选【数据包含标题】选项。

（3）将【主要关键字】设置为"学院"。

（4）单击【添加条件】按钮，将【次要关键字】设置为"专业"，单击【确定】按钮。

（5）【数据】→【分级显示】组→【分类汇总】，打开"分类汇总"对话框。

（6）在【分类字段】栏选择"学院"，在【汇总方式】栏选择"最大值"，在【选定汇总项】栏勾选"总成绩"，单击【确定】按钮。

（7）【数据】→【分级显示】组→【分类汇总】，再次打开"分类汇总"对话框。

（8）在【分类字段】栏选择"专业"，在【汇总方式】栏选择"最大值"，在【选定汇总项】栏勾选"总成绩"，勾选【替换当前分类汇总】复选框，单击【确定】按钮。

（9）单击行编号左边的分级显示符号 123 中的【3】。

【实例 4-4-5】合并计算。

打开"实例 4-4-5.xlsx"，工作表 Sheet1 和 Sheet2 分别存放第一学期和第二学期部分学员参加社团的人数情况，现要求统计两学期各学院参加社团的人数总和，结果存放到以 Sheet3 的 A2 单元格为左上角的区域。

（1）单击 Sheet3 的 A2 单元格，【数据】→【数据工具】组→【合并计算】。

（2）在"合并计算"对话框中，单击【函数】栏下的下拉按钮，选择【求和】。

（3）单击【引用位置】下的文本框，单击 Sheet1 表，选择 A2：D5 区域，然后单击对话框的【添加】按钮。

（4）单击 Sheet2 表，选择 A2：D6 区域，然后单击对话框的【添加】按钮。

（5）勾选【标签位置】栏下的"首行""最左列"选项。

（6）单击【确定】按钮。

【实例 4-4-6】筛选。

打开"实例 4-4-6.xlsx"，首先筛选出生物学院的学生，然后在此基础上，再筛选出生物学院总成绩小于 140 或者大于等于 180 以上的学生。

（1）选择 A2：H66 区域，或单击该区域任意单元格。

（2）【数据】→【排序和筛选】组→【筛选】，单击"学院"字段右侧的下拉按钮，在下拉菜单中取消"全选"选项，勾选"生物学院"选项，单击【确定】按钮。

（3）单击"总成绩"字段右侧的下拉按钮，选择【数字筛选】→【小于】，在"自定义自动筛选方式"对话框中按照如图 4-4-6 所示设置。

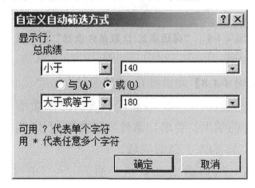

图 4-4-6　自定义筛选"或"条件设置

（4）单击【确定】按钮。

【实例 4-4-7】高级筛选-比较条件。

打开"实例 4-4-7.xlsx"，筛选以下 3 类学生：生物学院总成绩大于等于 180 分的学生；音乐学院音乐学专业的学生；生物学院姓陈的学生。要求：条件区域放在以 K2 为左上角的区域，筛选结果放在以 K7 为左上角的区域。

（1）在 K2：N5 区域输入如图 4-4-7 所示的筛选条件。

（2）选择 A2：H66 区域，或单击该区域任意单元格。

（3）选择【数据】→【排序和筛选】组→【高级】。

（4）如果列表区域右侧的文本框显示的不是步骤（2）所选择的筛选范围，则删除该文本框数据，然后用鼠标选择 A2：H66 区域；如果是该区域，则跳过本步骤直接操作步骤（6）。

学院	专业	总成绩	姓名
生物学院		>=180	
音乐学院	音乐学		
生物学院			陈*

图 4-4-7　比较条件

（5）单击【条件区域】栏右侧文本框，然后用鼠标选择 K2：N5 区域。

（6）在【方式】栏选择"将筛选结果复制到其他位置"。

（7）单击【复制到】栏右侧文本框，然后用鼠标选择 K7 单元格。设置结果如图 4-4-8 所示。

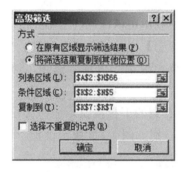

图 4-4-8　"高级筛选-比较条件设置"对话框

（8）单击【确定】按钮。

【实例 4-4-8】高级筛选-计算条件。

打开"实例 4-4-8.xlsx"，筛选出总成绩小于等于 130 分或大于等于 180 分的学生。要求：条件区域放在以 J2 为左上角的区域，筛选结果放在以 J5 为左上角的区域。

（1）单击 J3 单元格，然后单击编辑栏，输入"= OR（H3 ≤ 130，H3 ≥

180）"，按【Enter】键。

（2）单击 D6 单元格。

（3）选择【数据】→【排序和筛选】组→【高级】，按如图 4-4-9 所示设置"高级筛选"对话框中的各项。注意：条件区域是 J2：J3。

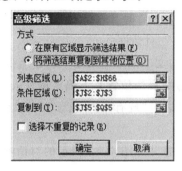

图 4-4-9　"高级筛选-计算条件设置"对话框

（4）单击【确定】按钮。

任务 4.5　制作数据透视表

数据透视表是一种对大量数据进行快速分类汇总、建立交叉列表的交互式动态表格。它综合了数据排序、筛选、分类汇总等数据分析的优点，可以从多角度快速查看不同的统计结果，是最常用、功能最全的 Excel 数据分析工具之一。

4.5.1　任务描述

使用数据透视表显示各年级各学院各专业的总成绩，其效果图如图 4-5-1 所示。

	A	B	C	D	E	F	G	H	I	J	K	L	M
1				计算机基础课成绩表									
2	学号	姓名	年级	学院	专业	平时成绩	考试成绩	总成绩		年级	(全部)		
3	201224041501	吴文萍	12级	生物学院	生物科学	78	85	163					
4	201224041502	何耀玉	12级	生物学院	生物科学	86	93	179		最大值项:总成绩	列标签		
5	201224041503	郭曜成	12级	生物学院	生物科学	77	66	143		行标签	生物学院	音乐学院	总计
6	201224041504	吴瑶丹	12级	生物学院	生物科学	93	95	188		生物技术	176		176
7	201224041505	许虎鹏	12级	生物学院	生物科学	81	96	177		生物科学	188		188
8	201224041506	邓威蓬	12级	生物学院	生物科学	74	68	142		舞蹈学		184	184
9	201224041507	吴娜玲	12级	生物学院	生物科学	68	73	141		艺术教育		188	188
10	201224041508	陈颖婷	12级	生物学院	生物科学	80	89	169		音乐表演		186	186
11	201224041509	杨佳燕	12级	生物学院	园林设计	57	78	135		音乐学		187	187
12	201224041510	廖源波	12级	生物学院	园林设计	60	89	149		园林设计	188		188
13	201224041511	郭瑞润	12级	生物学院	园林设计	54	86	140		总计	188	188	188
14	201224041512	刘娇涛	12级	生物学院	园林设计	97	78	175					
15	201224041513	王江凤	12级	生物学院	园林设计	91	97	188					
16	201224041514	陈凡嘉	12级	生物学院	园林设计	98	74	172					
17	201224041515	陈阳芳	12级	生物学院	园林设计	64	68	132					
18	201224041516	方诗蕾	12级	生物学院	园林设计	90	98	188					
19	201224064201	黄瑞茵	12级	音乐学院	音乐学	80	57	137					
20	201224064202	江玉燕	12级	音乐学院	音乐学	89	60	149					
21	201224064203	彭虎青	12级	音乐学院	音乐学	90	60	150					
22	201224064204	梁梦珠	12级	音乐学院	音乐学	77	64	141					
23	201224064205	刘利仪	12级	音乐学院	音乐学	97	90	187					
24	201224064206	卢诗昂	12级	音乐学院	音乐学	74	80	154					
25	201224064207	麦珊云	12级	音乐学院	音乐学	68	89	157					
26	201224064208	陈楼恒	12级	音乐学院	音乐学	80	90	170					

图 4-5-1　任务五效果图

4.5.2 创建数据透视表

创建数据透视表的操作方法如下：

（1）选择用于创建数据透视表的数据列表区域。

（2）【插入】→【表格】组→单击【数据透视表】右侧的下拉按钮 ▼ ，打开如图4-5-2所示的"创建数据透视表"对话框。

（3）在【表/区域】右侧的文本框中输入用于创建透视表的数据源所在的区域。

（4）在【选择放置数据透视表的位置】下确定透视表存放的位置。"新工作表"表示新建一个工作表来存放透视表；"现有位置-位置"表示在当前工作表的某一个单元格为左上角的区域创建透视表。

（5）单击【确定】按钮，打开如图4-5-3所示的对话框。

图4-5-2 "创建数据透视表"对话框　　　图4-5-3 "字段列表"对话框

（6）设计报表：根据需要拖动图上方的字段放到下方【报表筛选】、【行标签】、【列标签】、【Σ数值】等容器中。

该布局的含义是按照【行标签】、【列标签】放置的字段进行分类汇总，汇总的方式由【Σ数值】设置，这样就构成及一个二维的报表来显示汇总数据。如果还需要按某字段分类形成多个这样的二维报表，则将该分类字段拖动到【报表筛选】容器内即可。

（7）单击数据表中透视表区域外的任意单元格。

4.5.3 修改字段分布、汇总方式

修改字段分布、汇总方式的操作方法如下：

（1）单击透视表，打开"字段列表"对话框。如果没打开，则单击数据透视表→【数据透视表工具-选项】→【显示】组→【字段列表】。

（2）若要增加字段，则拖动其他字段到各容器中。可以拖动容器内的字段改变排

列顺序。

（3）若要删除字段，则将字段从容器中拖出去然后释放鼠标，也可以单击容器中该字段右侧的下拉按钮 ▼ ，然后选择【删除字段】命令。

（4）若要改变数据透视表的汇总方式，单击【Σ 数值】区域中某字段右侧的下拉按钮 ▼ →【值字段设置】→【值汇总方式】→【计算类型】→选择其中一种计算类型→【确定】。

（5）单击数据表中透视表区域外的任意单元格。

4.5.4　切片

Excel 2010 切片器功能，不仅能够对数据透视表字段进行进一步筛选，还可以直观地查看该字段的所有数据项信息。

其操作方法如下：

（1）单击数据透视表中的任意单元格。

（2）【数据透视表工具】→【选项】→【排序和筛选】组→【插入切片器】。

（3）勾选"插入切片器"对话框中的字段。

（4）单击【确定】按钮。

4.5.5　任务实现

【实例 4-5】创建数据透视表。

打开"实例 4-5.xlsx"，使用数据透视表显示各年级各学院各专业的总成绩，透视表放在现有工作表中。

（1）单击数据列表中的任意一个单元格，如 D7。

（2）选择【插入】→【表格】组→【数据透视表】→【数据透视表】，打开"创建数据透视表"对话框。

（3）在【选择放置数据透视表的位置】栏选择"现有工作表"选项，然后单击 J3 单元格。

（4）单击【确定】按钮。

（5）在【数据透视表字段列表】框中，对【选择要添加到报表的字段】栏进行如下操作：

拖动"年级"字段放到下方的【报表筛选】区域；拖动"专业"字段放到下方的"行标签"区域；拖动"学院"字段放到下方的"列标签"区域；拖动"总成绩"字段放到下方的【Σ 数值】区域。结果如图 4-5-4 所示。

（6）【Σ 数值】→【求和项：总成绩】→【值字段设置】→【值汇总方式】→选择【最大值】，如图 4-5-5 所示。

图 4-5-4　透视表字段设置

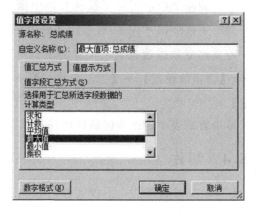
图 4-5-5　值字段设置

（7）单击【确定】按钮。

任务 4.6　制作图表

Excel 中的图表可以将数据表中的数据以图形方式直观地表示出来，更易于分析、比较数据间的大小、差异和变化趋势。

4.6.1　任务描述

根据学校近两年的招生数据，制作各种图表，更直观地反映各学院各个专业的招生情况。具体要求如下：

（1）创建二维柱形图，以反映近两年学校各学院的招生情况。

（2）编辑图表的标题、行列坐标标题和坐标轴格式等，使图表更直观。

（3）更改图表数据源为 2019 年的招生数据，并以三维饼图展示各学院招生比例。

（4）插入迷你图，以反映每个学院这两年招生数量的变化趋势。

4.6.2　Excel 的图表类型

Excel 2010 具有非常丰富的图表类型，一共提供了 11 种：柱形图、折线图、饼图、条形图、面积图、XY 散点图、股价图、曲面图、圆环图、气泡图、雷达图。每种图表类型还包括多种子图表类型，总计 73 种，如图 4-6-1 所示。

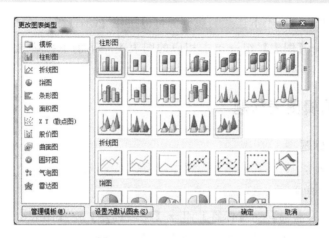

图 4-6-1　Excel 的图表类型

4.6.3　图表的组成

Excel 的图表由图标区、绘图区、标题、图例、数据系列、网格线、数据表等组成，以图 4-6-1 的二维簇状柱形图为例，各组成部分如图 4-6-2 所示。

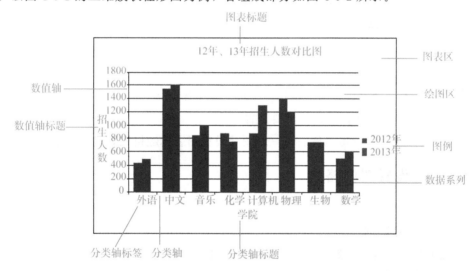

图 4-6-2　图表的组成

其中图表区是指图表的全部范围；绘图区是指图表区中绘制图形的区域；坐标轴一般由位于绘图区下方的横坐标轴和左边的纵坐标轴组成，坐标轴按照绘图区引用的数据不同又可分为数值轴、分类轴、时间轴、序列轴 4 个种类；数据表显示图表中的源数据，位于绘图区的下方。

4.6.4　创建图表

创建图表，最重要的是要确定数据源（数据表中需要由哪些数据来产生图表），并且这些数据源与图中哪些对象相对应。其操作方法如下：

（1）选择数据源。对于不连续的数据源可以按住【Ctrl】键，然后用鼠标选择。

（2）【插入】→【图表】组→单击相应的图表类型下的下拉按钮 ▾ →选择其中一个类型。

4.6.5 编辑图表标题

1. 添加图表标题

其操作方法如下：

（1）单击选择图表。

（2）【图表工具-布局】→【标签】组→【图表标题】→【图表上方】。单击图表中出现的图表标题框，将其中内容修改为所需标题。

2. 修改图表标题

其操作方法如下：

（1）单击选择图表标题。

（2）在图表标题框内单击鼠标，然后进行编辑。

3. 设置图表标题格式

其操作方法如下：

（1）单击选择图表标题。

（2）【开始】→【字体】组→根据需要修改其字体格式。

（3）【图表工具-格式】→根据需要设置格式。

也可以对图表标题单击鼠标右键，利用【设置图表标题格式】进行设置。

4.6.6 设置图例格式

其操作方法如下：

（1）单击选择图例。

（2）【开始】→【字体】组→根据需要修改其字体格式。

（3）【图表工具-格式】→根据需要设置格式。

也可以对图例单击鼠标右键，利用【设置图例格式】进行设置。

4.6.7 编辑横坐标轴标题

1. 添加横坐标轴标题

其操作方法如下：

（1）单击选择横坐标轴标题框。

（2）【图标表具-布局】→【标签】组→【坐标轴标题】→【主要横坐标轴标题】→选择其中一种横坐标。

（3）在图表出现的横坐标轴标题框单击鼠标修改名称。

2. 修改横坐标轴标题

其操作方法如下：

（1）单击选择横坐标轴标题框。

（2）在横坐标轴框内单击鼠标，然后进行编辑。

3. 设置横坐标轴标题格式

其操作方法如下：

（1）单击选择横坐标轴标题框。

（2）【开始】→【字体】组→根据需要修改其字体格式。

（3）【图标表具-格式】→根据需要设置格式。

也可以对横坐标轴标题单击鼠标右键，利用【设置坐标轴标题格式】进行设置。

4.6.8　编辑纵坐标轴标题

1. 添加纵坐标轴标题

其操作方法如下：

（1）单击选择图表。

（2）【图表工具-布局】→【标签】组→【坐标轴标题】→【主要纵坐标轴标题】→选择其中一种纵坐标。

（3）在图表出现的纵坐标轴标题框单击鼠标修改名称。

2. 修改纵坐标轴标题

其操作方法如下：

（1）单击选择纵坐标轴标题框。

（2）在纵坐标轴框内单击鼠标，然后进行编辑。

3. 设置纵坐标轴标题格式

其操作方法如下：

（1）单击选择纵坐标轴标题框。

（2）【开始】→【字体】组→根据需要修改其字体格式。

（3）【图表工具-格式】→根据需要设置格式。

也可以对图纵坐标轴标题单击鼠标右键，利用【设置坐标轴标题格式】进行设置。

4.6.9　编辑横/纵坐标轴

其操作方法如下：

右键单击横/纵坐标轴→【设置坐标轴格式】，在对话框中设置各项。

若要改变字体格式，则单击选择横/纵坐标轴→【开始】→【字体】组→根据需要修改其字体格式。也可以对横纵坐标轴单击鼠标右键，利用【设置坐标轴格式】进行设置。

4.6.10 设置图表区/绘图区格式

其操作方法如下：

右键单击图表区/绘图区→【设置图表区域格式】/【设置绘图区格式】进行设置。

4.6.11 设置数据标签

其操作方法如下：

(1) 单击选择图表。

(2)【图表工具-布局】→【数据标签】→选择数据标签显示的位置。

(3)【图表工具-布局】→【数据标签】→【其他数据标签选项】。

4.6.12 选择数据源

其操作方法如下：

(1) 单击选择图表。

(2)【图表工具-设计】→【选择数据源】，打开选择"数据源对话框"。

(3) 根据需要在对话框中进行相应设置：

修改【图表数据区域】可以设置数据源；【图例项（系列）】→【添加】/【删除】可以增加数据源或删除现有数据源；【图例项（系列）】→【编辑】可以修改数据系列中该系列的图例名称和该系列的数据来源。

4.6.13 更改图标类型

其操作方法如下：

(1) 单击选择图表。

(2)【图表工具-设计】→【更改图表类型】，打开"更改图表类型"对话框。

(3) 在对话框左侧选择图表类型，然后在右侧选择所需的子图。

(4) 单击【确定】按钮。

4.6.14 迷你图

迷你图是显示在单元格中的一个微型图表，可以反映一系列数据的变化趋势，或突出显示系列中的某些数据。

创建迷你图的操作方法如下：

(1) 选择放置迷你图的区域。

(2)【插入】→【迷你图】组→单击某一迷你图类型按钮，打开"创建迷你图"对话框。

（3）选择数据范围。

（4）选择放置迷你图的位置。

（5）单击【确定】按钮。

4.6.15　Excel 2010 的图形功能

Excel 2010 可以使用图形和图片来增强视觉效果。

1. 插入图形、图片

插入本地图片、剪贴画、屏幕截图、SmartArt 图形、形状的操作方法是：单击【插入】选项卡→【插图】组→单击相应按钮。

2. 插入文本框、艺术字

单击【插入】选项卡→【插图】组→单击"文本框"或"艺术字"按钮。

4.6.16　任务实现

【实例 4-6-1】创建图表。

打开"实例 4-6-1.xlsx"，根据招生人数创建一个二维柱形图。

（1）选择 A2：C10 单元格区域。

（2）选择【插入】→【图表】组→【柱形图】→【二维柱形图】→【簇状柱形图】。

【实例 4-6-2】添加标题。

打开"实例 4-6-2.xlsx"，在图表上方添加图表标题"2018、2019 年招生人数"，宋体，14 号，红色；在横坐标下方添加横坐标轴标题"学院名称"，宋体，9 号；在纵坐标左侧添加竖排标题"招生人数"，宋体，9 号。

（1）单击选择图表。

（2）【图表工具-布局】→【标签】组→【图表标题】→【图表上方】。单击图表中出现的"图表标题"框，将其中内容修改为"2018、2019 年招生人数"。单击图表标题，【开始】→【字体】组→在【字体】下拉列表选择"宋体"→在【字号】下拉列表中选择"14"→在【字体颜色】下拉列表中选择"标准色-红色"。

（3）【图表工具-布局】→【标签】组→【坐标轴标题】→【主要横坐标轴标题】→【坐标轴下方标题】。单击横坐标轴标题内框，将其中内容修改为"学院名称"。然后在标题框外单击鼠标，再单击标题框选择标题框，单击【开始】→【字体】组→在【字体】下拉列表选择"宋体"→在【字号】下拉列表中选择"9"。

（4）【图表工具-布局】→【标签】组→【坐标轴标题】→【主要纵坐标轴标题】→【竖排标题】。单击纵坐标轴标题内框，将其中内容修改为"招生人数"，然后在标题框外单击鼠标，再单击标题框选择标题框，单击【开始】→【字体】组→在【字体】下拉列表选择"宋体"→在【字号】下拉列表中选择"9"。

【实例 4-6-3】编辑坐标轴格式。

打开"实例 4-6-3.xlsx",将横纵坐标轴格式都设置为:宋体,9号;将纵坐标轴设置为从 300 开始,主要刻度设置为 150。

(1) 单击横坐标轴,【开始】→【字体】组→在【字体】下拉列表选择"宋体"→在【字号】下拉列表中选择"9"。

(2) 单击纵坐标轴,【开始】→【字体】组→在【字体】下拉列表选择"宋体"→在【字号】下拉列表中选择"9"。

(3) 右键单击纵坐标轴,在弹出来的菜单列表中选择【设置坐标轴格式】。在【坐标轴选项-最小值】中单击【固定】选项,然后在其右侧的文本框中输入"300",类似,将【主要刻度单位】设置为"150",然后单击【关闭】按钮。

【实例 4-6-4】更改图表类型。

打开"实例 4-6-4.xlsx",将二维柱形图改为三维饼图,并只显示 2019 年的招生情况,图上显示各学院的招生人数及所占比例,图表布局采用布局 2,要求图表上显示招生人数、所占比例,并有引导线。

(1) 单击选择图表,将图表标题改为"2019 年招生比例"。

(2)【图表工具-设计】→【选择数据】,在弹出来的"选择数据源"对话框栏中,删除原有的数据,然后用鼠标先选择 A2:A10 区域,再按住【Ctrl】键,用鼠标拉框选择 C2:C10 区域,最后单击【确定】按钮。

(3)【图表工具-设计】→【更改图表类型】→【饼图】→【三维饼图】,然后单击【确定】按钮。

(4)【图表工具-设计】→【图表布局】→选择【布局 2】。

(5)【图表工具-布局】→【数据标签】→【其他数据标签选项】,在【标签选项】中勾选"值""百分比""显示引导线"三项,然后单击【关闭】按钮。

【实例 4-6-5】创建迷你图。

打开"实例 4-6-5.xlsx",在 D3:D10 区域插入迷你图,要求以折线图反映各学院 2018、2019 年招生人数数量上的变化趋势。

(1) 选择迷你图放置区域 D3:D10。

(2)【插入】→【迷你图】组→【折线图】,打开"创建迷你图"对话框。

(3) 将光标定位在【数据范围】的编辑框,拖曳鼠标选择 B3:C10,单击【确定】按钮。

任务 4.7　文档页面的设置和打印

4.7.1　任务描述

工作表制作完成后，需设置纸张大小、方向等打印参数，并预览打印效果，当对表格内容的设置满意后再开始打印。

4.7.2　页面设置

1. 设置纸张大小

【页面布局】→【页面设置】组→【纸张大小】→单击列表中的纸张。

2. 设置纸张方向

【页面布局】→【页面设置】组→【纸张方向】→单击【纵向】/【横向】。

3. 设置页边距

【页面布局】→【页面设置】组→【页边距】→单击列表中其中一个页边距设置。

4. 页眉/页脚

【页面布局】→单击【页面设置】组右下角的对话框启动按钮，打开如图 4-7-1 所示的"页面设置"对话框，并单击【页眉/页脚】选项卡。

图 4-7-1　"页面设置"对话框

要添加页眉，可单击【页眉】列表框的下拉按钮，在下拉列表中选取 Excel 内置的页眉样式。

如果下拉列表中没有喜欢的页眉，也可单击图中的【自定义页眉】按钮，打开如图 4-7-2 所示的"页眉"对话框。

图 4-7-2 "页眉"对话框

在"页眉"对话框中，可在左、中、右 3 个位置设置页眉，相应的内容会显示在纸张页面顶部的左端、中间和右端。用户还可以通过对话框中的 10 个按钮来输入特定的信息。从左向右的 10 个按钮的含义分别是设置字体格式、插入页码、插入页数、插入日期、插入时间、插入文件路径及文件名、插入文件名、插入工作表名称、插入图片、设置图片格式。

如果下拉列表中没有喜欢的页脚，也可单击图中的【自定义页脚】按钮，打开"页脚"对话框设置页脚。这 10 个按钮的作用与"页眉"对话框中的一样。

4.7.3 打印设置与打印

1. 设置打印区域

Excel 可以只打印选定区域的数据。操作方法如下：

（1）选定需要打印的区域。

图 4-7-3 "页面设置"对话框【工作表】选项卡

（2）【文件】→【打印】，打开【打印选项】菜单。

（3）【设置】→单击【打印活动表】右侧的下拉按钮→【打印选定区域】。

2. 设置打印标题

许多工作表都包含有标题行或标题列，在表格内容比较多，需要打印成多页时，Excel 允许将标题行、列和表格栏头重复打印在每一个页面上。操作方法如下：

（1）【页面布局】→【页面设置】组→【打印标题】→【页面设置-工作表】，打开如图 4-7-3 所示的对话框。

（2）把光标定位在【顶端标题行】的编辑框里，单击工作表中顶端标题行所在行的任意单元格。

（3）把光标定位在【左端标题列】的编辑框里，单击工作表中左端标题列所在列的任意单元格。

（4）单击【确定】按钮。

3. 打印预览

在最终打印前可以通过"打印预览"来观察效果。操作方法如下：【文件】→【打印】。此时，可以在右侧进行预览。

4. 打印工作表

操作方法如下：【文件】→【打印】→【打印】。

4.7.4　任务实现

【实例 4-7-1】设置打印参数。

打开"实例 4-7-1.xlsx"，设置打印参数：纸张大小为 A4 纸，纸张方向为纵向，上、下、左、右页边距均为 2，页面底部中间插入页码，内容在页面中居中打印，工作表第 1、2 行作为顶端标题行。

（1）选择需要打印的工作表。

（2）【页面布局】→【页面设置】组→【纸张大小】→【A4】。

（3）【页面布局】→【页面设置】组→【纸张方向】→【纵向】。

（4）【页面布局】→【页面设置】组→【页边距】→【自定义页边距】，在对话框中将上、下、左、右页边距都设置为 2，勾选【居中方式】中的"水平"选项。

（5）【页眉/页脚】→【自定义页脚】→单击【页脚-中】下面的文本框→单击【插入页码】按钮 🔢，单击【确定】按钮。

（6）【工作表】→【打印标题】→单击【顶端标题行】栏右侧的文本框→选择工作表第 1、2 行。

（7）单击【确定】按钮。

【实例 4-7-2】设置打印区域。

打开"实例 4-7-2.xlsx"，只打印生物学院的成绩清单。

①选定需要打印的区域 A1：A31。

②【文件】→【打印】，打开【打印选项】菜单。

③【设置】→单击【打印活动表】右侧的下拉按钮→【打印选定区域】。

项目 5　演示文稿制作软件
PowerPoint 2010

任务 5.1　创建公司宣传手册演示文稿

5.1.1　任务描述

小明接到了公司交给他的任务：为了让顾客和应聘人员更了解公司的基本情况，要为公司制作一份宣传手册；要利用 PowerPoint、结合原有的宣传资料，将宣传手册制作成演示文稿。图 5-1-1 为制作完成的演示文稿效果。具体要求如下：

（1）新建一个"波形"主题的演示文稿。

（2）结合原有的宣传资料，插入所需的幻灯片。

（3）复制、移动相应的幻灯片。

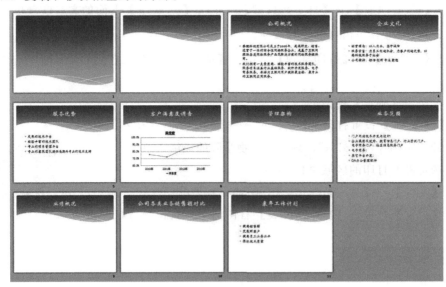

图 5-1-1　"公司宣传手册"演示文稿参考效果

5.1.2　认识 PowerPoint 2010

PowerPoint 2010 是 Office 2010 的重要组件之一，是专门为制作演示文稿（电子幻灯片）设计的软件。利用 PowerPoint 2010 可以把各种信息如文字、图片、动画、声音、影片、图表等合理地组织起来，制作出集多种元素于一体的演示文稿。

5.1.2.1 启动与退出 PowerPoint 2010

1. 启动 PowerPoint 2010

启动 PowerPoint 2010 主要有以下几种方法：

（1）单击【开始】菜单→【程序】→【Microsoft Office】→【Microsoft Office PowerPoint 2010】命令。

（2）若桌面上有 PowerPoint 2010 快捷图标，双击该图标。

（3）双击 PowerPoint 2010 的文档，也可以启动 PowerPoint 2010。

2. 退出 PowerPoint 2010

退出 PowerPoint 2010 主要有以下几种方法：

（1）单击 PowerPoint 2010 主界面窗口右上角的【关闭】。

（2）单击 PowerPoint 2010 主界面窗口的【文件】→【退出】。

（3）按组合键【Alt】+【F4】。

5.1.2.2 PowerPoint 2010 的工作界面

启动 PowerPoint 2010 后将进入其工作界面，熟悉其工作界面的各组成部分是制作演示文稿的基础。PowerPoint 2010 是由标题栏、"文件"菜单、功能选项卡、快速访问工具栏、工具组、"幻灯片/大纲"窗格、幻灯片编辑区、备注窗格、状态栏等部分组成的，如图 5-1-2 所示。

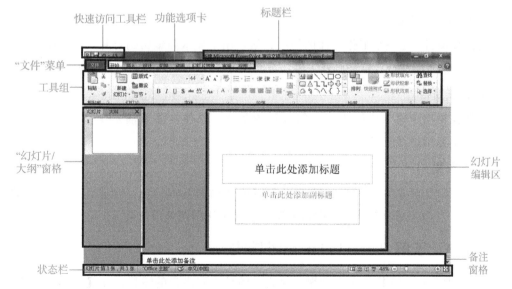

图 5-1-2 PowerPoint 2010 工作界面

1. 标题栏

标题栏用于显示演示文稿名称等相关信息，其最右侧有三个按钮，分别用于对窗口最小化、最大化/还原和关闭操作。

2. "文件"菜单

"文件"菜单用于执行 PowerPoint 演示文稿的新建、打开、保存和退出等基本操作；该菜单右侧列出了用户经常使用的演示文档名称。

3. 功能选项卡

PowerPoint 功能选项卡包含"开始""插入""设计""动画"等多个选项卡，每个选项卡中包含多个功能组；选择某个功能选项卡可切换到相应的功能区。

4. 快速访问工具栏

快速访问工具栏是一个由常用命令组合成的区域，将需要多次操作才能实现的命令自定义在此，可以显著提高工作效率。

5. 工具组

在工具组区中有许多自动适应窗口大小的工具栏，不同的工具栏中又放置了与此相关的命令按钮或列表框。

6. "幻灯片/大纲"窗格

"幻灯片/大纲"窗格用于显示演示文稿的幻灯片数量及位置。它包括"幻灯片"和"大纲"两个选项卡，单击这两个选项卡可在不同的窗格间进行切换。"幻灯片"窗格将显示整个演示文稿中幻灯片的编号及缩略图，"大纲"窗格将列出当前演示文稿中各张幻灯片中的文本内容大纲。

7. 幻灯片编辑区

幻灯片编辑区是整个工作界面的核心区域，用于显示和编辑幻灯片，在其中可输入文字内容，插入图片和设置动画效果等，是使用 PowerPoint 制作演示文稿的操作平台。

8. 备注窗格

备注窗格用于输入应用于当前幻灯片的备注，以便在展示演示文稿时进行参考；或者输入不显示给观看者的内容。

9. 状态栏

状态栏位于窗口底部，显示针对当前演示文稿的基本信息，包括幻灯片总页数、当前页数、当前使用主题以及视图切换按钮与显示比例调整滑块等。

5.1.3 了解 PowerPoint 视图模式

PowerPoint 2010 提供了多种视图模式以满足不同用户的需要，在【视图】→【演示文稿示图】组或状态栏中选择对应的按钮，即可切换到相应的视图模式。下面对各视图模式进行介绍。

1. 普通视图

这是 PowerPoint 默认的视图方式，在此可以同时显示幻灯片编辑区、"幻灯片/大纲"窗格和备注窗格。在此视图模式下，可对幻灯片整体和单张幻灯片进行编辑。

2. 幻灯片浏览视图

在该模式下，幻灯片呈横向排列，可浏览幻灯片在演示文稿中的整体结构和效果，也可以改变幻灯片的版式和顺序，但不能对单张幻灯片的具体内容进行编辑。

3. 阅读视图

阅读视图将以全屏动态方式显示演示文稿的放映效果，可预览演示文稿中设置的动画、声音和幻灯片的切换效果。

4. 备注页视图

备注页视图是将备注窗格以整页格式进行显示和使用，制作者可以方便地在其中编辑备注内容。

5.1.4　演示文稿的基本操作

演示文稿的基本操作包括新建演示文稿、保存编辑的演示文稿、打开现有的演示文稿等，是学习 PowerPoint 幻灯片设计前必须先掌握的基本操作。

5.1.4.1　创建新演示文稿

PowerPoint 2010 提供了多种创建演示文稿的方法，包括创建空白演示文稿、使用主题或模板或 Office.com 上的模板创建演示文稿等。启动 PowerPoint 2010 后，单击【文件】→【新建】，就会在工作界面右侧显示所有与演示文稿新建相关的选项，如图 5-1-3 所示；在此可以选择不同的新建演示文稿的模式，选择所需创建的演示文稿类型后，单击右侧的【创建】按钮，即可新建该演示文稿。

图 5-1-3　"新建"相关的选项

1. 创建空白演示文稿

启动 PowerPoint 2010 后，系统会自动新建一个空白演示文稿。另外，还可以通过"文件"菜单来创建空白演示文稿，操作方法如下：

(1) 单击【文件】→【新建】。

(2) 在如图 5-1-3 所示的【可用的模板和主题】栏中单击【空白演示文稿】选项。

(3) 单击右侧窗格中的【创建】。

2. 利用主题创建演示文稿

PowerPoint 2010 中新增了主题的概念，主题包含了一组已经设置好的幻灯片颜色效果、字符效果和图形外观效果等设计元素。使用主题，既方便让没有专业设计水平的用户设计出专业的演示文稿效果，又可以让用户按照需求添加自己所需的图片、表格、动画等元素。其操作方法如下：

(1) 单击【文件】→【新建】→【主题】。

(2) 单击选择某一主题按钮选项→【创建】，如图 5-1-4 所示。

图 5-1-4　利用主题创建演示文稿

3. 利用模板创建演示文稿

模板是一张幻灯片或一组幻灯片的图案或蓝图，其文件类型是.potx。它包含版式、主题颜色、主题字体、主题效果和背景样式等，可以根据它来快速新建演示文稿。PowerPoint 中的模板有两种来源，一是软件自带的模板，二是通过 Office.com 下载的模板。

(1) 利用自带模板创建演示文稿。

①单击【文件】→【新建】→【样本模板】。

②单击选择所需的模板选项（如"项目状态报告"）→【创建】，效果如图 5-1-5 所示。

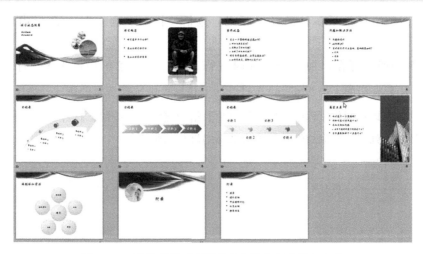

图 5-1-5　利用模板"项目状态报告"创建演示文稿

（2）利用网上下载的模板创建演示文稿。

①单击【文件】→【新建】。

②在如图 5-1-3 所示的【Office.com 模板】栏中，单击选择某个类别图标，如"商务"，单击【下载】。

③模板下载完成后，将自动根据下载的模板创建演示文稿。

5.1.4.2　保存和打开演示文稿

创建并编辑演示文稿后，就要将演示文稿保存起来以备日后使用。保存方法与保存 Word 文档的方法相同，在此不再赘述。

对于已经存在的演示文稿，想对其进行编辑、排版和放映等操作，就要将其打开。此时，可以使用【打开】命令或【最近所用文件】命令选择打开相关演示文稿。打开演示文稿的方法与打开 Word 文档的方法相同，在此不再赘述。

5.1.5　幻灯片的基本操作

5.1.5.1　新建幻灯片

演示文稿是由一张张幻灯片组成的，它的数量并不是固定的，可以根据需要增加或减少。新建的演示文稿中只有一张幻灯片，若需要制作含有多张幻灯片的演示文稿，则要插入新幻灯片。在幻灯片浏览视图方式和普通视图方式下，都可以插入新的幻灯片。

1. 幻灯片版式

幻灯片版式是指一张幻灯片中包含的文本、图表、表格、多媒体等元素的布局方式，它以占位符的方式决定幻灯片上要显示内容的排列方式以及相关格式。

PowerPoint 2010 提供了多种预设的版式，包括"标题和内容""两栏内容""比较"等。

幻灯片的版式可在添加新幻灯片时进行选择，单击【开始】→【幻灯片】组→【新建幻灯片】按钮的下拉按钮▼；在打开的下拉列表中选择需要的版式，如图 5-1-6（a）所示。用户也可以在制作过程中利用【幻灯片】组的【版式】按钮，打开如图 5-1-6（b）所示的幻灯片版式列表，根据幻灯片的内容选择幻灯片的版式。

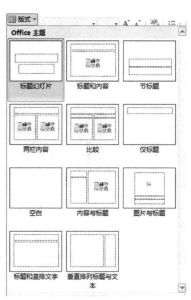

（a）新建幻灯片版式选择　　　　　　（b）幻灯片版式列表

图 5-1-6　幻灯片版式

2. 添加空白幻灯片

在普通视图方式下，打开某张幻灯片；单击【开始】→【幻灯片】组→【新建幻灯片】按钮的下拉按钮▼；在版式库中选择需要的版式，如图 5-1-6（a）所示，即可看到一张新的幻灯片插入在当前幻灯片的后面。

3. 重用已有幻灯片

除了插入新的空白幻灯片外，还可以通过【重用幻灯片】命令将已经制作好的幻灯片插入到当前演示文稿中。操作方法如下：

（1）单击【开始】→【幻灯片】组→【新建幻灯片】按钮的下拉按钮▼→【重用幻灯片】，如图 5-1-7 所示。

（2）在"重用幻灯片"窗格中，单击【浏览】按钮的下拉按钮▼；在打开的列表中，选择【浏览文件】。

（3）在"浏览"对话框中，选择要插入的演示文稿的路径；选择要插入的演示文稿；单击【打开】，即可将所有幻灯片导入到"重用幻灯片"窗格中。

（4）在"重用幻灯片"窗格中，单击所需的幻灯片，即可插入到当前演示文稿中。在插入幻灯片时，如果需要保留源格式，可先选中【保留源格式】复选框，再插入幻灯片。

图 5-1-7　【重用幻灯片】命令

5.1.5.2　选择幻灯片

要在幻灯片中输入内容，或者要对幻灯片进行复制、移动、删除等操作，首先要先选择相应的幻灯片。选择幻灯片的方式很多，可在"幻灯片/大纲"窗格中或在幻灯片浏览视图中进行操作，操作方法如下：

（1）选择单张幻灯片：单击幻灯片缩略图。

（2）选择多张不连续的幻灯片：单击要选择的第 1 张幻灯片，按住【Ctrl】键不放，再依次单击需选择的幻灯片。

（3）选择多张连续的幻灯片：先单击要连续选择的第 1 张幻灯片，按住【Shift】键不放，再单击需选择的最后一张幻灯片，释放【Shift】键后，两张幻灯片之间的所有幻灯片均被选择。

（4）选择全部幻灯片：按组合键【Ctrl＋A】。

5.1.5.3　删除幻灯片

对于演示文稿中不再需要的幻灯片，可以将其删除。在普通视图或者幻灯片浏览视图中，使用右键菜单的【删除幻灯片】命令或按【Delete】键均可删除所选的幻灯片。

5.1.5.4 移动和复制幻灯片

在制作演示文稿的过程中，可以根据需要调整幻灯片在演示文稿中的顺序，即移动幻灯片。如果当前要制作的幻灯片与某张幻灯片非常相似，可以复制该幻灯片后再对其进行编辑，这样既能节省时间又能提高效率。

1. 通过鼠标拖动移动和复制幻灯片

在普通视图方式或幻灯片浏览视图方式下，选择需要移动的幻灯片，按住鼠标左键不放拖动到目标位置后释放鼠标，即可完成移动操作，如图 5-1-8 所示。如果要对幻灯片进行复制操作，则按住【Ctrl】键的同时拖动幻灯片到目标位置后释放鼠标。

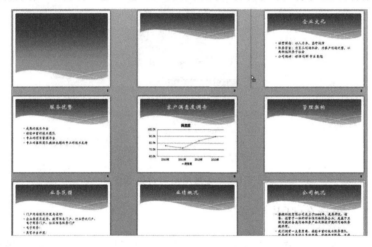

图 5-1-8　移动幻灯片

2. 通过菜单命令移动和复制幻灯片

在普通视图或幻灯片浏览视图下，选择需要移动或复制的幻灯片，在其上单击鼠标右键，在打开的快捷菜单中选择【剪切】或【复制】命令，然后将鼠标定位到目标位置，单击鼠标右键，在打开的快捷菜单中选择【粘贴】命令，完成移动或复制幻灯片。

5.1.6　任务实现

【实例 5-1-1】新建和保存演示文稿。

创建一个主题为"波形"的新演示文稿，并将其保存在 D 盘中，文件名为"实例 5-1-1.pptx"。

（1）单击【文件】→【新建】。

（2）在【可用的模板和主题】栏中单击【主题】→【波形】→【创建】。

（3）单击【文件】→【保存】。

（4）在"另存为"对话框中，选择文件保存的位置；输入文件名称；单击【保存】。

【实例 5-1-2】添加和调整幻灯片。

打开"实例 5-1-2.pptx"，在第 1 张幻灯片后，插入一张"标题和内容"版式的新幻灯片；在第 2 张幻灯片后，插入来自文档"公司简介.pptx"的所有幻灯片；移动标题为"公司概况"的幻灯片，使之成为第 3 张幻灯片；将标题为"业务范围"的幻灯片的版式改为"标题和内容"。

（1）在普通视图方式下，打开第 1 张幻灯片。

（2）单击【开始】→【幻灯片】组→【新建幻灯片】按钮的下拉按钮；在版式库中，单击"标题和内容"选项，插入一张新幻灯片。

（3）单击【幻灯片】组→【新建幻灯片】按钮的下拉按钮→【重用幻灯片】。

（4）在"重用幻灯片"窗格中，单击【浏览】按钮的下拉按钮→【浏览文件】；在"浏览"对话框中，选择演示文稿"公司简介.pptx"；单击【打开】。

（5）在"重用幻灯片"窗格中，逐一单击全部幻灯片，将幻灯片插入到当前文档中。

（6）在幻灯片浏览视图方式下，选择标题为"公司概况"的幻灯片。

（7）按住鼠标左键不放，拖动该幻灯片到第 3 张幻灯片的位置上，然后释放鼠标。

（8）打开标题为"业务范围"的幻灯片；单击【开始】→【幻灯片】组→【版式】；在打开的下拉列表中选择"标题和内容"版式。

任务 5.2　美化宣传手册演示文稿

5.2.1　任务描述

演示文稿格式的宣传手册已生成，小明还需要对演示文稿做进一步美化，使其图文并茂、美观大方。图 5-2-1 为美化完成后的演示文稿效果。具体要求如下：

（1）插入相关文本并对其格式化。

（2）为幻灯片添加艺术字内容。

（3）在幻灯片中插入并编辑图片和 SmartArt 图形。

（4）在幻灯片中插入并编辑表格和图表。

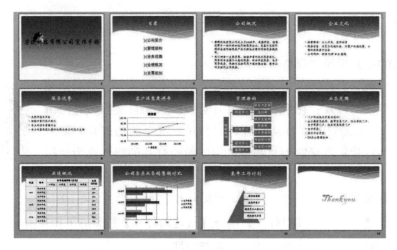

图 5-2-1　"宣传手册"演示文稿参考效果

5.2.2　添加文本

5.2.2.1　输入文本

1. 在占位符中输入文本

占位符是一种带有虚线或阴影线边缘的框，在这些框内可以放置标题及正文，或者是图表、表格和图片等对象；除了"空白"版式外，所有版式中都提供了"占位符"。PowerPoint 2010 提供了 3 种占位符：标题占位符、副标题占位符和对象占位符。其中标题占位符和副标题占位符用于输入标题文本，如图 5-2-2（a）所示；对象占位符用于输入正文文本或插入图片、图形、图表等对象，如图 5-2-2（b）所示。

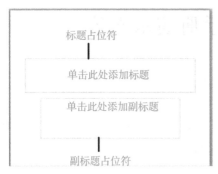
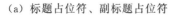

（a）标题占位符、副标题占位符　　　　　（b）标题占位符、对象占位符

图 5-2-2　各种占位符

利用占位符输入文本的操作方法如下：

①选择要输入文本的幻灯片。

②在需要输入文本的占位符框内单击鼠标，输入所需的文本内容。

③输入完毕后，单击占位符以外的地方即可。

2. 利用文本框输入文本

当用户需要在幻灯片占位符外的其他位置添加文本时，可以利用"插入文本框"的方法在幻灯片中添加文字。操作方法如下：

（1）选择要插入文本框的幻灯片。

（2）单击【插入】→【文本】组→【文本框】按钮下方的下拉按钮，在打开的下拉列表中选择需要的文本框样式，如"横排文本框"或"垂直文本框"。

（3）绘制文本框：在幻灯片中要添加文本的位置按下鼠标左键并拖动鼠标。

（4）绘制完成后，释放鼠标，在文本框中会出现一个插入点，即可在文本框中输入内容；输入完毕后，单击文本框以外的地方即可。

5.2.2.2　格式化文本

1. 设置字体格式

在 PowerPoint 中选择文本、复制/移动文本和删除文本的操作，与 Word 中对文本框内文本的操作相同，在此不再赘述。

在 PowerPoint 中设置文本的字体、字号和颜色的方法与在 Word 中设置文本框内文本的字体、字号和颜色的方法相同：首先选择幻灯片中的文字，单击【开始】→【字体】组中的相应按钮，即可为幻灯片中的文字设置文字效果，具体的操作方法在此不再赘述。

2. 设置段落格式

首先选择幻灯片中的文字，单击【开始】→【段落】组中的相应按钮，即可设置文本的段落格式，包括段落的对齐方式、行间距、段间距、项目符号和编号等。

（1）设置对齐方式。选择幻灯片中的文字，单击【段落】组→【对齐方式】按钮即可为幻灯片中的文字设置某种对齐方式。

（2）设置行间距、段间距。选择幻灯片中的文字，单击【段落】组→【行距】按钮的下拉按钮→【行距选项】命令，在如图 5-2-3 所示的对话框中可为段落设置行间距和段间距的数值。

图 5-2-3　"段落"对话框

（3）添加项目符号和编号。选择幻灯片中的文字，单击【段落】组→【项目符号】按钮的下拉按钮▼→【项目符号和编号】选项；在打开的对话框中选择【项目符号】选项卡，即可为文本设置项目符号；选择【编号】选项卡，即可为文本设置编号。

5.2.3 插入图形图像

在制作幻灯片时，可以插入剪贴画、图片、形状、艺术字等，使幻灯片图文并茂、画面生动。在 PowerPoint 中插入图形对象的方法主要有两种：一是通过【插入】选项卡中的相关工具组插入；二是通过单击幻灯片上的内容占位符中的相关图标插入。在本文中，主要介绍第一种方法。

5.2.3.1 插入和编辑图片

1. 插入图片

在幻灯片中可以插入 PowerPoint 自带的剪贴画，也可以插入计算机中保存的图片。插入剪贴画的操作与 Word 中的类似，在此不再赘述。插入图片的操作方法如下：

（1）选择要插入图片的幻灯片。

（2）单击【插入】→【图像】组→【图片】。

（3）在"插入图片"对话框中，选择存放图片的路径，单击需要的图片，再单击【插入】，即可将图片插入到幻灯片中。

2. 编辑图片

将图片插入到幻灯片中后，为了让图片效果更理想，还需要对图片做进一步编辑和修改，主要通过【图片工具-格式】选项卡中的按钮选项实现，如图 5-2-4 所示。

图 5-2-4　【图片工具/格式】选项卡

（1）调整图片大小。选择图片后，在【图片工具-格式】→【大小】组中的高度和宽度选项中输入图片调整后的大小数值。

（2）裁剪图片。选择图片后，单击【大小】组→【裁剪】，此时图片控制点将变为粗实线。将鼠标光标移动到某一个控制点上，按住鼠标不放，向需要保留的区域拖动，最后按【Enter】键，可剪去拖动区域的图像对象。

（3）旋转图片。选择图片后，单击【排列】组→【旋转】按钮，根据所需设置图片旋转的角度；或者将鼠标光标移动到图片上方的绿色控制点上，当鼠标光标变成 时，拖动鼠标即可旋转图片。

5.2.3.2　插入和编辑形状

在幻灯片中，不仅可以使用图片来美化幻灯片，也可以使用形状来突出显示幻灯片的内容或者制作一个简单的图示。其操作方法如下：

（1）选择要插入形状的幻灯片。

（2）单击【插入】→【插图】组→【形状】按钮的下拉按钮 ▾ 。

（3）在打开的下拉列表中选择需绘制的形状样式，如"圆角矩形"。

（4）当鼠标光标变为"＋"形状时，在幻灯片上按下鼠标左键并拖动鼠标，即可绘制形状并将其插入到幻灯片中。

5.2.3.3　插入和创建 SmartArt 图形

SmartArt 图形能够更清楚地表明各种事物之间的关系，因此在办公领域的演示文稿中应用较多。在 PowerPoint 2010 中，用户不仅能够添加和编辑 SmartArt 图形，还能够将文本转换为 SmartArt 图形。

1. 插入 SmartArt 图形

在确定了采用哪种 SmartArt 图形来表达信息后，就可以动手创建 SmartArt 图形了。其操作方法如下：

（1）选择要插入 SmartArt 图形的幻灯片。

（2）单击【插入】→【插图】组→【SmartArt】。

（3）在如图 5-2-5 所示的"选择 SmartArt 图形"对话框中，在左侧列表中选择图形类别，在右侧列表中选择所需的 SmartArt 图形。

（4）单击【确定】按钮，将 SmartArt 图形插入到幻灯片中。

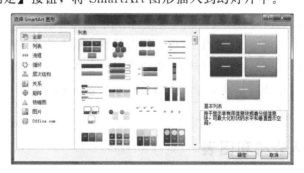

图 5-2-5　"选择 SmartArt 图形"对话框

2. 将文本转换为 SmartArt 图形

除了可以插入新的 SmartArt 图形，也可把文本转换成 SmartArt 图形。其操作方法如下：

（1）选择要转换成 SmartArt 图形的文本。

（2）单击鼠标右键→选择【转换成 SmartArt】选项→单击选择所需的 SmartArt

图形，如图 5-2-6 所示，即可将文本转换为 SmartArt 图形并插入到幻灯片中。

（3）若菜单中没有合适的 SmartArt 图形，则单击【其他 SmartArt…】选项，在"选择 SmartArt 图形"对话框中，单击选择所需的 SmartArt 图形，同样将文本转换为 SmartArt 图形并插入到幻灯片中。

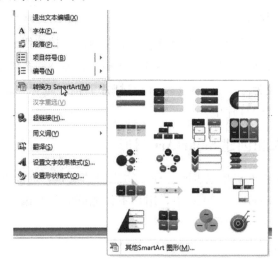

图 5-2-6　【转换成 SmartArt】选项

5.2.4　插入艺术字

在 PowerPoint 中，艺术字被广泛应用于幻灯片标题和重点内容的讲解部分。用户既可以根据需要添加艺术字，还可以对艺术字的文本效果进行设置。在 PowerPoint 中插入艺术字的操作与在 Word 中插入艺术字的方法类似，操作方法如下：

（1）选择要插入艺术字的幻灯片，单击【插入】→【文本】组→【艺术字】，在打开的下拉列表中选择所需的艺术字样式。

（2）在幻灯片中出现一个占位符，单击该占位符，输入艺术字文本内容。

（3）选择输入的文字，在"字体"面板中设置其字体、字号格式。

（4）将鼠标光标移动到艺术字所在的位置，当鼠标光标变成 时，拖动鼠标将其移动到幻灯片中合适的位置。

5.2.5　插入表格和图表

在幻灯片中引用大量数据时，使用表格可以使数据更加规范，并为幻灯片增添色彩。在 PowerPoint 中可以根据需要插入表格，并且可以设置表格样式。

5.2.5.1　插入和编辑表格

1. 插入表格

在 PowerPoint 中，插入表格的主要方法有两种：一是表格行列数不多时，通过拖动选择进行创建；二是表格行列数较多时，通过命令进行创建。在本文中，主要介绍第一种方法，操作方法如下：

（1）打开需要创建表格的幻灯片。

（2）单击【插入】→【表格】组→【表格】按钮的下拉按钮 ▪ →【插入表格…】命令，打开"插入表格"对话框；或者当幻灯片版式为内容版式或文字和内容版式时，单击占位符中的【插入表格】按钮，同样可以打开"插入表格"对话框，如图 5-2-7 所示。

图 5-2-7　"插入表格"对话框

（3）在【列数】和【行数】数值框中输入插入表格的列数和行数。

（4）单击【确定】，即可创建指定行列数的表格。

2. 编辑表格

（1）插入与删除行、列。在实际编辑过程中，如果发现表格中的行、列数不够，可以在表格中插入行或列；如果表格中的行、列数超过了需求，还可以将多余的行或列删除。其操作方法如下：

①将鼠标光标定位在需要增加或删除行、列的单元格中。

②单击【表格工具－布局】→【行和列】组。

③单击选择相应的按钮，即可插入所需的行和列或者删除多余的行和列。

（2）合并与拆分单元格。在编辑表格的过程中，如果发现某个单元格过大或过小，可通过合并或拆分单元格的方法来对单元格的大小进行调整。

合并单元格：拖动鼠标选择需要合并的多个单元格，单击鼠标右键，选择【合并单元格】。

拆分单元格：选择需要拆分的一个或多个单元格，单击鼠标右键，选择【拆分单元格】。在"拆分单元格"对话框中，设置拆分后的行数和列数；单击【确定】。

（3）调整行高、列宽。可以通过菜单命令对表格的行高、列宽进行调整：将鼠标光标定位在需要调整的行或列中的任意一个单元格中，单击【表格工具-布局】→【单元格大小】组，在【表格行高】和【表格列宽】数值框中输入数值，即可快速调整表格的行高和列宽。

（4）在表格中输入和编辑文本。将鼠标光标定位在需要输入文本的单元格中即可输入所需的文本。在表格中文本格式的设置与普通文本的设置方法相同，选择文本后，在【开始】选项卡中进行相应的设置即可。

（5）美化表格。编辑完表格后，如果表格的视觉效果不能满足需要，可以通过应用表格样式、为单元格填充颜色、设置表格边框等方面对表格进行美化。其中，应用表格样式是一种较为快捷的美化方法，操作方法如下：

①选择要美化的表格。

②单击【表格工具-设计】→【表格样式】组→【表样式】按钮的下拉按钮▼，打开"表格样式"列表，如图 5-2-8 所示。

③单击合适的表格样式，即可应用在表格中，并返回幻灯片编辑窗格。

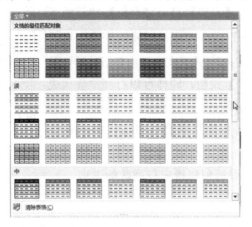

图 5-2-8 "表格样式"列表

5.2.5.2 插入和编辑图表

在演示文稿中，使用表格表现数据有时会显得比较抽象，为了更直观、形象地表现数据，可以采用图表的方式。

1. 创建图表

创建图表的操作方法如下：

（1）选择要插入图表的幻灯片；单击【插入】→【插图】组→【图表】。

（2）在如图 5-2-9（a）所示的"插入图表"对话框中，在左侧列表中选择图表类别，在右侧列表中选择所需的图表子类别，单击【确定】。

（3）系统将自动启动 Excel 2010，如图 5-2-9（b）所示；在蓝色框线内的相应单元格中输入需要在图表中表现的数据。

（a）"插入图表"对话框

（b）在 Excel 中编辑图表数据

图 5-2-9 创建图表

（4）单击【关闭】，退出 Excel 2010；返回幻灯片编辑窗格，图表已插入到幻灯片中。

2. 编辑图表

（1）改变图表类型。如果创建图表后，发现选择的图表类型不能很直观地反映数据，可以将其修改为另一种更合适的图表类型。其操作方法如下：

①选择需要修改图表类型的图表。

②单击【图表工具-设计】→【类型】组→【更改图表类型】。

③在"更改图表类型"对话框中，选择合适的图表类型，单击【确定】。

（2）编辑和修改图表数据。创建图表后，可能会发现数据会因实际情况而发生变化，用户可以根据需要对图表数据进行编辑和修改。其操作方法如下：

①选择需要修改数据的图表。单击【图表工具-设计】→【数据】组→【编辑数据】。

②系统会启动 Excel 2010，原数据也显示在工作表内；对工作表内的数据进行编辑和修改。

③关闭 Excel 2010，返回幻灯片编辑窗格，可以看到修改数据后的图表效果。

（3）更改图表布局方式。布局方式是指图表中的标题、图表项和图表内容等项目的排列方式，默认创建的图表采用"布局 1"；用户可以根据演示文稿的具体情况选择图表的布局。其操作方法如下：

选择需要更改布局方式的图表；单击【图表工具-设计】→【图表布局】组；在【快速布局】选项栏中选择某种图表布局方式即可。

（4）改变图表位置和大小。插入的图表位置和大小并不是固定不变的，用户可根据需要进行调整；其调整方式与幻灯片中其他对象的操作类似。

移动图表：选择图表后，将鼠标移到图表上，当其变为 时，按住鼠标左键拖动到合适位置后，释放鼠标即可。

改变图表大小：选择图表后，将鼠标移到图表的控制点上，当鼠标变为双箭头状时，按住鼠标左键拖动调整到图表的合适尺寸后，释放鼠标即可。

5.2.6　插入媒体剪辑

在幻灯片中不仅可以制作文字、图片、表格及图表等内容，还可以通过【插入】→【媒体】组，插入声音、视频及 Flash 动画等媒体对象。

5.2.6.1　插入和设置音频

在制作幻灯片时，用户可以根据需要插入声音，以增加向观众传递信息的通道，增加演示文稿的感染力。

1. 插入音频文件

在幻灯片中插入的声音主要有剪辑管理器中的音频、文件中的音频和录制音频三种。其中，插入剪辑管理器中的音频和插入剪贴画的方法类似，而插入文件中的音频的方法和插入图片类似。

（1）插入剪辑管理器中的音频。

①单击【插入】→【媒体】组→【音频】按钮的下拉按钮 ▾ →【剪贴画音频】。

②在"剪贴画"窗格中，在【搜索文字】输入框中输入搜索音频的关键字，单击【搜索】。

③音频搜索结果显示在下方列表中，单击音频图标，将音频插入到幻灯片中。

④音频插入后，在幻灯片中显示音频图标 🔊；当选中音频图标时，将会出现音频播放条，如图 5-2-10 所示；单击音频播放按钮 ▶，就可以听到声音了。

图 5-2-10　音频播放条

（2）插入文件中的音频。

①单击【插入】→【媒体】组→【音频】按钮的下拉按钮 ▾ →【文件中的音频】。

②在"插入音频"对话框中，选择存放音频的路径，单击需要插入的音频，单击【插入】。

③音频插入后，在幻灯片中显示音频图标 🔊；选中音频图标，在声音播放条上单击音频播放按钮 ▶ 就可以听到声音了。

（3）插入录制音频。

①单击【插入】→【媒体】组→【音频】按钮的下拉按钮 ▾ →【录制音频】。

②在"录音"对话框中，单击录音按钮 ⏺ 开始录音，录制完成后，单击【确定】。

③录音插入后，在幻灯片中显示音频图标 🔊；选中音频图标，在声音播放条上单击播放按钮 ▶ 就可以听到声音了。

2. 设置声音的属性

在幻灯片中插入声音文件后，程序就会自动创建一个声音图标，单击该声音图标，单击【音频工具-播放】，出现【播放】选项卡如图 5-2-11 所示，在该选项卡中可对声音进行编辑。

图 5-2-11　【播放】选项卡

设置播放声音的操作方法如下：

（1）单击插入的音频图标 🔊，单击【音频选项】组。

（2）单击【开始】选项的下拉按钮 ▾，在打开的列表中可以设置声音的播放方式。其中，"自动"表示播放到该幻灯片时自动播放声音；"在单击时"表示仅当单击声音图标时才播放声音；"跨幻灯片播放"表示即使切换幻灯片也能播放声音。

5.2.6.2   插入和设置视频

在幻灯片中插入的视频包括剪辑管理器中的视频、文件中的视频和网站中的视频三种。插入剪辑管理器中的视频的方法与插入音频的方法类似，在此不再赘述。又因为 PowerPoint 2010 自带的视频文件很有限，以 GIF 文件为主，往往不能满足实际制作的需要，所以以插入文件中的视频为主。

1. 插入视频文件

（1）单击【插入】→【媒体】组→【视频】按钮的下拉按钮 ▾ →【文件中的视频】命令。

（2）在"插入视频"对话框中，选择存放视频的路径，单击需要插入的视频，单击【插入】。

（3）视频插入后，在幻灯片中显示视频窗口；选中视频窗口，在视频播放条上单击视频播放按钮 ▶ 就可以观看视频了。

2. 设置视频的属性

在演示文稿中不仅能插入视频，还能对插入的视频进行编辑，如剪辑视频、设置视频样式、设置视频封面等。剪辑视频的操作方法如下：

（1）单击视频窗口，单击【视频工具-播放】→【编辑】组→【剪辑视频】。

（2）在"剪辑视频"对话框中，在【开始时间】数值框中输入视频的起始值，在【结束时间】数值框中输入视频的终止值，单击【确定】。

5.2.6.3   插入 FLASH 动画

在制作演示文稿时使用 Flash 动画，可以带给观众不一样的视听享受。在演示文稿中插入 Flash 动画，需要在【开发工具】选项卡中进行。【开发工具】选项卡一般没有显示，需要用户预先进行设置：单击【文件】菜单→【选项】命令；在"PowerPoint 选项卡"对话框中，选择【自定义功能区】选项；在【主选项卡】列表框中选中【开发工具】复选框，单击【确定】按钮。

插入 Flash 动画的操作方法如下：

（1）单击【开发工具】→【控件】组→【其他控件】。

（2）在"其他控件"对话框列表中，选择【Shockwave Flash Object】选项，单击【确定】。

（3）将鼠标移动到幻灯片中，当鼠标光标变为"+"形状时，在需要插入 Flash 动画的位置按住鼠标左键不放，拖动绘制一个播放 Flash 动画的区域。

（4）在绘制的区域上单击鼠标右键，在打开的快捷菜单中选择【属性】。

（5）在"属性"对话框中，在【Movie】文本框中输入 Flash 动画的路径，单击【关闭】。

（6）完成 Flash 动画的插入后，放映幻灯片时即可欣赏插入的 Flash 动画了。

5.2.7　任务实现

【实例 5-2-1】插入和格式化文本。

打开"实例 5-2-1.pptx"，选择第 1 张幻灯片，在其标题占位符中输入文本，并设置如图 5-2-1 所示的字体效果。选择第 2 张幻灯片，在其文本占位符中输入正文文本，并设置如图 5-2-1 所示的段落效果和项目符号。

（1）选择第 1 张幻灯片；单击标题占位符并输入文本"睿捷科技有限公司宣传手册"。

（2）选择标题文本，单击【开始】→【字体】组→【字体】按钮的下拉按钮 →"华文行楷"；单击【字号】按钮的下拉按钮 →"54"；单击【字体颜色】按钮的下拉按钮 ，在【主题颜色】栏中选择"金色，强调文字颜色 5，深色 50％"。

（3）选择第 2 张幻灯片；单击标题占位符，输入文本"目录"；单击正文占位符，输入如图 5-2-1 所示的文本，并设置为：黑体、字号 32、紫色。

（4）选择正文文本，单击【段落】组→【居中】 ；单击【行距】按钮的下拉按钮 →【行距选项】，在对话框中设置行距为"1.5 倍行距"，段前间距为"10 磅"。

（5）选择正文文本，单击【段落】组→【项目符号】按钮的 →【项目符号和编号】；在【项目符号】选项卡中，单击【自定义】；在"符号"对话框中，在【字体】下拉列表框中选择"Wingdings"选项，选择所需符号，单击【确定】；返回"项目符号和编号"对话框，再次单击【确定】。

【实例 5-2-2】插入艺术字。

打开"实例 5-2-2.pptx"，在演示文稿最后添加一张新幻灯片，并插入内容为"Thank you"的艺术字，设置如下：艺术字样式为第 4 行第 2 列的样式，字体为"Blackadder ITC"，字号为 80，效果如图 5-2-1 所示。

（1）打开最后一张幻灯片，添加一张空白版式的幻灯片。

（2）单击【插入】→【文本】组→【艺术字】，在打开的下拉列表中选择艺术字样式"渐变填充-青色，强调文字颜色 6，内部阴影"；输入艺术字文本内容"Thank you"。

（3）选择文本内容"Thank you"，单击【开始】→【字体】组，设置其字体为
"Blackadder ITC"、字号为"80"。

（4）拖动鼠标将艺术字移动到幻灯片中合适的位置。

【实例 5-2-3】插入和编辑图片。

打开"实例 5-2-3. pptx"，在第 1 张幻灯片上插入图片文件"公司
logo. png"，效果如图 5-2-1 所示。

（1）打开第 1 张幻灯片；单击【插入】→【图像】组→【图片】。

（2）在"插入图片"对话框中，选择需要插入的图片"公司
logo. png"，单击【插入】。

（3）单击图片，单击【图片工具-格式】→【大小】组，设置图片的高度为 6 厘米，
宽度为 7.5 厘米。

（4）单击【排列】组→【下移一层】按钮的下拉按钮 ▾ →【置于底层】，将图片置
于标题文字下方。

【实例 5-2-4】插入和格式化 SmartArt 图形。

打开"实例 5-2-4. pptx"，在第 7 张幻灯片上，插入"水平多层层次结
构"形式的 SmartArt 图形，并按图 5-2-12（a）添加形状，并输入对应文
本。将第 11 张幻灯片的文本转换成如图 5-2-12（b）所示 SmartArt 图形。

（1）插入 SmartArt 图形：

①打开第 7 张幻灯片；单击【插入】→【插图】组→【SmartArt】。

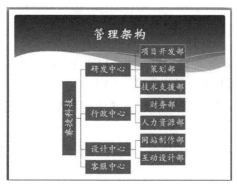

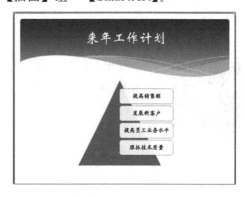

（a）插入 SmartArt 图形　　　　　　　　（b）文本转换为 SmartArt 图形

图 5-3-12　含 SmartArt 图形的幻灯片

②在"选择 SmartArt 图形"对话框中，在左侧列表中选择图形类别"层次结构"，
在右侧列表中选择"水平多层层次结构"形式的 SmartArt 图形；单击【确定】。

③选择最左侧的形状，单击【SmartArt 工具-设计】→【创建图形】组→【添加形
状】按钮的下拉按钮 ▾ →【在下方添加形状】，使图形的第 2 层含有 4 个形状；同理，
为第 2 层各形状下方添加相应的形状。

④单击【创建图形】组→【文本窗格】；在打开的窗格中输入所需的文字，关闭窗格。

⑤选择 SmartArt 图形，单击【SmartArt 工具-设计】→【大小】组；在高度和宽度输入框中分别输入"14.5 厘米"和"21.5 厘米"。

（2）文本转换为 SmartArt 图形：

①打开第 11 张幻灯片，选择要转换成 SmartArt 图形的文本。

②单击鼠标右键，在打开的快捷菜单中，选择【转换成 SmartArt】→【棱锥型列表】选项，即可将文本转换为 SmartArt 图形并插入到幻灯片中。

【实例 5-2-5】插入和编辑表格。

打开"实例 5-2-5.pptx"，在第 9 张幻灯片上创建一个如图 5-2-1 所示的表格；输入表中的文本，并设置为楷体，加粗、居中对齐格式；设置表格样式为"中度样式 4-强调 6"。

（1）打开第 9 张幻灯片；单击【插入】→【表格】组→【表格】按钮的下拉按钮 ▼ →【插入表格…】，打开"插入表格"对话框。

（2）在【列数】和【行数】数值框中分别输入"7"和"11"，单击【确定】。

（3）拖动鼠标选择第 1 行第 1 列、第 2 列两个单元格，在其上单击鼠标右键；在打开的快捷菜单中选择【合并单元格】；同理，合并其他单元格。

（4）按图 5-2-1 所示，单击表格中对应的单元格，输入文本内容；设置文本内容为楷体、加粗、居中对齐。

（5）选择表格，单击【表格样式】组→【表样式】按钮的下拉按钮 ▼ →"中度样式 4-强调 6"。

【实例 5-2-6】插入和编辑图表。

打开"实例 5-2-6.pptx"，在第 10 张幻灯片上，以图 5-2-13 所示的数据为源数据，创建一个簇状条形图表，效果如图 5-2-1 所示。

（1）打开第 10 张幻灯片；单击【插入】→【插图】组→【图表】按钮。

（2）在"插入图表"对话框中，单击图表类别"条形图"→图表子类别"簇状条形图"→【确定】。

（3）在打开的 Excel 工作表中，输入数据；注意调整蓝色框线，使数据在框线内；单击 Excel 的关闭按钮 ▨ 。

	A	B	C	D
1		网站开发	软件开发	电子商务
2	2017年	20.6	52.1	30.2
3	2018年	37.1	64.8	48.6
4	2019年	32.6	89.3	75.5

图 5-2-13　图表源数据

任务 5.3　统一设置培训计划演示文稿外观

由于幻灯片中包含的文本、图片、表格等元素的表现形式各不相同，因此在幻灯片中应用这些元素时，布局合理才能使幻灯片结构清晰、界面美观。在对幻灯片进行布局时需要把握以下几个原则：

（1）强调主题。通过颜色、字体以及样式等对幻灯片中要表达的核心内容进行强调。

（2）布局简单。在一张幻灯片中各元素的数量不宜过多，否则就会显得杂乱。

（3）画面平衡，统一和谐。应尽量保持幻灯片页面的平衡，避免左重右轻或头重脚轻的现象。同一演示文稿中各张幻灯片的标题文本的位置、字体、字号、页边距等应尽量统一，保持幻灯片的整体效果。

5.3.1　任务描述

人力资源部准备对新入职的员工进行商务培训，现已完成了商务培训计划的演示文稿雏形，需要小张对该演示文稿进行统一设置，如图 5-3-1 所示。为了迅速地让整个演示文稿看起来风格一致、界面美观，小张运用幻灯片母版功能、幻灯片背景设置功能进行设置：

（1）统一各张幻灯片的标题格式。

（2）统一为各张幻灯片添加公司名称和 logo。

（3）为相同版式的幻灯片设置统一背景效果。

（4）除标题幻灯片外，给所有的幻灯片添加编号，方便阅读。

图 5-3-1　"商务培训计划"演示文稿参考效果

5.3.2 应用幻灯片主题

主题是一组统一的设计元素，使用颜色、字体和图形外观设置文档的外观。通过应用主题，可以快速轻松地设置整个文档的格式，赋予其专业和时尚的外观。

PowerPoint 2010 提供了大量精美的文档主题，可以快速地使演示文稿具有统一的风格。使用内置主题的操作方法如下：单击【设计】→【主题】组→【主题】按钮的下拉按钮▼；在【所有主题】列表中，单击合适的主题样式即可实现应用主题。在应用主题列表中的主题时，直接单击主题样式会自动添加到所有幻灯片中。

如果只需要为某些幻灯片添加主题，则在选中的主题样式中单击鼠标右键，在打开的快捷菜单中选择【应用于选定幻灯片】命令即可，如图 5-3-2 所示。同一演示文稿中，可以根据需要应用不同的主题，如图 5-3-3 所示，该演示文稿中，第 1～2 张幻灯片应用主题"波形"，第 3～6 张幻灯片应用主题"华丽"，第 7～9 张幻灯片应用主题"时装设计"。

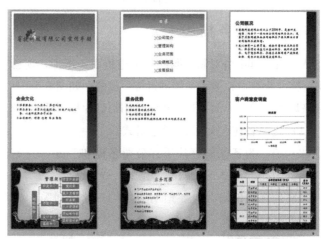

图 5-3-2　应用主题选项　　　　图 5-3-3　同一演示文稿中应用多种不同主题

5.3.3 设置幻灯片背景

制作幻灯片如果只是添加文字或图片，会显得整个页面比较单调，为幻灯片指定不同的背景，可以改变其效果。

1. 选择预设背景

如果在制作幻灯片时应用了主题背景，对效果不太满意的话，可以使用预设背景对主题背景进行更改。其操作方法如下：

选择需要修改背景的幻灯片；单击【设计】→【背景】组→【背景样式】，在打开的下拉列表中选择预设样式，如图 5-3-4 所示。

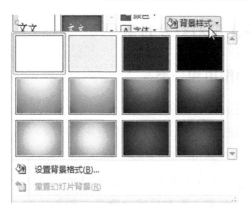

图 5-3-4　"背景样式"下拉列表

2. 自定义主题的背景效果

在幻灯片添加背景除了使用预设样式外，还可以根据需要自行设置背景；既可选择纯色或渐变色，也可以选择纹理或图案等作为背景，甚至还可以选择电脑中的任意图片作为背景，使整体画面更丰富。自定义背景效果的操作方法如下：

（1）单击【设计】→【背景】组→【背景样式】按钮的下拉按钮，在打开的下拉列表中选择【设置背景格式】。

（1）在"设置背景格式"对话框中，各种填充效果的设置方法如下：

①渐变填充：在【填充】选项卡中，选中【渐变填充】，可对填充颜色进行选择并设置方向，如图 5-3-5（a）所示。

②图片或纹理填充：在【填充】选项卡中，单击【图片或纹理填充】→【文件】，如图 5-3-5（b）所示；打开"插入图片"对话框，选择需要设置为背景的图片，单击【插入】。

③图案填充：在【填充】选项卡中，选中【图案填充】，选择图案样式进行填充，如图 5-3-5（c）所示。

（3）单击【关闭】，只有当前幻灯片应用了背景效果；单击【全部应用】，则所有幻灯片都应用了背景效果。

（a）渐变填充　　　（b）图片或纹理填充　　　（c）图案填充

图 5-3-5　"设置背景格式"对话框

5.3.4　制作并使用幻灯片母版

5.3.4.1　母版的作用和分类

母版通常用于定义演示文稿中所有幻灯片或页面格式。PowerPoint 2010 提供了 3 种类型的母版,分别是幻灯片母版、讲义母版和备注母版。

1. 幻灯片母版

幻灯片母版是能够存储关于模板信息的设计模板,包括文本和对象在幻灯片上的放置位置、文本和对象的大小、文本样式、背景、颜色主题、效果和动画等。只要在母版中更改了样式,对应的幻灯片中相应的样式也会随之改变。如图 5-3-6 所示为幻灯片母版视图,第 1 张幻灯片是该演示文稿的普通幻灯片的母版,第 2 张幻灯片则是该演示文稿标题幻灯片的母版,其他幻灯片则是不同版式、不同内容的幻灯片母版;通常设置第 1 和第 2 张幻灯片的母版样式居多。

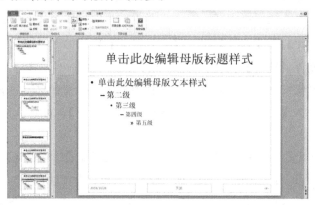

图 5-3-6　幻灯片母版视图

2. 讲义母版

讲义是方便演讲者在使用演示文稿时的纸稿,纸稿中显示了每张幻灯片的大致内容、要点等。讲义母版就是设置该内容在纸稿中的显示方式,制作讲义母版主要包括设置每页纸张上显示的幻灯片数量、排列方式以及页面和页脚的信息等。

3. 备注母版

备注是指演讲者在幻灯片下方输入的内容,根据需要可将这些内容打印出来。要想使这些备注信息显示在打印的纸张上,就需要对备注母版进行设置。备注母版和讲义母版类似,在演示文稿中的应用都很少,仅是为方便演讲者在演示幻灯片时使用的。

5.3.4.2　制作并使用幻灯片母版

通常可以使用幻灯片母版设置统一的背景样式,还可以更改占位符的位置和格式,并可插入要显示在多个幻灯片上的图片或其他显示内容。

1. 设置统一背景

用户可通过幻灯片母版来快速统一设置整个演示文稿的背景风格，其操作方法如下：

（1）单击【视图】→【母版视图】组→【幻灯片母版】，进入幻灯片母版编辑状态。

（2）根据需要，选择标题幻灯片或其他版式幻灯片，表示该幻灯片下的编辑将应用于当前演示文稿中相同版式的所有幻灯片。

（3）单击【幻灯片母版】→【背景】组→【背景样式】→【设置背景格式】。

（4）在"设置背景格式"对话框中，选择【填充】选项卡，根据需要选择渐变填充、图片或纹理填充、图案填充中的某一种，操作方法与自定义背景效果相同；单击【关闭】。

（5）单击【幻灯片母版】→【关闭】组→【关闭母版视图】，母版设置完成，返回普通视图。

2. 设置占位符格式

通过幻灯片母版式设置各占位符的格式，既方便又快捷。设置占位符格式包括调整占位符的大小和位置，更改占位符中文本的字体、字号、字体颜色及文本效果等。其操作方法如下：

（1）单击【视图】→【母版视图】组→【幻灯片母版】。

（2）根据需要，选择标题幻灯片或其他版式幻灯片中的标题占位符。

（3）单击【开始】→【字体】组，进行字体、字号、颜色及文本效果的设置；单击【段落】组，进行段落格式设置。

（4）单击【幻灯片母版】→【关闭】组→【关闭母版视图】，母版设置完成，返回普通视图。

3. 设置页眉/页脚

通过母版还可以设置幻灯片的页眉/页脚，包括日期、时间、编号和页码等内容，从而使幻灯片看起来更加专业。其操作方法如下：

（1）单击【插入】→【文本】组→勾选【幻灯片编号】。

（2）在"页眉和页脚"对话框中，如图 5-3-7 所示，在【幻灯卡】选项卡中单击【幻灯片编号】→【全部应用】，则会在所有幻灯片右下角处添加编号。

图 5-3-7　"页眉和页脚"对话框

5.3.5　任务实现

【实例5-3-1】应用母版设置幻灯片。

打开"实例5-3-1.pptx"，把所有幻灯片的标题字体设置为：华文新魏、字号48、蓝色、加粗效果；幻灯片下方添加公司名称和公司logo。为"节标题"版式的幻灯片，设置"样式10"背景样式。

（1）单击【视图】→【母版视图】组→【幻灯片母版】。

（2）单击第1张幻灯片（幻灯片母版），选择其标题占位符；单击【开始】→【字体】组，按要求设置字体。

（3）在第1张幻灯片左下方，插入文本框，输入公司名称并设置格式：楷体，字号24；在公司名称左侧插入图片"公司logo.png"。

（4）单击第4张幻灯片（节标题版式幻灯片）；单击【幻灯片母版】→【背景】组→【背景样式】→"样式10"。

（5）单击【幻灯片母版】→【关闭】组→【关闭母版视图】。

【实例5-3-2】插入幻灯片编号。

打开"实例5-3-2.pptx"，除标题版式的幻灯片外，为所有的幻灯片在右下角位置添加编号。

（1）单击【插入】→【文本】组→【幻灯片编号】。

（2）在"页眉和页脚"对话框中，选择【幻灯片编号】→【标题幻灯片中不显示】→【全部应用】。

任务5.4　让培训计划演示文稿"动起来"

5.4.1　任务描述

"商务培训计划"演示文稿已成为一个风格统一的文档了，小张还需要对演示文稿做动画设计，使之在演示过程中可以动态播放，如图5-4-1所示的效果。具体要求如下：

（1）为指定幻灯片添加动画效果。

（2）为演示文稿开头的幻灯片设计倒计时动画。

（3）在幻灯片中设置切换效果。

（4）为指定内容创建超链接和动作按钮，以便实现在多张幻灯片中跳转播放的效果。

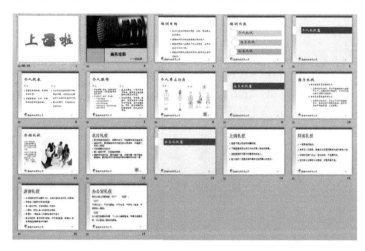

图 5-4-1   "商务培训计划"演示文稿参考效果

5.4.2   为幻灯片添加动画效果

幻灯片制作完成后，可以为幻灯片中的文本、图片和表格等对象添加一些动画效果。PowerPoint 2010 为用户提供了多种预设的动画效果，用户可以为幻灯片中的对象添加不同的动画效果，也可以自定义动画的路径，让演示文稿放映时更加生动和形象。

5.4.2.1   添加动画效果

PowerPoint 2010 将一些常用的动画效果放置于动画效果列表中。用户为对象设置动画效果时，可直接在【动画】组中选择，也可以在【高级动画】组中进行设置。用户可以根据需要对幻灯片中的对象添加不同的动画效果，可以为一个对象设置单个动画效果或者多个动画效果，也可以为一张幻灯片中的多个对象设置统一的动画效果。

1. 为某个对象添加单个动画

在幻灯片中选择了一个对象后，就可以给该对象添加一种自定义动画效果，可以选择进入、强调、退出和动作路径中的任意一种动画效果，操作方法如下：

（1）在幻灯片中选择需要添加动画的对象后，单击【动画】→【动画】组→【动画样式】右侧的下拉按钮▼，在打开的列表框中选择一种动画样式，如图 5-4-2 所示。

（2）添加动画效果后，在幻灯片中将自动演示动画效果，并在添加了动画效果的对象的左上方显示数字序号。

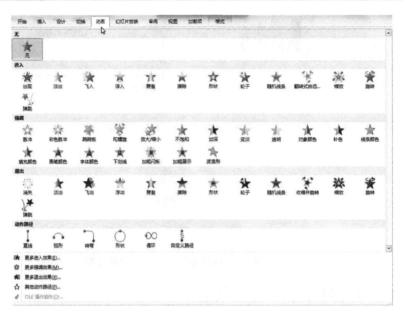

图 5-4-2　选择动画效果

如果对"动画样式"列表框中的动画效果不满意，可以选择"更多进入效果""更多强调效果"等命令，打开对应的对话框（如选择"更多进入效果"命令，打开如图 5-4-3 所示的对话框），在对话框中为所选对象添加合适的动画效果。

图 5-4-3　"更改进入效果"对话框

2. 为某个对象添加多个动画

在幻灯片中不仅可以为某个对象添加单个动画效果，还可以为某个对象添加设置多个动画效果。其操作方法如下：

（1）为对象添加了单个动画效果后，单击【动画】→【高级动画】组→【添加动画】，打开动画样式列表框；从中选择一种动画样式，为对象添加另一种动画效果。

（2）添加多个动画效果后，在该对象的左上方会显示对应的多个数字序号。

（3）为对象添加动画之后，单击【动画】→【高级动画】组→【动画窗格】，在"动画窗格"窗格中，显示了添加的动画效果列表，其中的选项按照为对象设置动画的先后顺序而排列，并用数字序号进行标识，如图 5-4-4 所示。

图 5-4-4　【动画窗格】窗格

3. 为多个对象添加动画

如果是设置不同的动画效果，则分别选择对象，然后依次添加动画即可。如果要为多个对象设置同一种动画，可以使用这两种方法：

（1）利用【Ctrl】键：在幻灯片中选择一个对象后，按住【Ctrl】键不放，再单击其他对象；选中多个对象后，释放【Ctrl】键；按"添加单个动画"的方法为这些对象添加同一种动画；幻灯片中这些对象的数字序号也相同。

（2）利用【动画刷】按钮：为一个对象添加某种动画效果后，单击【动画】→【高级动画】组→【动画刷】，鼠标光标变成带刷子形状；单击其他对象后，即可为这些对象添加同样的动画；单击这几个对象的数字序号使其按单击的顺序进行排序。

5.4.2.2　设置动画效果

为对象应用动画效果，只是应用了默认的动作效果；实际上，动画的方向、图案、形状、开始方式、声音、持续时间、播放顺序等都可以在应用了动画效果后重新进行编辑。通过对上述各项的设置，可以让动画效果更加符合演示文稿的表达意图。

1. 设置效果选项

不同的动画样式，其效果选项不同，通常有方向、图案和形状等类型，有个别动画样式甚至是没有效果选项的。

设置效果选项的方法是：为对象设置某种动画后，单击【动画】→【动画】组→【效果选项】，打开如图 5-4-5 所示的下拉列表，在其中选择一种效果样式即可。

图 5-4-5　效果选项

2. 设置开始方式

单击【动画】→【计时】组→【开始】右侧的下拉按钮，在如图 5-4-6 所示的下拉列表中选择动画开始的方式。列表中各选项的含义如下：

（1）"单击时"选项：表示要单击一下鼠标后才开始播放该动画，这是 PowerPoint 2010 默认的动画开始方式。

（2）"与上一动画同时"选项：表示设置的动画将与前一个动画同时开始播放，设置这种方式后，幻灯片中对象的序号将变成和前一个动画序号相同的。

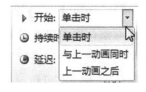

图 5-4-6　设置开始方式

（3）"上一动画之后"选项：表示设置的动画将在前一个动画播放完毕后自动开始播放，设置这种开始方式后，幻灯片中对象的序号将变成和前一个动画序号相同的。

3. 设置计时

打开【动画窗格】窗格→单击动画选项右侧的下拉按钮→【计时】，打开如图 5-4-7 所示的对话框，在【计时】选项卡中可以设置动画延迟播放时间、重复播放次数和播放速度等。各选项的含义如下：

（1）"开始"下拉列表框：与【计时】组→【开始】下拉列表框功能完全相同。

（2）"延迟"数值框：用于设置动画延迟播放的时间，以秒为单位。

（3）"期间"下拉列表框：用于设置动画播放的速度，包括"非常慢（5 秒）""慢速（3 秒）"……等 5 种速度。

（4）"重复"下拉列表框：用于设置动画重复播放的次数。

图 5-4-7　设置计时

4. 添加动画声音

为使制作的幻灯片更加自然、逼真，可以为动画添加鼓掌、抽气等声音效果。打开【动画窗格】窗格→单击动画选项右侧的下拉按钮▼→【效果选项】→【声音】右侧的下拉按钮▼，选择需要添加的声音效果。还可以单击右侧的【音量】按钮，调整声音的大小。

5. 设置文本动画效果

如果文本框内是只有一个段落的文本，则该文本将作为一个对象进行动画的设置，如果文本框内有多个段落的文本，除了可将所有文本作为一个对象设置动画外，还可以将各段落的文本作为单独的对象进行动画的设置。打开【动画窗格】窗格→单击动画选项右侧的下拉按钮▼→【效果选项】，打开动画效果的对话框，在此可以设置和文本相关的动画效果。各选项的含义如下：

（1）"动画播放后"下拉列表框：在此可选择动画播放后的效果，可将文本更改为其他颜色，还可以隐藏文本。

（2）"动画文本"下拉列表框：在此可选择动画的播放方式，可使文本作为整体播放动画，还可使文本按字母播放动画。

（3）"正文文本动画"选项卡：在此可选择文本框中的文本组合方式。若选择"作为一个对象"选项，则所有文本将组合为一个对象播放动画；若选择其他选项，则每个段落的文本将作为单独的对象播放动画；在幻灯片中，该文本框的各段文本前方将分别标识数字序号。

5.4.2.3　设置动画播放顺序

要制作出满意的动画效果，可能需要不断地查看动画之间的衔接效果是否合理，如果对设置的播放效果不满意，应及时对其进行调整。在动画窗格中各选项排列的先后顺序就是动画播放的先后顺序。因此要修改动画的播放顺序，可通过调整动画窗格中各选项的位置来实现。其操作方法如下：

在如图 5-4-4 所示的动画窗格中，单击要调整次序的动画选项，再单击窗格下方的 ⬆ 按钮或 ⬇ 按钮，该动画效果选项会向上或向下移动一个位置，动画效果播放次序也会随之改变。

5.4.2.4 设置动作路径动画

动作路径用于自定义动画运动的路线与方向，设置动作路径时，可使用系统内置的动作路径，也可以自定义动作路径。

1. 选择内置的动作路径

其操作方法如下：

（1）选择要设置动画效果的对象；单击【动画】选项卡→【动画】组→所需的动作路径。

（2）如果在【动画】组中找不到合适的动作路径，则单击【动画】组的下拉按钮 ⬇ →【其他动作路径】。

（3）在"更改动作路径"对话框中，选择所需的动作路径，单击【确定】。

2. 绘制自定义动作路径

其操作方法如下：

（1）选择要设置动画效果的对象；单击【动画】→【动画】组的下拉按钮 ⬇ →【自定义路径】。

（2）当鼠标光标变成"＋"形状时，在选择的对象上单击并拖动鼠标自由绘制动画的路径，完成后双击鼠标，则会在幻灯片编辑区域内显示绘制的动画路径。

5.4.3 为幻灯片设置切换效果

幻灯片切换动画又称为翻页动画，可以实现单张或多张幻灯片之间的切换动画效果，为的是在幻灯片切换时吸引观众的注意力，提醒观众新的幻灯片要开始播放了。在 PowerPoint 中不仅可以直接应用提供的各种切换动画效果，还可对切换动画进行设置。

5.4.3.1 添加和删除切换动画效果

1. 添加切换动画效果

PowerPoint 2010 提供了多种预设的幻灯片切换动画效果，在默认情况下，上一张幻灯片和下一张幻灯片之间没有设置切换动画效果，但在制作演示文稿的过程中，用户可根据需要在幻灯片之间添加切换动画，操作方法如下：

单击【切换】→【切换到此幻灯片】组的下拉按钮 ⬇ →【切换样式】右侧的下拉按钮 ⬇ ，在打开的列表框中选择一种幻灯片切换样式，如图 5-4-8 所示。

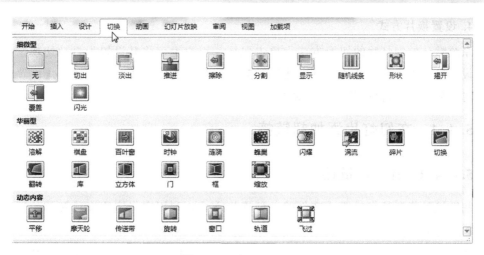

图 5-4-8　选择切换效果

2. 删除/取消切换动画效果

如果要删除应用的切换动画效果，可在选择应用了切换效果的幻灯片后，单击【切换】→【切换到此幻灯片】组，在幻灯片切换效果列表中选择"无"选项即可。

5.4.3.2　设置切换效果

为幻灯片添加切换效果后，还可以利用【切换】选项卡（如图 5-4-9 所示）对所选的切换效果进行"换片方式""声音""切换效果持续时间"和"自动换片时间"等进行设置，以增加幻灯片切换之间的灵活性。

图 5-4-9　【切换】选项卡

1. 设置切换效果选项

选择已添加切换动画效果的幻灯片，单击【切换】→【切换到此幻灯片】组→【效果选项】，在打开的下拉列表中选择所需的效果选项即可。

2. 设置切换声音

添加的切换效果默认都是无声的，可根据需要为切换效果添加声音。选择需要设置切换声音的幻灯片，单击【切换】→【计时】组→【声音】选项的下拉按钮▾，为幻灯片的切换添加声音。

3. 设置切换速度

选择需要设置切换速度的幻灯片，单击【计时】组，在【持续时间】数值框中输入具体的切换时间，或直接单击数值框的微调按钮，为幻灯片设置切换速度。

4. 设置换片方式

系统默认的幻灯片的切换方式为单击鼠标，用户也可将其设置为自动切换。选择需要设置换片方式的幻灯片，单击【计时】组，在"换片方式"栏中选中【设置自动换片时间】，在其右侧的数值框中输入幻灯片切换的具体时间。

5.4.4 在幻灯片添加超链接

5.4.4.1 添加超链接

超链接是指向特定位置或文件的一种连接方式，利用它指定程序跳转的位置，这个位置可以是另一张幻灯片，还可以是一个电子邮件地址、一个文件，甚至是一个应用程序。而在幻灯片中用作超链接的对象，可以是一段文本或一张图片或者其他图形对象。

1. 创建超链接

（1）链接到其他幻灯片。在幻灯片放映时，如果用户需要通过当前的文字或图形对象链接到演示文稿中的其他幻灯片时，可以将文本链接于本演示文稿中，然后选择需要链接到的幻灯片。其操作方法如下：

①选择要创建超链接的文本或图形对象。

②单击【插入】→【链接】组→【超链接】。

③在"插入超链接"对话框中，选择【本文档中的位置】选项；选择链接的幻灯片标题如图 5-4-10 所示；单击【确定】。

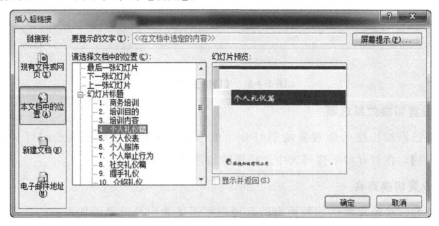

图 5-4-10　链接到其他幻灯片

（2）链接到其他文件。在选择的对象上添加超链接到文件或其他演示文稿中的幻灯片，可以在放映演示文稿时，直接查看与演示文稿内容相关的其他资料。其操作方法如下：

①选择要创建超链接的文本或图形对象；单击【链接】组→【超链接】。

②在"插入超链接"对话框中，在【链接到】组中选择【现有文件或网页】选项，如图 5-4-11 所示；单击【查找范围】选项的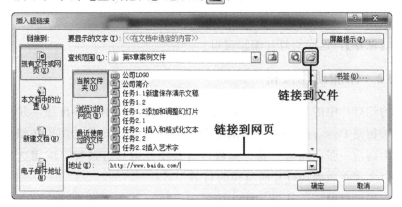

图 5-4-11 链接到文件或网页

③在打开的对话框中，选择要链接到的文件；单击【打开】。

④单击【确定】按钮。

（3）链接到网页。在 PowerPoint 2010 中还可以将幻灯片链接到网页，其链接方法与链接到其他幻灯片的方法相似，只是链接的目标位置不一样。其操作方法如下：

①选择要创建超链接的文本或图形对象；单击【链接】组→【超链接】。

②在"插入超链接"对话框中，在【链接到】组中选择【现有文件或网页】。

③在"地址"栏中输入所需链接到的网页地址，如图 5-4-11 所示，单击【确定】按钮。

2. 编辑超链接

创建超链接后，如果对超链接的设置不满意，还可以对其进行编辑，如改变超链接的格式、重新设置超链接位置、删除超链接等。

（1）更改超链接。创建超链接后，如果发现超链接位置有误，可以重新设置其超链接的位置。其操作方法如下：

①选择需要更改超链接的对象，单击鼠标右键，选择【编辑超链接】。

②在"编辑超链接"对话框中，重新选择链接位置；单击【确定】。

（2）删除超链接。添加超链接后，如果幻灯片内容发生了更改或链接目标不适合，可以将其删除。其操作方法为：选择需删除超链接的对象，单击鼠标右键，选择【取消超链接】。

（3）自定义超链接颜色。设置超链接后，超链接的文字颜色会发生改变，这可能会影响幻灯片的整体美观性。要想使超链接的文字颜色与其他普通文本有所区分，又不影响幻灯片美观，可通过"新建主题颜色"对话框来修改超链接文字的颜色。其操作方法如下：

①单击【设计】→【主题】组→【颜色】→【新建主题颜色】。

②在"新建主题颜色"对话框中，单击【超链接】的下拉按钮▼，在打开的列表中选择颜色作为超链接文字的颜色；单击【已访问的超链接】的下拉按钮▼，在打开的列表中选择颜色作为已访问的超链接文字的颜色。

③单击【保存】，返回幻灯片编辑窗口。

5.4.4.2 添加动作按钮

除了可为幻灯片中的对象添加超链接外，还可自行绘制动作按钮，并为其创建超链接。动作按钮是 PowerPoint 中预先设置的一组带有特定动作的图形按钮，这些按钮被预先设置为向前一张、向后一张、播放声音及播放电影等链接，应用这些预设置好的按钮，可以实现在放映幻灯片时跳转的目的。

在演示文稿中可以插入动作按钮，按照演讲或浏览的需要手动控制幻灯片播放的顺序。动作按钮集合在"形状"列表中，可以像绘制形状一样拖动鼠标来绘制动作按钮。其操作方法如下：

（1）单击【插入】→【插图】组→【形状】。

（2）在打开的列表框中，在【动作按钮】列表中选择所需的动作按钮，例如"前进或下一项"，如图 5-4-12（a）所示。

（3）当鼠标光标变成"+"形状时，按住鼠标左键不放，在幻灯片中拖动鼠标绘制动作按钮。

（4）绘制完成后，释放鼠标后，打开如图 5-4-12（b）所示的"动作设置"对话框；单击【超链接到】，再在其下拉列表中设置动作按钮链接到的位置和执行方式，最后单击【确定】。

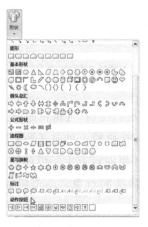

（a）插入动作按钮　　　　（b）动作设置

图 5-4-12　添加动作按钮

5.4.5   放映与输出演示文稿

5.4.5.1   放映演示文稿

制作好演示文稿后，需要查看制作好的成果或让观众欣赏制作出的演示文稿，此时可以通过幻灯片放映来观看幻灯片的总体效果。

1. 设置幻灯片的放映方式

设置幻灯片的放映方式包括设置幻灯片的放映类型、放映选项、放映幻灯片的范围以及换片方式和性能等。用户可根据当前的实际环境和需要进行相应的设置。

设置放映方式的操作方法如下：

（1）单击【幻灯片放映】→【设置】组→【设置幻灯片放映】。

（2）在如图 5-4-13 所示的"设置放映方式"对话框中，在"放映类型"栏中根据需要选择不同的放映类型。

（3）在该对话框中，还可以设置放映幻灯片的范围、幻灯片的切换方式及其他放映选项等。

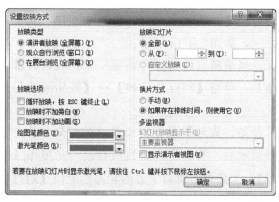

图 5-4-13   "设置放映方式"对话框

各种放映类型的作用和特点介绍如下：

（1）演讲者放映（全屏幕）：这是系统默认的放映类型，该类型将以全屏幕的状态放映演示文稿。在放映过程中，演讲者可手动切换幻灯片和动画效果，也可以将演示文稿暂停，甚至在放映过程中录制旁白。

（2）观众自行浏览（窗口）：该类型将以窗口形式放映演示文稿。在放映过程中可利用滚动条、【PageDown】键、【PageUp】键来对放映的幻灯片进行切换，但不能通过单击鼠标放映。

（3）在展台放映（全屏幕）：使用这种类型时，系统将自动全屏循环放映演示文稿；不能单击鼠标切换幻灯片，但可以通过单击幻灯片中的超链接和动作按钮来进行切换，按【Esc】键可结束放映。

2. 排练计时

当完成演示文稿内容制作之后，可以运用"排练计时"功能来排练整个演示文稿放映的时间。在"排练计时"过程中，演讲者可以确切了解每一页幻灯片需要讲解的时间，以及整个演示文稿的总放映时间，而且 PowerPoint 会根据演讲者在排练时使用的换页速度在放映时自动进行换页。

设置排练计时的操作方法如下：

（1）单击【幻灯片放映】→【设置】组→【排练计时】。

（2）此时将启动全屏幻灯片放映，供排练演示文稿，此时在每张幻灯片上所用的时间将被记录下来；待当前幻灯片持续时间确定后，单击鼠标左键切换到下一张幻灯片进行计时。

（3）整个演示文稿放映完成后，将打开消息对话框，该对话框显示幻灯片播放的总时间，同时提示用户是否保留该排练时间，单击【是】。

（4）在幻灯片浏览视图下，可以看到每张幻灯片缩略图左下方显示出的该张幻灯片持续的时间。在播放时，演示文稿将按此时间自动播放。

3. 放映演示文稿

放映演示文稿时，可在【开始放映幻灯片】组中选择"从头开始"和"从当前幻灯片开始"两种方式之一，如图 5-4-14 所示。

（1）从头开始。无论当前浏览的幻灯片是哪一张，放映时都会从第一张开始，放映到最后。其操作方法是：单击【幻灯片放映】→【开始放映幻灯片】组→【从头开始】。

（2）从当前幻灯片开始。先选择某张需要播放的幻灯片作为当前幻灯片，放映时从该幻灯片开始，放映到最后。其操作方法有两种：一是单击【开始放映幻灯片】组→【从当前幻灯片开始】；二是单击窗口下方的状态栏上的【幻灯片放映】 按钮。

图 5-4-14　【开始放映幻灯片】组

5.4.5.2　输出演示文稿

在 PowerPoint 2010 中，可以将演示文稿输出为多种形式的文件，如网页文件、图片文件、RTF 大纲文件等，以满足不同的需要。

1. 将演示文稿保存到 Web

通过 PowerPoint 2010 可以方便地将演示文稿保存到 Web，这样可以将演示文稿发布到局域网或 Internet 上，与其他人共享此文档。但在将演示文稿共享到网络之前，需要创建一个 Windows Live ID 和密码。将演示文稿保存到 Web 的操作方法如下：

（1）单击【文件】→【保存并发送】。

（2）在右侧面板"保存并发送"栏中选择【保存到 Web】，单击【登录】。

（3）在打开的对话框中输入账号和密码，单击【确定】，登录到 Windows Live。

（4）此时在"保存到 Windows Live SkyDrive"栏中会显示两个文件夹，选择其中一个文件夹后，单击【另存为】，打开"另存为"对话框。

（5）在"另存为"对话框中，设置文件的保存位置、文件名称和文件类型，单击【保存】。

2. 将演示文稿输出为图片文件

PowerPoint 2010 可以将演示文稿中的幻灯片输出为 GIF、JPG、PNG 以及 TIFF 等格式的图片文件，用于更大限度地共享演示文稿内容。将演示文稿输出为图片文件的操作方法如下：

（1）单击【文件】→【另存为】，打开"另存为"对话框。

（2）在【保存位置】下拉列表框中选择输出文件的保存位置；在【保存类型】下拉列表框中选择相应的图片文件格式选项（例如 JPEG 文件交换格式等），单击【保存】。

（3）在打开的提示对话框中，单击【每张幻灯片】，则系统会提示将会把每张幻灯片以独立文件方式保存在以演示文稿名称命名的文件夹中，单击【确定】。

3. 将演示文稿输出为大纲文件

如果演示文稿中的文本较多，可以将演示文稿输出为大纲文件，便于阅读。在生成的大纲 RTF 文件中，将不包含幻灯片的图形、图片及插入到幻灯片中文本框中的内容。

5.4.5.3　打包与打印演示文稿

1. 打包演示文稿

打包演示文稿是共享演示文稿的一个非常实用的功能，通过打包演示文稿，程序会自动创建一个文件夹，包括演示文稿和一些必要的数据文件，以供在没有安装 PowerPoint 的电脑中观看。打包演示文稿的操作方法如下：

（1）单击【文件】→【保存并发送】。

（2）在右侧面板"文件类型"栏中单击【将演示文稿打包成 CD】→【打包成 CD】。

（3）打开"打包成 CD"对话框，在【将 CD 命名为】框中输入名称；单击【复制到文件夹】。

（4）打开"复制到文件夹"对话框，在【位置】框中输入复制路径，单击【确定】。

（5）系统将打开一个对话框提示用户打包演示文稿中的所有链接文件，单击【是】开始复制到文件夹，打开"正在将文件复制到文件夹"的提示框；待复制完成后，系统会自动打开文档保存的窗口。

（6）操作完成后，在"打包成 CD"对话框中，单击【关闭】。

2. 发布幻灯片

有时需要制作内容相近的幻灯片，有些幻灯片的内容需要在几个甚至许多个演示文稿中出现，如果重复操作，将会十分浪费时间；可以将这些常用的幻灯片发布到幻灯片库中，需要时直接调用即可。发布幻灯片的操作方法如下：

（1）单击【文件】→【保存并发送】。

（2）在"保存并发送"栏中单击【发布幻灯片】→【发布幻灯片】。

（3）在打开的"发布幻灯片"对话框中，单击选择需要发布到幻灯片库中的幻灯片；单击【浏览】，选择幻灯片的保存位置；单击【发布】。

3. 设置并打印幻灯片

图 5-4-15　选择打印讲义的版式

演示文稿不仅可以进行现场演示，还可以将其打印在纸张上，或手执演讲或分发给观众作为演讲提示等。在打印时，根据用户的要求可将演示文稿打印为不同的形式；常用的打印稿形式有幻灯片、讲义、备注和大纲视图等。在打印面板中先设置打印选项后，再查看预览结果，确认无误后直接打印幻灯片即可。其操作方法如下：

（1）单击【文件】→【打印】。

（2）在右侧面板中单击【整页幻灯片】选项右侧的下拉按钮，选择所需的版式，如"4 张水平放置的幻灯片"，如图 5-4-15 所示。

（3）在预览区查看效果并确认后，单击【打印】，即可打印输出演示文稿。

5.4.6　任务实现

【实例 5-4-1】设置进入动画效果。

打开"实例 5-4-1.pptx"，为第 7 张幻灯片中的各对象设置动画，首先为标题设置"随机线条"动画，动画文本按字母播放，持续时间 01.00；将文本"站姿"和"坐姿"设置"向内溶解"动画，作为一个对象播放；为左图设置"阶梯状"动画，方向为右下；为右图设置设置进入动画效果"圆形扩展"动画；将文本"坐姿"的播放顺序改为 4。

（1）选择第 7 张幻灯片，选择最上方的标题文本，单击【动画】→【动画】组→

【动画样式】→"进入"栏中的【随机线条】。单击【动画】→【计时】组,在【持续时间】数值框中输入"01.00"。

(2)打开【动画窗格】窗格→单击动画选项右侧的下拉按钮▾→【效果选项】,在"效果"选项卡,单击【动画文本】右侧的下拉按钮▾→【按字母】。

(3)选择文本"站姿"和"坐姿",单击【动画】→【动画】组→【动画样式】→"进入"栏中的【向内溶解】;单击【动画】组→【效果选项】→【作为一个对象】。

(4)选择左图,单击【动画】→【动画】组→【动画样式】→"进入"栏中的【阶段状】;单击【动画】组→【效果选项】→【右下】。

(5)选择右图,单击【动画】→【动画】组→【动画样式】→"进入"栏中的【圆形扩充】(如果没有找到该效果,则单击【更多进入效果】,在"更改进入效果"对话框中,单击【圆形扩展】→【确定】)。

(6)打开【动画窗格】窗格→选择第 3 个对象(文本占位符),单击【动画】→【计时】组→【开始】→【单击时】。

(7)单击【动画窗格】窗格中的"重新排序"中的⬇,使上述文本占位符的编号变为 4。

【实例 5-4-2】设置倒计时动画效果。

打开"实例 5-4-2.pptx",在演示文稿最前面插入一张空白幻灯片,添加"3""2""1"和"上课啦"文本,并为其设置动画:要求播放动画时,每个数字自动出现;数字出现后停留 0.5 秒,再消失;直到出现文本"上课啦"后,保留在屏幕中。

(1)切换到幻灯片浏览视图中,在第 1 张幻灯片前面插入一张"空白"版式的幻灯片。

(2)在第 1 张幻灯片中,单击【插入】→【文本】组→【艺术字】,在打开的列表中选择"填充-蓝色,强调文字颜色 2,暖色粗糙棱台"选项。在艺术字文本框中输入"3",单击【开始】→【字体】组中设置文本格式为"Arial Black,200,加粗"。

(3)单击【动画】→【动画】组→【动画样式】→"进入"栏中的【出现】;单击【动画】→【计时】组→【开始】→【与上一动画同时】,在【持续时间】数值框中输入"01.00"。

(4)单击【动画】→【高级动画】组→【添加动画】→"强调"栏中的【脉冲】;单击【动画】→【计时】组→【开始】→【在上一动画之后】,在【持续时间】数值框中输入"00.50"。

(5)单击【动画】→【高级动画】组→【添加动画】→"退出"栏中的【消失】;单击【动画】→【计时】组→【开始】→【在上一动画之后】,在【持续时间】数值框中输入"00.50"。

(6)选择上述艺术字,复制一份,并将艺术字修改为"2";重复以上操作,添加艺术字"1"。

（7）选择添加的 3 个艺术字，单击【绘图工具-格式】→【排列】组→【对齐】→【左右居中】；再次单击【对齐】→【上下居中】，使艺术字重叠对齐。

（8）插入一个相同样式的艺术字"上课啦"，设置文本格式为：华文新魏，200。

（9）设置艺术字动画为"缩放"，开始时间为"上一动画后"，持续时间为"00.50"动画声音为"爆炸"。

【实例 5-4-3】设置切换效果。

打开"实例 5-4-3.pptx"，为第 1 张幻灯片设置自动换片时间为 7 秒，为第 2 张幻灯片设置"时钟 逆时针"切换效果。为第 5～8 张幻灯片设置"棋盘"切换效果，为第 9～12 张幻灯片设置"涟漪"切换效果，为第 13～17 张幻灯片设置"旋转"切换效果。

（1）切换到幻灯片浏览视图中，选择第 1 张幻灯片，单击【切换】→【计时】组，在【设置自动换片时间】数值框中输入"07.00"。

（2）选择第 2 张幻灯片，单击【切换】→【切换到此幻灯片】组→【时钟】；单击【切换到此幻灯片】组→【效果选项】→【逆时针】。

（3）按住【Ctrl】键，选择第 5～8 张幻灯片，单击【切换】→【切换到此幻灯片】组→【棋盘】。

（4）同理，分别选择第 9～12 张幻灯片、第 13～17 张幻灯片，按要求设置"涟漪""旋转"切换效果。

【实例 5-4-4】添加超链接。

打开"实例 5-4-4.pptx"，为第 4 张幻灯片的各项文本创建超链接，分别链接到第 5 张、第 9 张、第 13 张幻灯片。

（1）打开第 4 张幻灯片，选择文本"个人礼仪"，单击【插入】→【链接】组→【超链接】。

（2）在"编辑超链接"对话框中，单击【本文本档中的位置】→【5 个人礼仪篇】→【确定】。

（3）选择文本"社交礼仪"，单击【插入】→【链接】组→【超链接】。在"编辑超链接"对话框中，单击【本文本档中的位置】→【9 社交礼仪篇】→【确定】。

（4）选择文本"公务礼仪"，单击【插入】→【链接】组→【超链接】。在"编辑超链接"对话框中，单击【本文本档中的位置】→【13 公务礼仪篇】→【确定】。

【实例 5-4-5】添加动作按钮。

打开"实例 5-4-5.pptx"，分别在第 8 张、第 12 张幻灯片中插入动作按钮，均链接到第 4 张幻灯片。

（1）打开第 8 张幻灯片，单击【插入】→【插图】组→【形状】→【动作按钮：第一张】。

（2）按住鼠标左键，拖动画出动作按钮，释放鼠标。

（3）在弹出的"动作设置"对话框中，单击【超链接到】右侧的下拉按钮 ▾ →选择【幻灯片…】选项，单击【4. 培训内容】→【确定】，再单击【确定】。

（4）选择上述动作按钮，单击【绘图工具-格式】→【形状样式】组→【强烈效果-金色，强调颜色 4】。

（5）将第 8 张幻灯片中的动作按钮，复制到第 12 张幻灯片中。

项目6 计算机网络基础与应用

任务 6.1 计算机网络基础知识

6.1.1 计算机网络的定义

所谓计算机网络，是利用通信设备和通信线路将分布在不同地理位置上的具有独立功能的多个计算机系统相互连接起来，在网络操作系统、网络管理软件及网络通信协议的管理和协调下，实现资源共享和信息传输的计算机系统。简单地说，计算机网络是自主计算机的互连集合。

从概念上说，计算机网络主要由通信子网和资源子网两部分组成。资源子网由互连的主机或提供共享资源的其他设备组成，提供可供共享的硬件、软件和信息资源。通信子网由通信线路和通信设备组成，负责计算机间的数据传输。

6.1.2 计算机网络发展

计算机网络是计算机技术与通信技术相结合的产物，其发展过程可分为以下 4 个阶段。

1. 第一代计算机网络

为了能够远程使用主机，人们将分布在不同的地理位置上的多台终端（键盘和显示器）通过网络线路连接到一台中央计算机上，组成了"主机—终端"结构的计算机网络。严格来说，这一阶段还不能称之为计算机网络，只是现代计算机网络的雏形。

2. 第二代计算机网络

20 世纪 60 年代中期，地理位置分散的具有独立功能的计算机之间需要进行信息交换，将这些计算机系统连接起来就构成了第二代计算机网络。这一代计算机网络主要用于数据传输和信息交换，资源共享程度不高，计算机之间不存在主—从关系。

3. 第三代计算机网络

20 世纪 70 年代后期，各个计算机生产厂商开发并形成了体系结构差异很大的计算机网络系统，为实现不同网络之间的互联，国际标准化组织（ISO）在 1984 年颁布了 OSI/RM（开放式系统互联参考模型）国际标准化网络体系结构。从此，计算机网络开始走上标准化的道路。第三代计算机网络中的所有计算机都遵循同一种协议，强调以实现资源共享为目的。

4. 第四代计算机网络

从 20 世纪 80 年代末开始，网络技术进入新的发展阶段，以光纤通信技术、多媒体技术、综合业务数字网（Integrated Services Digital Network，ISDN）、人工智能网络的出现和发展为标志。90 年代以来，计算机网络进入高速发展时期，特别是互联网的出现，使计算机网络的应用得到了飞速发展。随着信息高速公路——国家信息基础结构（National Information Infrastructure，NII）的建设，计算机网络进入了一个新的时代。

6.1.3　网络的功能

概括起来，计算机网络的功能有如下 4 点。

1. 数据传输

数据传输是计算机网络的基本功能之一，用于实现在计算机与终端、或计算机之间传送各种数据。

2. 资源共享

资源共享包括软件、硬件和数据资源的共享，是计算机网络最有吸引力的一项功能。只要用户已连接至网络上，那么用户就能部分或全部地享受这些资源。

3. 提高计算机的可靠性和可用性

一旦网络上某台计算机出现故障，故障机的任务就可由其他计算机代为处理，避免了单机系统无后备机可用的情况下可能导致的系统瘫痪，大大提高了可靠性。

网络中某台计算机任务过重时，网络可将部分任务转交至网络中较空闲的其他计算机完成，这样就能均衡各台计算机的负载，提高每台计算机的可用性。

4. 实现分布式处理

在计算机网络中，各用户可根据不同情况合理地选择网内资源，就近快速地处理。对于较大型的综合性问题可通过一定的算法将任务交给不同的计算机去完成，达到均衡使用网络资源，实现分布处理的目的。此外，利用网络技术，能将多台计算机连成性能较高的大型计算机系统。使用这种系统对解决大型复杂问题，比用高性能的大、中型机的费用要低得多。

6.1.4　计算机网络的分类

计算机网络的分类标准很多，但是，各种分类标准只能从某一方面反映网络的特征。

6.1.4.1　按覆盖范围分类

按网络覆盖范围的大小，可将计算机网络分为：局域网、城域网、广域网和互联网。

1. 局域网（Local Area Network，LAN）

局域网是指较小范围内的计算机相互连接所构成的计算机网络。局域网被广泛应用于连接校园、工厂以及机关的个人计算机或工作站，以利于个人计算机或工作站之间共享资源（如打印机）和数据通信。

2. 城域网（Metropolitan Area Network，MAN）

城域网所采用的技术基本上与局域网类似，只是规模要大一些，其覆盖地理范围介于局域网和广域网之间，一般为几千米到几十千米。既可以覆盖相距不远的几栋办公楼，也可以覆盖一个城市；既可以是私人网，也可以是公用网。

3. 广域网（Wide Area Network，WAN）

广域网是跨城市、跨地区甚至跨国家建立的计算机网络，可以使用电话线、微波、卫星或者它们的组合信道进行通信。目前大家所熟悉的互联网（Internet）就是一个横跨全球的广域网。

6.1.4.2　按拓扑结构分类

计算机网络的拓扑结构是指网络中计算机和通信线路的几何排列，不同的网络拓扑结构采用不同的网络技术，对网络性能、系统可靠性与通信费用都有重要影响。常见的计算机拓扑结构主要有总线型、环型、星型、树型和网状型，如图 6-1-1 所示。在局域网中只有前 3 种结构。

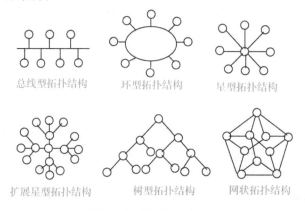

总线型拓扑结构　　环型拓扑结构　　星型拓扑结构

扩展星型拓扑结构　　树型拓扑结构　　网状拓扑结构

图 6-1-1　网络拓扑结构

1. 总线型结构

总线型拓扑结构是指采用单根传输线作为传输介质，所有网络节点都通过这条公共链路进行发送和接收数据。

总线型拓扑结构的优点是电缆长度短，布线容易，便于扩充；其缺点主要是总线中任一处发生故障将导致整个网络的瘫痪，且故障诊断困难。

2. 星型结构

星型拓扑结构是用一个节点作为中心节点，其他节点直接与中心节点相连构成的网络。整个网络由中心节点执行集中式通信控制管理，各节点间的通信都要通过中心节点。

星型拓扑结构的优点是结构简单，控制处理也较为方便，增加工作节点容易；缺点是一旦中心节点出现故障，会引起整个系统的瘫痪，可靠性较差。

3. 环型结构

网络中各工作站通过中断器连接到一个闭合的环路上，没有主次之分，信息沿环形线路单向（双向）传输，由目的站点接收。

环型结构的优点是结构简单、成本低、实时性好，但扩充不方便；缺点是环中任意一点的故障都会引起网络瘫痪，可靠性低。

6.1.4.3　按传输介质分类

按照传输介质分类，计算机网络可分为无线网和有线网。有线网是以采用双绞线、同轴电缆或光纤进行连接的网络。无线网是使用电磁波作为传输载体，以空气为传输介质的网络。

6.1.5　计算机网络的组成

计算机网络的构成，按照物理结构可分为网络硬件、网络软件。

6.1.5.1　网络硬件

网络硬件是计算机网络系统的物质基础，大概是由计算机、网络互连设备、传输介质等构成的。

1. 计算机

网络硬件中的计算机按照其作用划分可分为两种类型，分别是服务器和工作站。服务器是为网络用户提供服务的计算机，它是实现资源共享的重要组成部分，特点是性能高、稳定性好、安全性高。服务器主要有 Web 服务器、邮件服务器、打印服务器、文件服务器等。工作站是指连至服务器的计算机。

2. 网络互连设备

网络互连设备是计算机网络的重要组成部分，包括网卡、调制解调器、集线器、中继器、网桥、交换机、路由器等。网络中的计算机通过网络设备才能与其他计算机进行连接并相互访问。

（1）网卡（Network Interface Card，简称 NIC），也称网络适配器，用于将计算机和通信电缆连接起来，以便经电缆在计算机之间进行高速数据传送。因此，每台连接到局域网络的计算机都需要安装一块网卡。通常网卡都插在计算机的扩展槽内。网卡的种类很多，它们各有自己适用的传输介质和网络协议。

（2）调制解调器（Modem）是具有调制和解调两种功能的设备；所谓调制是把数字信号转换为模拟信号，解调是把模拟信号转换为数字信号。

（3）路由器（Router）用于检测数据的目的地址，对路径进行动态分配，根据不同的地址将数据分流到不同的路径中。如果存在多条路径，则根据路径的工作状态和忙闲情况，选择一条合适的路径，动态平衡通信负载。

（4）交换机（Switch）是一种用于电信号转发的网络互连设备，每个端口独享指定带宽，它可以为接入交换机的任意两个网络结点提供独享电信号通路。

3. 传输介质

传输介质就是计算机通信的线路，充当着数据信号的传输通道。传输介质按照其特征可分为有线和无线两类，有线类包括双绞线、同轴电缆和光纤等，无线类包括无线电、微波、卫星通信等。

6.1.5.2　网络软件

网络软件是网络环境下运行和使用，用于控制和管理网络资源，为计算机通信双方提供信息交流服务的软件。按照其在网络中的功能和作用，网络软件又分为网络操作系统和应用软件。目前的网络操作系统主要有 Windows NT、UNIX、Linux 等。无论网络操作系统还是应用软件，它们的正常运行都离不开网络传输协议。

网络应用软件是为满足某一方面的网络应用需求而开发的软件，这些软件能够满足用户某一方面或某一行业的特殊要求。例如，聊天软件 QQ、MSN 和下载软件迅雷等。

6.1.6　计算机网络的体系结构

为了把计算机网络互联起来，达到相互交换信息、资源共享、分布应用，ISO（国际标准化组织）提出了 OSI/RM（开放系统互联参考模型）。该参考模型将计算机网络体系结构划分为七个层次：物理层、链路层/数据链路层、网络层、传输层、会话层、表示层、应用层，如图 6-1-2 所示。其中应用层是面向用户的最高层，通过软件应用实现网络与用户的直接对话，如：找到通信对方，识别可用资源和同步操作等。

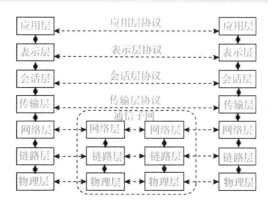

图 6-1-2   OSI/RM 七层网络参考模型

6.1.7   计算机网络安全概述

6.1.7.1   关于网络安全

网络安全是指网络系统的硬件、软件及其系统中的数据受到保护，不因偶然的或者恶意的原因而遭受到破坏、更改、泄露，系统连续可靠正常地运行，网络服务不中断。网络安全从其本质上来讲就是网络上的信息安全。从广义来说，凡是涉及网络上信息的保密性、完整性、可用性、真实性和可控性的相关技术和理论都是网络安全的研究领域。网络安全主要涉及运行系统的安全、信息系统的安全、信息传播的安全、信息内容的安全区四方面的内容。

6.1.7.2   网络的安全威胁

网络安全威胁主要有以下五个方面：

1. 物理威胁

物理威胁是指计算机硬件和存储介质受到偷窃、废物搜寻及奸敌活动的危胁。

2. 网络攻击

网络攻击分为被动攻击和主动攻击。被动攻击主要是进行网络监听、截取重要的敏感信息；主动攻击是利用网络本身的缺陷对网络实施的攻击。主动攻击常常以被动攻击获取的信息为基础，杜绝和防范主动攻击相当困难。

3. 身份鉴别

由于身份鉴别通常是用设置口令的手段实现的，入侵者可通过口令圈套、密码破译等方法扰乱身份鉴别。

4. 程序攻击

程序攻击是指利用危险程序对系统进行攻击，从而达到控制或破坏系统的目的。危险程序主要包括病毒、特洛伊木马、后门等。

5. 系统漏洞

系统漏洞通常源于操作系统设计者的有意设置，目的是使用户在失去对系统的访问权时，仍有机会进入系统。入侵者可使用扫描器发现系统陷阱，从而进行攻击。

6.1.7.3　网络防御技术

网络防御技术涉及的内容非常广泛，如加密、认证、防火墙、入侵检测、网络防攻击、病毒防治、文件备份与恢复技术等。本节仅简要介绍比较常用的两种。

1. 数据加密技术

数据加密技术是将机密、敏感的数据转换为难以理解的乱码型文字，其目的在于防止非授权人员解密或防止篡改和伪造加密的信息。加密技术一般可分为对称密码技术和非对称（公开）密码技术、散列函数、数字签名技术等。加密后的数据经过网络传输到达目的主机后，通过特定的密码解密，又恢复为原有数据。

2. 防火墙技术

防火墙是指设置在计算机和它所连接的网络之间的软件或硬件，用于保护信息资源不被其他用户或网络非法访问。防火墙是不同的网络或安全域之间信息的唯一出入口，能根据企业的安全政策控制（允许、拒绝、监测）出入网络的信息流，且本身具有较强的抗攻击能力。它是提供信息安全服务、实现网络和信息安全的基础设施。作为访问控制技术的代表，防火墙产品是世界上使用得最多的网络安全产品之一。

任务 6.2　Internet 基础知识

6.2.1　Internet 基本概念

6.2.1.1　Internet 定义

Internet（因特网）俗称互联网，也称国际互联网。始于 1968 年美国国防部高级研究计划局（ARPA）提供并资助的 ARPANET 网络计划，其目的是将各地不同的主机以一种对等的通信方式连接起来。Internet 主要采用 TCP/IP 协议。Internet 网将全球的网站连接在一起，形成了一个资源非常丰富的信息库。

我国于 1994 年 4 月正式联入 Internet，从此中国的网络建设进入了大规模发展阶段。到 1997 年 10 月，中国已实现四大骨干网互联互通，它们是中国公用计算机互联网（CHINANET）、中国科技网（CSTNET）、中国教育和科研计算机网（CERNET）、中国金桥信息网（CHINAGBN）。

6.2.1.2　TCP/IP 协议

在 Internet 所采用的网络协议是 TCP/IP 协议。TCP/IP 协议，全称为"传输控制协议/互联网协议"（Transmission Control Protocol/Internet Protocol），又称网络通信协议，是整个 Internet 的基础。

6.2.1.3　IP 地址

IP 地址就是给每个连接在 Internet 上的主机分配的一个地址；Internet 上的每台主机都有一个唯一的 IP 地址。IP 协议就是使用这个地址在主机之间传递信息，这是 Internet 能够运行的基础，IP 地址在整个 Internet 网络中具有唯一性。

IP 地址由 32 位二进制数组成，通常将 IP 地址的 32 位二进制数划分为 4 组，每组以十进制表示，取值范围是 0～255，各组数之间用一个点号"."分开，如 192.168.1.1。

1. IP 地址分类

IP 协议定义了 5 类地址，即 A～E 类。其中，A、B、C 三类地址由 Internet NIC 在全球范围内统一分配，D、E 类为特殊地址。

A、B、C 三类 IP 地址，其地址范围（以十进制表示）如下：

A 类：1.0.0.1～126.255.255.254

B 类：128.1.0.1～191.254.255.254

C 类：192.0.1.1～223.255.254.254

D 类地址（以二进制表示前 4 位是 1110）用于多播（一对多通信）。E 类地址作为特殊用途（以二进制表示前 4 位是 1111），保留为以后用。

2. IP 地址设置

计算机需要设置 IP 地址才能连接到网络。使用指定的 IP 地址，需要输入 IP 地址、子网掩码、默认网关、DNS 等。其中，IP 地址是指本机的 IP 地址；子网掩码的作用是用来区分网络上的主机是否在同一网络段内；网关是具有路由功能的设备的 IP 地址，网关能使一个网络通向其他网络。具有路由功能的设备如路由器、启用了路由协议的服务器、代理服务器等都可以作为网关。

DNS 服务器是指能够把域名转换成为网络可以识别的 IP 地址的服务器。

设置 IP 地址的操作方法如下：

（1）双击【我的电脑】→打开【控制面板】→【网络和 Internet】→【网络和共享中心】，打开"查看基本网络信息并设置连接"对话框，如图 6-2-1 所示。

（2）在【查看活动网络】栏中，单击【本地连接】，在"本地连接 状态"对话框中单击【属性】按钮，打开"本地连接 属性"对话框，如图 6-2-2 所示。

（3）单击【Internet 协议版本 4】→【属性】，打开"Internet 协议版本 4（TCP/IPv4）属性"对话框，如图 6-2-3 所示。

（4）输入 IP 地址、子网掩码和网关，选择"使用下面的 DNS 服务器地址"，并输入 DNS 服务器。

（5）单击【确定】按钮。

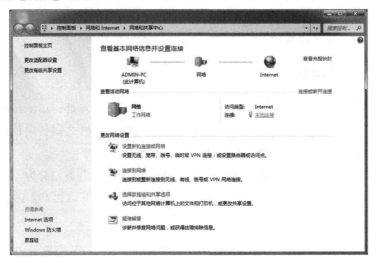

图 6-2-1 "查看基本网络信息并设置连接"对话框

图 6-2-2 "本地连接 属性"对话框

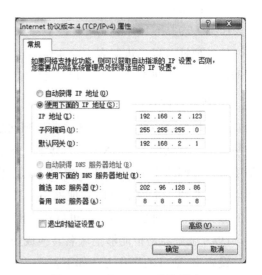

图 6-2-3 "Internet 协议版本 4 (TCP/IPv4) 属性"对话框

3. IPv6 简介

IP 协议是因特网的核心协议，目前使用的 IP 协议（即 IPv4）是在 20 世纪 70 年代末期设计的。无论从计算机本身发展还是从因特网规模和网络传输速率来看，IPv4 已不适应未来网络发展的需求，其中最主要的问题是 32 位的 IP 地址不够用，需要采用具有更大地址空间的新版本的 IP 协议，即 IPv6。1998 年 12 月发表的 RFC2460-2463 已将 IPv6 作为因特网草案标准协议。

6.2.1.4　域名

数字形式的 IP 地址比较难记，在实际使用中通常采用字符串形式来表示 IP 地址，即域名系统（Domain Name System，DNS）。域名和 IP 地址都是表示主机的地址，就好像一条大街上的一个商店，既可以通过门牌号又可以通过商店名找到它。对使用者来说，通常直接使用域名来访问主机，而不需要使用 IP 地址，由 Internet 上的服务系统自动将域名转换为 IP 地址。

域名采用分层方式命名，每层一个子域名，子域名之间用点号隔开，自左至右为：主机号 . n 级域名 .……二级子域名 . 顶级域名。顶级域名（最高层域）分为两大类：通用域名和国家或地区域名。

通用域名描述的是网络机构（也称为地理域），一般用 3 个字母表示，见表 6-2-1。

表 6-2-1　通用域名

顶级域名	含义	顶级域名	含义
COM	商业组织	NET	网络机构
EDU	教育机构	ORG	非营利组织
GOV	政府部门	INT	特定的国际组织
MIL	军事部门		

国家或地区域名描述的是网络的地理位置，采用 ISO 3166 文档中指定的两个字符作为国家名称，见表 6-2-2。

表 6-2-2　部分国家或地区域名

顶级域名	含义	顶级域名	含义
CN	中国	CA	加拿大
JP	日本	FR	法国
GB	英国	AU	澳大利亚
DE	德国	RU	俄罗斯

例如，清华大学主机的域名为 www.tsinghua.edu.cn，其中 www 表示 web 服务，tsinghua 表示清华大学，edu 表示教育机构，cn 表示中国。

6.2.1.5　URL

统一资源定位符（Uniform Resource Locator，URL）也被称为网页地址，是 Internet 上用来指定一个位置或某一个网页的标准方式。URL 由 3 部分组成：代码标识所使用的传输协议（即资源类型，如 http、ftp）、地址（即存放资源的主机域名）、在服务器上定位文件的全部路径名（即资源文件名）。

URL 的一般格式如下：

＜通信协议＞：//＜主机域名或 IP 地址＞/＜路径＞/＜文件名＞。

其中：通信协议指提供该文件的服务器所使用的通信协议，可以是 HTTP、FTP、Go-pher、Telnet 等，例如：

http：//www. microsoft. com：23/exploring/exploring. html

6.2.2　Internet 的信息服务

Internet 之所以受到大量用户的青睐，是因为它能够提供丰富的服务，主要包括以下内容。

1. WWW 服务

万维网（World Wide Web，WWW），又称环球信息网、环球网和全球浏览系统，是 Internet 上发展最快和使用最广的服务。WWW 通过超链接将世界各地不同的 Internet 节点上的相关信息有机地组织在一起。它使用超文本和超链接技术，用户只需发出检索要求，它就能自动地进行定位并找到相应的检索信息。用户可用 WWW 在 Internet 上浏览、传递和编辑超文本格式的文件，

2. 电子邮件服务

电子邮件（E-mail）是 Internet 的一个基本服务。通过 Internet 和电子邮箱地址，通信双方可以快速、方便和经济地收发邮件。

3. 文件传输服务

文件传输（File Transfer Protocol，FTP）主要为 Internet 用户提供在网上传输各种类型的文件的功能，是 Internet 的基本服务之一。用户不仅可以从远程计算机上获取（下载）文件，还可以将文件从本地计算机传送到远程计算机中（上传）。

4. 远程登录服务

远程登录（Telnet）是提供远程连接服务的终端仿真协议。远程登录是一台主机的 Internet 用户，使用另一台主机的登录账号和口令与该主机实现连接，作为它的一个远程终端使用该主机的资源的服务。

5. 电子公告板系统

电子公告板系统（Bulletin Board System，BBS）是 Internet 提供的一种社区服务，用户们可以在这里围绕某一主题开展持续不断的讨论，人人可以把自己参加讨论的文字"张贴"在公告板上，或者从中读取其他参与者"张贴"的信息。提供 BBS 服务的系统叫作 BBS 站点。

6.2.3　Internet 的接入方式

接入 Internet，首先要有一个互联网服务提供商（Internet Service Provider，ISP）

提供各种各样的 Internet 服务，同时计算机通过 ISP 提供的接入方式连接到 Internet。常见的连接方式有以下几种。

1. ADSL 接入

非对称数字用户环路（Asymmetrical Digital Subscriber Line，ADSL）是一种能够通过普通电话线提供宽带数据业务的技术。ADSL 素有"网络快车"之美誉，因其下行速率高、频带宽、性能优、安装方便、不需交纳电话费等特点而深受广大用户喜爱。

2. 光纤接入

光纤是目前宽带网络中多种传输媒介中最理想的一种，它具有传输量大、质量好、损耗小、距离长等优点。

3. 局域网接入

LAN 是目前非常成熟与普遍的网络，通过双绞线接入。计算机接入 Internet 前，需要设置计算机的网络"本地连接"属性，输入 IP 地址、网关地址、DNS 服务器的 IP 地址和子网掩码，即可连接上网。采用 LAN 方式上网，可以充分利用局域网的资源优势，可提供 100M 以上的共享带宽。

4. 有线电视接入

线缆调制解调器（Cable-Modem）是一种超高速 Modem，它利用现成的有线电视（CATV）网进行数据传输，已是比较成熟的一种技术。随着有线电视网的发展壮大和人们生活质量的不断提高，通过 Cable-Modem 利用有线电视网访问 Internet 已成为越来越受业界关注的一种高速接入方式。

5. 无线接入

随着 Internet 以及无线通信技术的迅速普及，使用手机、移动电脑等随时随地上网已成为移动用户迫切的需求，随之而来的是各种使用无线通信线路上网技术的出现。通常有 GSM、CDMA、GPRS、蓝牙、Wi-Fi、3G 与 4G 等通信技术。

任务 6.3　浏览器的使用

6.3.1　任务描述

经过一番学习和知识储备，项羽终于可以连上网络了。他经常上网易网站浏览信息，为了方便，他需要进行以下设置：

（1）打开网易网站，将网易网站首页设为 IE 浏览器的主页，并收藏网易网站首页。

（2）学习使用 FTP 下载资源。

6.3.2　浏览器常用操作

浏览器是用于浏览 Internet 中信息的工具。通过浏览器，我们在 Internet 上可轻松自如地访问所需的信息。

浏览器种类众多，一般常用的有 Internet Explorer（简称 IE 或 IE 浏览器）、360 浏览器、Firefox、百度浏览器、UC 浏览器、搜狗浏览器、QQ 浏览器、Safari、Opera、Chrome 浏览器等。其中 IE 浏览器是目前主流的浏览器。各个浏览器在功能上大同小异，只是在操作界面方面存在差别。下面我们通过 IE 浏览器来介绍一下浏览器的常用操作。

6.3.2.1　启动 IE 浏览器

启动 IE 浏览器的方法有很多种，可以通过双击桌面上的快捷图标启动，也可以通过选择【开始】→【程序】→【Internet Explorer】命令启动。

6.3.2.2　IE 浏览器窗口组成

IE 启动后，出现其应用程序窗口，其窗口组成与一般的应用窗口类似，由标题栏、菜单栏、工具栏、地址栏、显示区和状态栏等部分组成，如图 6-3-1 所示。

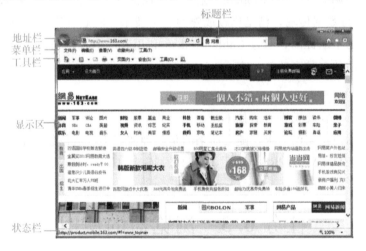

图 6-3-1　Internet Explorer 窗口

6.3.2.3　浏览网页信息

IE 浏览器启动后将自动进入预先设定的主页。浏览器窗口地址栏显示当前访问的站点的地址。如果想访问其他站点，可以单击地址栏，然后输入其他站点的地址。

单击网页中呈手形的文字或图片就可以转到其他网页。如果想返回到上一网页，可以单击工具栏上的【后退】按钮，如果又想返回到这一页可单击【前进】按钮。

6.3.2.4　设定主页

我们在上网时，有一些网站是需要经常浏览的，以了解最新更新的信息，如自己单位的网站。对于这些网页，我们可以将其设为主页，也就是一打开 IE 直接显示的页面。设定主页的操作方法如下：

（1）单击【工具】→【Internet 选项】。

（2）在【常规】选项卡中，在主页的【地址】处输入要设为主页的网址，如图 6-3-2 所示，单击【确定】按钮。

图 6-3-2　设置浏览器的主页

6.3.2.5　收藏网页

在网上畅游过程中，我们经常碰到一些极为精彩的站点。以后再次访问该站点时，虽然可以用在地址栏中输入其域名的方式再次访问，但这样仍然比较麻烦，使用收藏夹就可以解决这个问题。用户可在收藏夹中存放任何喜爱的站点名称，以后再次访问该站点时，只需在收藏夹窗口中直接选择该站点名称就可以了。

将网页添加到收藏夹的操作方法如下：

（1）启动 IE 浏览器，打开需要收藏的页面。

（2）单击【收藏夹】→【添加到收藏夹】，如图 6-3-3 所示。

图 6-3-3　选择"添加到收藏夹"命令

（3）弹出如图 6-3-4 所示的"添加收藏"对话框，在【名称】文本框中出现的是默认的网页名称，可根据需要将该名称修改为易记住的名称，也可以不做修改。

（4）单击【新建文件夹】按钮，并输入新建文件夹的名称，以便把添加的网页收藏到指定的新建文件夹中；也可以不做修改，网页就会被直接收藏到收藏夹菜单下。

（5）单击【添加】按钮。

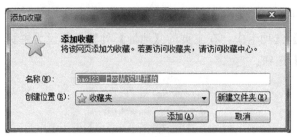

图 6-3-4　"添加收藏"对话框

6.3.2.6　查看历史记录

在浏览器中自动记录了用户浏览过的网页信息，称之为"历史记录"。通过单击历史记录中的相关网页链接，可以再返回浏览过的网页，还可设置网页保存在历史记录中的天数。

（1）查看历史记录的操作方法如下：

①单击【工具】→【查看收藏夹、源和历史记录】，在窗口左侧出现"历史记录"活动窗口，如图 6-3-5 所示。

②单击【今天】文件夹或其他文件夹，则显示用户当天访问或其他时间访问过的网页信息。

图 6-3-5　查看历史记录

（2）删除或设置历史记录的操作方法如下：

单击【工具】→【Internet 选项】，在打开的对话框中的"浏览历史记录"选项中，单击【删除…】按钮，如图 6-3-6 所示，可将临时文件、Cookie、历史记录等删除；单击【设置】按钮，在弹出的对话框中可设置网页保存在历史记录中的天数，如图 6-3-7

所示。

图 6-3-6　删除历史记录

图 6-3-7　历史记录设置

6.3.2.7　保存网页文本信息

保存网页中的文本信息的操作方法如下：

（1）打开网页，选择需要保存的文本信息。

（2）右键单击已选中的文本信息，在弹出的快捷菜单中选择【复制】命令。

（3）打开记事本、Word 或其他文字处理软件，选择【编辑】→【粘贴】命令，即可把网页中的文字复制出来进行编辑。

6.3.2.8　保存网页中的图片

保存网页中的图片的操作方法如下：

（1）打开网页，右键单击需要保存的图片，在弹出的快捷菜单中选择【图片另存为】命令。

（2）在弹出的"保存图片"对话框中，选择图片保存的位置，输入文件名及保存类型，单击【保存】按钮。

6.3.2.8　保存整个网页

保存整个网页的操作方法如下：

（1）打开需要保存的网页，单击【文件】→【另存为】命令。

（2）在弹出的"保存网页"对话框中，选择网页保存路径，输入文件名及保存类型，单击【保存】按钮。

6.3.3　文件的上传与下载

1. HTTP 下载

HTTP 是一种为了将位于全球各个地方的 Web 服务器中的内容发送给不特定多数

用户而制订的协议。也就是说，可以把 HTTP 看作是旨在向不特定多数的用户"发放"文件的协议。

HTTP 适用于从服务器读取 Web 页面内容，用 Web 浏览器下载 Web 服务器中的 HTML 文件及图像文件等，并临时保存在个人电脑硬盘及内存中以供显示。

使用 HTTP 下载软件等内容时的不同之处只是在于，是以 Web 浏览器显示的方式保存，还是以不显示的方式保存而已，结构则完全相同。因此，只要指定文件，任何人都可以进行下载。

2. FTP 上传和下载

FTP 是 File Transportation Protocol（文件传输协议）的缩写，它是 TCP/IP 协议族中的协议之一，是 Internet 文件传送的基础。

FTP 的主要作用就是让用户连接上一个远程计算机（这些计算机上运行着 FTP 服务器程序）查看远程计算机上有哪些文件，然后把文件从远程计算机上复制到本地计算机，或把本地计算机的文件送到远程计算机去。

使用 FTP 上传和下载文件的操作方法如下：

（1）打开 IE 浏览器或者双击桌面"计算机"图标，地址栏处输入"ftp：//"＋服务器名称，如图 6-3-8 所示，然后按【Enter】键。服务器名称可以是域名或者 IP 地址，例如 ftp：//ftp. zqu. edu. cn、ftp：//202. 38. 97. 197 等。

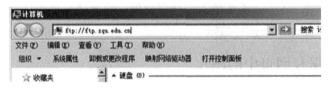

图 6-3-8　输入 FTP 域名

（2）在如图 6-3-9 所示的"登录身份"对话框中输入用户名（账号）和密码，如果是匿名服务器，则勾选【匿名登录】；如果在公共场合上网，则不要勾选【保存密码】；单击【登录】按钮。

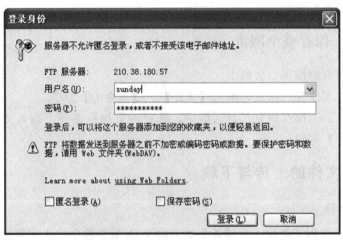

图 6-3-9　FTP 登录窗口

但是，并不是所有的 FTP 资源都会对外开放。对于对外开放的 FTP 资源，只需输入网址打开页面即可进行下载等操作。对于不对外开放的 FTP 资源，则需要用户和密码才可以登录。

（3）登录成功，如图 6-3-10 所示。

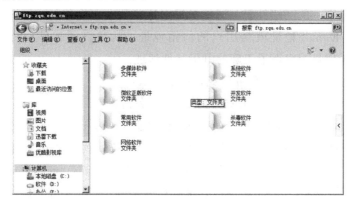

图 6-3-10 显示 FTP 站点内容

（4）此时，就可以对窗口里面的文件进行复制、剪切、粘贴，实现上传和下载，如同对一般文件夹的操作一样。

（5）操作结束后，在地址栏处输入新的域名或关闭窗口，就可以退出 FTP 了。

3. P2P 上传和下载

P2P（Point to Point，点对点）下载是指在下载资料的同时，自己的计算机还要继续作为主机上传；使用这种下载方式时，人越多速度就越快。

简单地说，P2P 直接将人们联系起来，让人们通过互联网直接交互。P2P 使得网络上的沟通变得容易、更直接共享和交互，真正地消除中间商。P2P 就是人可以直接连接到其他用户的计算机、交换文件，而不是像过去那样连接到服务器去浏览与下载。P2P 另一个重要特点是改变互联网现在的以大网站为中心的状态、重返"非中心化"，并把权力交还给用户。

6.3.4 电子邮件服务

在使用网络过程中，项羽发觉电子邮件可以更加便捷地进行通信，电子邮件不但可以传送文本，还可以传送音频、视频、图像、文档等多种类型的文件，为此他需要学习一下有关电子邮箱的申请、邮件的发送和接收等知识。

6.3.4.1 电子邮件地址

电子邮件就是 E-mail，是 Internet 上应用最广的服务之一。在 Internet 上，无论你将 E-mail 发送至哪个国家，哪个地区，所花费用都比普通信件低很多。另外，要将电子邮件发往任何一个 Internet 角落，所花时间少则几秒钟，多则几分钟而已，比特快专递快得多。只要能上网，就可以通过 Internet 发电子邮件，或者打开自己的信箱阅读别人发来的邮件。电子邮件使用简单、投递迅速、收费低廉、全球畅通无阻，它使人们的交流方式得到了极大的改变。

E-mail 像普通的邮件一样，也需要地址，它与普通邮件的区别在于它是电子地址。所有在 Internet 之上有信箱的用户都有自己的一个或几个 E-mail 地址，并且这些 E-mail 地址都是唯一的。邮件服务器就是根据这些地址，将每封电子邮件传送到各个用户的信箱中，E-mail 地址就是用户的信箱地址。就像普通邮件一样，你能否收到 E-mail，取决于你是否取得了正确的电子邮件地址。

电子邮件地址的格式由三部分组成，如下所示：

USER@邮件接收服务器域名

其中，第一部分"USER"代表用户邮箱的账号，对于同一个邮件接收服务器来说，这个账号必须是唯一的；第二部分"@"是分隔符，读作"at"；第三部分是用户信箱的邮件接收服务器域名，用以标志其所在的位置。例如：lucky@163.com 就是一个合法的电子邮件地址；lucky 是用户登录邮箱的帐号，163.com 是邮件接收服务器的域名。

6.3.4.2 申请电子邮箱

申请电子邮箱的过程一般分为三步：登录邮箱提供商的网页，填写相关资料，确认申请。

以申请网易网站的免费电子邮箱为例，说明申请电子邮箱的操作方法如下：

（1）打开 IE 浏览器，在地址栏输入"http：//email.163.com/"，打开如图 6-3-11 所示的网页。

图 6-3-11　邮箱登录/申请页面

（2）单击【注册网易免费邮】按钮，在打开的网页中按提示输入合法的用户名、密码等信息，单击【立即注册】按钮，如图 6-3-12 所示。

图 6-3-12　填写注册信息页面

（3）当页面出现如图 6-3-13 所示页面时，邮箱就申请成功了。

图 6-3-13　免费邮箱注册成功页面

6.3.4.3　收发电子邮件

我们以在 IE 浏览器上登录 163 邮箱为例，介绍收发电子邮件的操作。

1. 登录电子邮箱

要收发电子邮件，首先需要登录电子邮箱。其操作方法如下：

（1）启动 IE 浏览器，在地址栏中输入"www.163.com"，打开网易网站。

（2）点击【网易】网站首页的【免费邮箱】按钮，弹出如图 6-3-11 所示页面。

（3）输入用户名和密码，单击【登录】按钮，稍等片刻，就能进入免费邮箱，如图 6-3-14 所示。

图 6-3-14　登录电子邮箱页面

电子邮箱的窗口主要由两部分组成：左侧窗格中列出了电子邮箱的各个项目，单击相应项目将在右侧的窗口中显示其具体内容，类似"资源管理器"窗口。

2. 撰写和发送邮件

成功登录申请的电子邮箱后，就可以用它来收发邮件与亲友进行交流了。邮件可以是只传送文本内容的文本邮件，也可以是在一般文本邮件的基础上，以附件的形式将程序、声音、图像和视频等多种类型的文件发送给对方。

以使用 163 网易邮箱为例，给 lucky@163.com 发送一封主题为"祝你快乐"的邮件，邮件正文内容不限，并将文件"hello.jpg"作为附件一并发送。下面介绍发送、接收邮件的一般步骤。

（1）发送邮件。其操作方法如下：

①打开网易网站，并登录邮箱。

②单击左侧窗格中的【写信】按钮，在右侧窗格中打开【写邮件】的页面。

③在【收件人】文本框中输入收信人的邮箱地址"lucky@163.com"，如果还想将邮件发给多人，则可以输入多个邮箱地址，邮箱地址之间用英文分号"；"隔开。

④在【主题】文本框中输入邮件的主题"祝你快乐"，在邮件正文编辑区中输入相应的信件内容。

⑤单击【添加附件】超链接，在打开的网页中单击【浏览】按钮。

⑥在如图 6-3-15 所示的对话框中，选择附件文件"hello.jpg"，再单击【打开】按钮。

⑦邮件内容和附件均添加完成后，如图 6-3-16 所示。单击【发送】按钮来发送邮件。

⑧邮件发送完成后，将在邮件右侧的窗口中显示"邮件发送成功"信息；单击【返回收件箱】超链接可返回收件箱页面；单击【继续写信】超链接则可返回写信页面。

图 6-3-15　"添加附件"对话框

图 6-3-16　撰写邮件页面

（2）接收和阅读邮件。其操作方法如下：

①打开网易网站，登录邮箱。

②单击左侧窗格中的【收信】按钮或【收件箱】超链接，在右侧窗口打开的页面中可以看到邮件的发件人、主题、日期、附件大小等信息，如图 6-3-17 所示。

③单击需要阅读的邮件的主题"祝你快乐"超链接，在右侧窗口打开的页面就可阅读邮件的正文内容。

④单击【下载附件】超链接，弹出"文件下载"对话框。单击【保存】按钮，再弹出"另存为"对话框；在对话框中选择附件保存的目标位置，单击【保存】按钮，如图 6-3-18 所示，就可以在保存附件的磁盘位置查看其内容了。

图 6-3-17 查看收件箱页面

图 6-3-18 下载附件页面

6.3.5 信息检索

1. 互联网信息的检索

搜索引擎有很多，如百度、360、搜狗、雅虎等，下面我们以百度为例介绍其用法。

其操作方法如下：

（1）打开 IE 浏览器，在地址栏中输入网址：https：//www.baidu.com，按【Enter】键，打开百度主页。

（2）在搜索框内输入搜索关键词，单击【百度一下】按钮或按【Enter】键，搜索结果即显示在页面中。

（3）单击感兴趣的搜索结果，即可查看详细的网页内容。

2. 期刊数据库的检索

期刊数据库可以帮助用户了解各个学科领域所涉及的期刊文献，也为图书馆情报部门选购期刊、图书馆员指导读者阅读、文献数据库建设选择来源刊等提供了参考依据。

目前常用的中文期刊数据库有三种：一是中国学术期刊电子杂志社和清华同方光盘股份有限公司出版发行的中国期刊全文数据库（中国知网）；二是由万方数据股份有限公司发行的万方数字化期刊；三是由重庆维普资讯公司出版的中文科技期刊数据库。

如在中国知网 CNKI 上检索与"云计算"主题有关的论文，其操作方法如下：

（1）打开 IE 浏览器，在地址栏中输入网址：http：//www.cnki.net，打开"中国知网"主页。

（2）在首页中，单击【中国学术文献网络出版总库】，进入中国学术期刊网络出版总库页面，提供了文献检索和期刊导航，如图 6-3-19 所示。

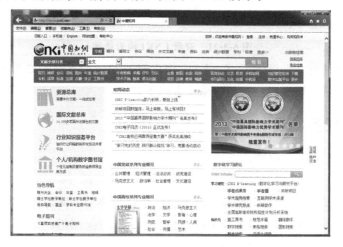

图 6-3-19　中国学术期刊网络出版总库页面

（3）选择【文献检索】的【标准检索】选项卡，在主题里输入"云计算"，单击【检索文献】按钮，得到如图 6-3-20 所示结果。

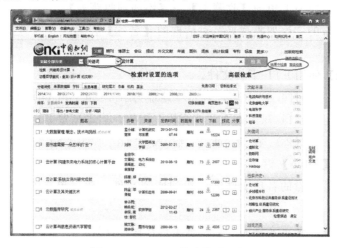

图 6-3-20　CNKI 检索结果页面

（4）在检索结果中找到希望下载的文献，单击其标题，如单击"…………"标题，随即显示该篇文献的简介，如图6-3-21所示，包括文献的标题、作者、摘要、关键字等信息。

图 6-3-21　查看 CNKI 检索结果

（5）中国知网对文献提供了 .CAJ 和 .PDF 两种格式的下载；如果用户拥有该期刊数据库的访问权限，即可对检索到的论文进行下载。

6.3.6　任务实现

【实例6-3-1】打开、收藏、设置主页。

使用 IE 浏览器打开网易网站的主页（www.163.com），并将其设置为主页，然后将该主页收藏，名称为"网易首页"。

（1）双击桌面上的 Internet Explorer 图标。

（2）单击浏览器地址栏，输入"http：//www.163.com"，按【Enter】键。

（3）单击【工具】→【Internet 选项】→【常规】→【使用当前页】→【确定】。

（4）单击浏览器左上角的【收藏夹】→【添加到收藏夹】。

（5）在弹出来的"添加收藏夹"对话框的【名称】栏输入"网易首页"，单击【添加】按钮。

【实例6-3-2】使用 FTP 下载文件。

打开 FTP 资源网站（地址为 ftp.zqu.edu.cn）下载一个文件。

（1）双击桌面"计算机"图标，启动浏览器。

（2）在地址栏输入"ftp：//ftp.zqu.edu.cn"，然后按【Enter】键。

（3）打开需要查看的各项文件夹，找到所需文件，然后单击右键，选择【复制到文件夹】命令。

（4）在弹出的"浏览文件夹"对话框中选择保存位置，然后单击【确定】按钮。

参考文献

[1] 王方杰,朱作付,王勇.大学计算机基础（微课版）［M］.北京:人民邮电出版社,2016.

[2] 李坚,朱嘉贤,蔡文伟,等.大学计算机基础［M］.北京:高等教育出版社,2014.

[3] 童小素,贾小军,骆红波.办公软件高级应用实验案例精选（Office 2010 版）［M］.北京:中国铁道出版社,2016.

[4] 姜帆,干彬.办公自动化案例教程（微课版）［M］.北京:人民邮电出版社,2014.

[5] 龙马高新教育.Office 2010办公应用从入门到精通［M］.北京:北京大学出版社,2017.

[6] 九州书源.PowerPoint 2010高效办公从入门到精通［M］.北京:清华大学出版社,2017.